Heinz Lüneburg

Die euklidische Ebene und ihre Verwandten

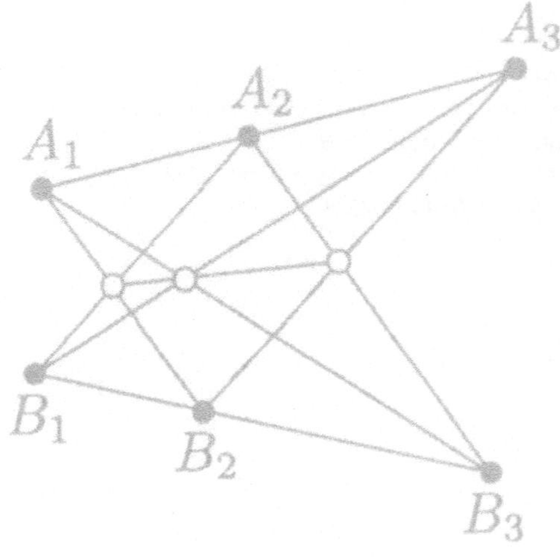

Springer Basel AG

Autor:
Heinz Lüneburg
FB Mathematik
Universität Kaiserslautern
D-67653 Kaiserslautern
Germany

1991 Mathematical Subject Classification 51A05

Die Deutsche Bibliothek – CIP-Einheitsaufnahme
Lüneburg, Heinz:
Die euklidische Ebene und ihre Verwandten / Heinz Lüneburg. –
Basel ; Boston ; Berlin : Birkhäuser, 1999
  ISBN 978-3-7643-5685-9   ISBN 978-3-0348-8873-8 (eBook)
  DOI 10.1007/978-3-0348-8873-8

Das Werk ist urheberrechtlich geschützt. Die dadurch begründeten Rechte, insbesondere
die der Übersetzung, des Nachdrucks, des Vortrags, der Entnahme von Abbildungen und Tabellen,
der Funksendung, der Mikroverfilmung oder der Vervielfältigung auf anderen Wegen und der Speicherung
in Datenverarbeitungsanlagen, bleiben, auch bei nur auszugsweiser Verwertung, vorbehalten. Eine Vervielfältigung dieses Werkes oder von Teilen dieses Werkes ist auch im Einzelfall nur in den Grenzen der
gesetzlichen Bestimmungen des Urheberrechtsgesetzes in der jeweils geltenden Fassung zulässig. Sie
ist grundsätzlich vergütungspflichtig. Zuwiderhandlungen unterliegen den Strafbestimmungen des
Urheberrechts.

©1999 Springer Basel AG
Ursprünglich erschienen bei Birkhäuser Verlag 1999
Umschlaggestaltung: Markus Etterich, Basel
Gedruck auf säurefreiem Papier, hergestellt aus chlorfrei gebleichtem Zellstoff. TCF ∞

ISBN 978-3-7643-5685-9

9 8 7 6 5 4 3 2 1

Vorwort

Your aid I want
Nine trees to plant
In rows just half a score,
And let there be
In each row three.
Solve this. I ask no more.

(J. Jackson, Rational
Amusements for Winter
Evenings. London 1821)

Beim Beweise vieler Sätze der Elementargeometrie nutzt man nur sehr unvollkommen aus, daß es der Körper der reellen Zahlen ist, welcher der Geometrie zugrunde liegt. Mal sind es nur die Körpereigenschaften, die man benötigt, mal daß die multiplikative Gruppe abelsch ist. Manchmal braucht man auch nur, daß die Charakteristik nicht zwei ist, ein andermal, daß $\mathbf{R}$ eine Anordnung besitzt. Gelegentlich genügt es sogar zu wissen, daß die euklidische Ebene eine affine Ebene ist.

Diese wenigen Andeutungen machen schon ein wenig deutlich, worum es bei unserem Thema gehen wird: Wir werden uns einerseits erheblich einschränken, indem wir hier unter Elementargeometrie nur die ebene euklidische Geometrie verstehen, also auf alles Räumliche verzichten, andererseits eine wesentliche Erweiterung des Themas Elementargeometrie vornehmen, indem wir zumindest zu Beginn unserer Untersuchungen auch beliebige projektive Ebenen in sie einbeziehen, da wir uns dieses Hilfsmittels nicht werden begeben wollen. Wir werden jedoch nicht eine Theorie der projektiven Ebenen entwickeln, wie sie etwa in den im Literaturverzeichnis aufgeführten Büchern von P. Dembowski, Hughes und Piper, Pickert oder auch von mir dargestellt wird. Wir werden uns vielmehr im wesentlichen darauf beschränken, solche affinen und projektiven Ebenen zu untersuchen, die sich mittels zwei- und dreidimensionaler Vektorräume über irgendwelchen Körpern beschreiben lassen, wobei immer die Frage im Vordergrund stehen wird, wie sich geometrische Eigenschaften der Ebene und algebraische Eigenschaften des Koordinatenkörpers gegenseitig bedingen. Dabei wird sich dann im Laufe unserer Untersuchungen für eine Reihe von grundlegenden Sätzen der Elementargeometrie herausstellen, welche Eigenschaften von $\mathbf{R}$ es sind, die ihre Gültigkeit nach sich ziehen. Erst ganz zum Schluß, im siebten Kapitel, werden wir dann sehen, welche geometrischen Eigenschaften dazu dienen können, die reelle Ebene unter allen übrigen affinen Ebenen auszuzeichnen.

Ein Wort zu den Vorkenntnissen, die der Leser dieses Buchs mitbringen sollte, ist sicherlich vonnöten. Geläufigkeit im Umgang mit Vektorräumen und linearen

Abbildungen ist eine *conditio sine qua non* und Kenntnisse in Algebra sind wünschenswert. Zwar werden nur sehr wenige Sätze der Algebra in diesem Buch benutzt, sein Aufbau und sein Charakter aber sind durch und durch algebraisch, so daß Vertrautheit mit den algebraischen Schlußweisen beim Durcharbeiten dieses Buches von großem Nutzen ist. Was die benutzten Sätze der Algebra anbelangt, so wird an gegebener Stelle auf sie hingewiesen werden. Es genügt, wenn der Leser sie *ad hoc* zur Kenntnis nimmt.

Ein weiteres Wort noch an den künftigen Lehrer unter meinen Lesern. Ich habe an anderer Stelle über die Grundlagen der Geometrie im Zusammenhang mit dem Mathematikunterricht der Schule polemisiert. Ich möchte daher hier betonen, daß dieses Buch, abgesehen von dem ästhetischen Vergnügen, das es dem ein oder anderen bereiten mag, einzig dem Zweck dient, den Hintergrund aufzuhellen, vor dem sich Elementargeometrie abspielt. So wie die Dinge hier aufgeschrieben stehen, eignen sie sich nicht für den Schulunterricht. Es bedarf also Ihrer geistigen Anstrengung nicht nur, um das hier Vorgetragene zu verstehen, sondern vielmehr noch, um das hier Dargestellte mit dem auf der Schule Gelehrten in Zusammenhang zu bringen, und dann dieses Ihren Schülern zu Nutzen mit noch besserem Verständnis unterrichten zu können. Es ist also an Ihnen, die Beziehungen herzustellen zwischen dem, was wir hier tun, und dem Hin- und Herschieben von Bauklötzen, dem Falten von Papier, dem Messen von Abständen, etc. Dies wird Ihnen nur schwer gelingen, wenn das vorliegende Buch Ihr einziges Geometriebuch bleibt. Konsultieren Sie also das Literaturverzeichnis und übersehen Sie dabei nicht die Bücher zur Darstellenden Geometrie. Sie bieten eine Fülle von Anschauungsmaterial, wovon sich das ein oder andere sicherlich auch im Unterricht verwenden läßt.

Diesem Buch liegt eine Auftragsarbeit zugrunde, nämlich ein Kurs von sieben Studienbriefen „Grundlagen der ebenen Geometrie" (Hagen 1980), den ich für die Fernuniversität Hagen schrieb. Dies erklärt Stil, Stoffauswahl und Umfang dieses Werkes. Daß ich mit dem unter so ungewohnten Bedingungen entstandenen Werk zufrieden war und bin, erkennt der Leser daran, daß ich keine größeren Überarbeitungen vorgenommen habe. Im wesentlichen habe ich nur die Einleitungen der Kapitel neu geschrieben, da diese sich auf die ganz spezielle Situation der Hagener Studenten bezogen, sowie aus vertraglichen Gründen die Aufgaben weggelassen. Dennoch bleibt noch genug Stoff zum Üben, wenn Sie alle bewusst stehen gelassenen Beweislücken schließen. Sie werden auf diese Lücken im Buch hingewiesen.

Zum Schluß möchte ich mich noch bei den Verantwortlichen der Hagener Universität dafür bedanken, daß sie es mir gestatteten, den oben genannten Kurs nun in Buchform einem größeren Publikum zugänglich zu machen.

Kaiserslautern, im Juli 1998 *Heinz Lüneburg*

Inhaltsverzeichnis

Vorwort v

I. Projektive und affine Ebenen 1

1. Definitionen und erste Resultate *1*
2. Inzidenztreue Abbildungen *10*
3. Affine Ebenen *15*
4. Zentralkollineationen *18*
5. Zentralkollineationen und der Satz von Desargues *22*

II. Desarguessche Ebenen 29

1. Translationsebenen *29*
2. Der Kern einer Translationsebene *35*
3. Die Ebenen $\Pi(V, K)$ *39*
4. Die zu $\Pi(V, K)$ duale Ebene *45*
5. Die Struktursätze für desarguessche Ebenen *49*

III. Pappossche Ebenen 57

1. Der Satz von Hessenberg *57*
2. Die Gruppe der projektiven Kollineationen *68*
3. Die Gruppe der Projektivitäten einer Geraden auf sich *72*
4. Das Doppelverhältnis *78*
5. Anhang *86*

IV. Polaritäten und Kegelschnitte 89

1. Polaritäten endlicher projektiver Ebenen *90*
2. Darstellung von Polaritäten *92*
3. Kegelschnitte *97*
4. Die Steinersche Erzeugung der Kegelschnitte *103*
5. Segres Satz über Ovale *108*
6. Die Kollineationsgruppe eines Kegelschnitts *116*

V. Teilverhältnisse und Orthogonalität in affinen Ebenen 119

1. Teilverhältnisse *120*
2. Das Mittendreieck und die Mittellinien eines Dreiecks *126*
3. Orthogonalitätsrelationen papposscher Ebenen *127*
4. Die Gruppe einer thaletischen Orthogonalitätsrelation *132*
5. Orthogonalitätsrelationen, für die der Höhenschnittpunktsatz gilt *137*
6. Das Winkelhalbieren *142*

VI. Metrische Eigenschaften der Kegelschnitte 149

1. Projektive Ebenen über euklidischen Körpern *149*
2. Kegelschnitte in affinen Ebenen *155*
3. Kreise *158*
4. Die Achsen der Kegelschnitte *166*

5. Die Brennpunkte der Kegelschnitte *169*
6. Algebraische Beschreibung von Ellipse, Parabel und Hyperbel *173*

VII. Die reelle Ebene 177

1. Zwischenbeziehungen und Anordnungen *177*
2. Eine Charakterisierung der Anordnung eines Körpers *182*
3. Zwischenbeziehungen in desarguesschen affinen Ebenen *185*
4. Eine Kennzeichnung der reellen affinen Ebene *189*

Literaturverzeichnis 199

Index 203

I

Projektive und affine Ebenen

In diesem ersten Kapitel werden die Grundlagen für alles weitere gelegt, dh., es werden die Objekte definiert, mit denen wir es in diesem Buche zu tun haben, und die grundlegendene Sätze über sie bewiesen, die wir später immer wieder benötigen werden. Es wird also genau das getan, was der Leser erwartet, wenn er in ein für ihn neues Gebiet eingeführt werden möchte.

1. Definitionen und erste Resultate. Sind M und N zwei Mengen, so bezeichnen wir wie üblich mit $M \times N$ das cartesische Produkt von M und N, dh., die Menge aller geordneten Paare (m, n) mit $m \in M$ und $n \in N$.

1.1. Definition. Es seien $\mathcal{P}$ und $\mathcal{G}$ Mengen. Ist $\mathrm{I} \subseteq \mathcal{P} \times \mathcal{Q}$, so heißt das Tripel $\mathcal{I} = (\mathcal{P}, \mathcal{G}, \mathrm{I})$ *Inzidenzstruktur*. Die Elemente von $\mathcal{P}$ nennen wir *Punkte* und die Elemente von $\mathcal{G}$ *Geraden* von $\mathcal{I}$. Die Punkte von $\mathcal{I}$ bezeichnen wir meist mit großen und die Geraden von $\mathcal{I}$ mit kleinen lateinischen Buchstaben. Ist $(P, g) \in \mathrm{I}$, so schreiben wir dafür in der Regel $P \,\mathrm{I}\, g$ und sagen: „P inzidiert mit g", „P liegt auf g", „g geht durch P", „g trägt P", etc. Statt $(P, g) \notin \mathrm{I}$ schreiben wir meist $P \,\cancel{\mathrm{I}}\, g$.

Die Definition der Inzidenzstruktur ist so allgemein, daß man damit nur wenig anfangen kann. Wir sondern daher sogleich diejenige Klasse von Inzidenzstrukturen aus, die uns vor allem interessieren wird.

1.2. Definition. Die Inzidenzstruktur Π heißt *projektive Ebene*, falls Π den folgenden Bedingungen genügt:

(P1) Sind P und Q zwei verschiedene Punkte von Π, so gibt es genau eine Gerade von Π, die mit P und auch Q inzidiert.

(P2) Sind g und h zwei Geraden von Π, so gibt es einen Punkt von Π, der sowohl auf g als auch auf h liegt.

(P3) Es gibt vier verschiedene Punkte von Π, von denen keine drei auf ein und derselben Geraden von Π liegt.

Axiom (P3) ist eine Reichhaltigkeitsaussage. Es dient dazu, Entartungsfälle auszuschließen. So erfüllt ja z. B. die Inzidenzstruktur $(\emptyset, \emptyset, \emptyset)$ offenbar (P1) und (P2) oder auch die Inzidenzstruktur

$$(\mathcal{P}, \{\mathcal{P}\}, \mathcal{P} \times \{\mathcal{P}\}).$$

Diese und weitere Entartungsfälle, die noch vorkommen könnten, werden also durch (P3) ausgeschlossen.

Sie werden bemerkt haben, daß (P2) nicht das genaue Gegenstück von (P1) ist. Es müßte lauten: Sind g und h zwei verschiedene Geraden von Π, so gibt es genau einen Punkt von Π, der mit g und auch mit h inzidiert. Man könnte auch diese Forderung an Stelle von (P2) verwenden. Welche der beiden Forderungen man nimmt, ist letztlich gleichgültig.

Für die in (P3) verneinte Aussage, daß drei Punkte auf einer Geraden liegen, wollen wir noch einen Terminus technicus einführen durch die

1.3. Definition. Ist $(\mathcal{P}, \mathcal{G}, \mathrm{I})$ eine Inzidenzstruktur und ist $\mathcal{M} \subseteq \mathcal{P}$, so heißen die Punkte aus $\mathcal{M}$ *kollinear*, falls es ein $g \in \mathcal{G}$ gibt mit $P \,\mathrm{I}\, g$ für alle $P \in \mathcal{M}$. Entsprechend heißen die Geraden der Teilmenge $\mathcal{H}$ von $\mathcal{G}$ *konfluent*, falls es ein $P \in \mathcal{P}$ gibt mit $P \,\mathrm{I}\, g$ für alle $g \in \mathcal{H}$.

Nach diesen vielen Definitionen ist es an der Zeit zu fragen, ob es überhaupt projektive Ebenen gibt. Diese Frage ist natürlich nur eine rhetorische, da die Existenz dieses Buches schon die Existenz von projektiven Ebenen beweist. Dennoch erwartet auch eine rhetorische Frage eine Antwort.

Das erste Beispiel bietet gleich eine Überraschung. Es zeigt nicht nur, daß es projektive Ebenen gibt, es zeigt darüberhinaus auch noch die Existenz von projektiven Ebenen mit nur endlich vielen Punkten und Geraden.

1.4. Beispiel. Es sei $\mathcal{P} = \{1, 2, 3, 4, 5, 6, 7\}$ und

$$\mathcal{G} = \{\{1, 2, 4\}, \{2, 3, 5\}, \{3, 4, 6\}, \{4, 5, 7\}, \{5, 6, 1\}, \{6, 7, 2\}, \{7, 1, 3\}\}.$$

Schließlich sei $P \,\mathrm{I}\, g$ genau dann, wenn $P \in g$ ist.

Bevor wir uns überlegen, wie man nachweist, daß $(\mathcal{P}, \mathcal{G}, \mathrm{I})$ eine projektive Ebene ist, möchte ich Sie auffordern, die Geraden schön säuberlich untereinander aufzuschreiben. Dann wird nämlich ihr Bildungsgesetz deutlich.

Und nun zum Nachweis, daß $(\mathcal{P}, \mathcal{G}, \mathrm{I})$ eine projektive Ebene ist. Am raschesten liest man dies an Fig. 1 ab, welche sich wohl von selbst versteht.

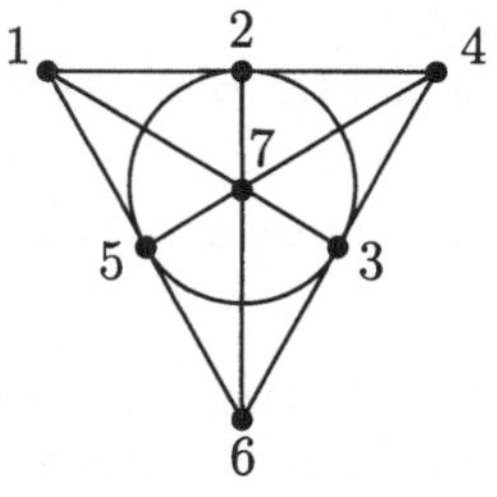

Fig. 1

Wenn eine projektive Ebene mehr Punkte und Geraden hat, läßt sie sich nicht mehr so schön graphisch darstellen. Daher sei hier noch ein zweiter Nachweis erbracht, der sich zu einer Methode ausbauen läßt, wie wir später sehen werden. Dazu numerieren wir die Geraden aus $\mathcal{G}$ mit $g_1, \ldots, g_7$ in der Reihenfolge, wie sie oben aufgelistet sind, und definieren eine (7×7)-Matrix a durch $a_{ij} = 1$, falls $i \in g_j$, und $a_{ij} = 0$ in allen übrigen Fällen. Dann ist

$$a = \begin{pmatrix} 1 & 0 & 0 & 0 & 1 & 0 & 1 \\ 1 & 1 & 0 & 0 & 0 & 1 & 0 \\ 0 & 1 & 1 & 0 & 0 & 0 & 1 \\ 1 & 0 & 1 & 1 & 0 & 0 & 0 \\ 0 & 1 & 0 & 1 & 1 & 0 & 0 \\ 0 & 0 & 1 & 0 & 1 & 1 & 0 \\ 0 & 0 & 0 & 1 & 0 & 1 & 1 \end{pmatrix}.$$

Bezeichnet man mit a^t die zu a transponierte Matrix und berechnet aa^t und $a^t a$, wobei Sie eingeladen sind, dies wirklich zu tun, so erhält man

$$a^t a = aa^t = \begin{pmatrix} 3 & 1 & 1 & 1 & 1 & 1 & 1 \\ 1 & 3 & 1 & 1 & 1 & 1 & 1 \\ 1 & 1 & 3 & 1 & 1 & 1 & 1 \\ 1 & 1 & 1 & 3 & 1 & 1 & 1 \\ 1 & 1 & 1 & 1 & 3 & 1 & 1 \\ 1 & 1 & 1 & 1 & 1 & 3 & 1 \\ 1 & 1 & 1 & 1 & 1 & 1 & 3 \end{pmatrix}.$$

Diese Gleichungen muß man nun interpretieren. Es ist

$$3 = \sum_{k=1}^{7} a_{ik}^2$$

für alle i. Nun ist $a_{ik}^2 = a_{ik}$, da ja $a_{ik} \in \{0, 1\}$ ist. Also ist $3 = \sum_{k=1}^{7} a_{ik}$ und dies besagt auf Grund der Definition der a_{ik}, daß der Punkt i mit genau drei Geraden inzidiert. Ist $i \neq j$, so ist

$$1 = \sum_{k=1}^{7} a_{ik} a_{jk}.$$

Nun ist $a_{ik} a_{jk} \in \{0, 1\}$, so daß es genau ein k gibt mit $a_{ik} a_{jk} = 1$. Dies heißt, daß es genau eine Gerade gibt, nämlich g_k, die mit i und j inzidiert. Somit gilt (P1). Dies sind Folgerungen, die wir aus der zweiten der obigen Gleichungen ziehen.

Nun ist $3 = \sum_{k=1}^{7} a_{ki}^2 = \sum_{k=1}^{7} a_{ki}$, so daß jede Gerade 3 Punkte trägt. Also trägt jede Gerade gewiß einen Punkt, so daß (P2) im Falle $g = h$ gilt. Ferner ist $1 = \sum_{k=1}^{7} a_{ki} a_{kj}$, falls nur $i \neq j$ ist. Dies besagt, daß zwei verschiedene Geraden mit genau einem Punkt inzidieren. Also gilt (P2) generell. Es bleibt nur noch die Gültigkeit von (P3) zu beweisen. Dazu betrachten wir die Punkte 2, 4, 5, 6. Die Punkte 2, 4 liegen auf g_1 und 5, 6 liegen auf g_5. Weil zwei verschiedene Punkte gleichzeitig nur mit genau einer Geraden inzidieren und zwei verschiedene Geraden sich in genau einem Punkt treffen, wie wir gesehen haben, folgt, daß keine drei der Punkte kollinear sind. Damit ist alles gezeigt.

Wegen des einen Beispiels lohnte es sich nicht, länger über projektive Ebenen nachzudenken. Deshalb geben wir nun noch eine ganze Klasse von Beispielen an. Bevor wir dies tun jedoch ein Wort zur Nomenklatur.

Wenn wir im folgenden von Körpern reden, so soll das nicht implizieren, daß sie kommutativ sind. Dies schließt jedoch nicht aus, daß wir das Wort Schiefkörper benutzen. In diesem Sinne ist also der Quaternionenschiefkörper ein Körper. Andererseits impliziert die Benutzung des Wortes Schiefkörper nicht, daß die betrachteten Körper nicht kommutativ sind. So spricht man z. B. von dem Satz von Wedderburn über endliche Schiefkörper, und dieser Satz besagt gerade, daß alle endlichen Schiefkörper kommutativ sind.

Betrachtet man auch Vektorräume über nicht kommutativen Körpern — und die Geometrie zwingt uns dazu, dies zu tun, wie wir später sehen werden —, so muß man sich entscheiden, ob man Links- oder Rechtsvektorräume betrachtet, da es keinen natürlichen Weg gibt, etwa aus einem Rechtsvektorraum über einem nicht kommutativen Körper einen Linksvektorraum über dem gleichen Körper zu machen, wie das für kommutative Körper möglich ist. Wir werden hier vorwiegend von Rechtsvektorräumen reden, dh., die Skalare rechts neben die Vektoren setzen. Gelegentlich werden wir aber auch von Linksvektorräumen reden müssen.

Schließlich werden wir das Wort Dimension im Zusammenhang mit Vektorräumen nicht benutzen, da es sehr häufig zu Mißverständnissen führt, wenn man Geometrie betreibt. Wir werden stattdessen vom *Rang* eines Vektorraumes reden. Der Rang eines Vektorraumes V ist also die Anzahl der Vektoren einer Basis von V.

1.5. Beispiel. Es sei V ein Rechtsvektorraum des Ranges 3 über dem Körper K. Für $i = 1$ oder 2 bezeichnen wir mit $\mathcal{U}_i(V)$ die Menge aller Unterräume vom Range i von V. Die Unterräume aus $\mathcal{U}_1(V)$ heißen Punkte und die aus $\mathcal{U}_2(V)$ Geraden. Ist $P \in \mathcal{U}_1(V)$ und $G \in \mathcal{U}_2(V)$, so setzen wir genau dann $P \, I \, G$, wenn $P \subseteq G$ ist. Dann ist

$$(\mathcal{U}_1(V), \mathcal{U}_2(V), \, I\,)$$

eine projektive Ebene, die wir mit $\Pi(V, K)$ bezeichnen.

Der Beweis ist ganz einfach. Er benutzt als wesentliches Hilfsmittel nur die Rangformel, sowie die Tatsache, daß für einen Unterraum U eines Vektorraums W endlichen Ranges $\mathrm{Rg}(U) \leq \mathrm{Rg}(W)$ gilt und daß aus $\mathrm{Rg}(U) = \mathrm{Rg}(W)$ die Gleichheit von U und W folgt. Dabei bezeichne $\mathrm{Rg}(V)$ den Rang des Vektorraumes V.

Es seien P und Q verschiedene Punkte von $\Pi(V, K)$. Dann ist $P \cap Q = \{0\}$. Mit Hilfe der Rangformel folgt

$$2 = \mathrm{Rg}(P) + \mathrm{Rg}(Q) = \mathrm{Rg}(P + Q) + \mathrm{Rg}(P \cap Q) = \mathrm{Rg}(P + Q).$$

Folglich ist $P + Q$ eine Gerade, die mit P und Q inzidiert. Ist andererseits G eine Gerade mit $P, Q \, I \, G$, so folgt $P + Q \subseteq G$ und wegen $\mathrm{Rg}(P + Q) = 2 = \mathrm{Rg}(G)$ dann auch $P + Q = G$. Daher gilt (P1).

Es seien G und H zwei Geraden. Wegen $G + H \subseteq V$ und $\mathrm{Rg}(V) = 3$ ist dann $\mathrm{Rg}(G + H) \leq 3$. Somit ist

$$4 = \mathrm{Rg}(G) + \mathrm{Rg}(H) = \mathrm{Rg}(G + H) + \mathrm{Rg}(G \cap H) \leq 3 + \mathrm{Rg}(G \cap H).$$

Folglich ist $\mathrm{Rg}(G \cap H) \geq 1$. Es gibt also ein $v \in G \cap H$ mit $v \neq 0$. Dann ist aber

$$vK = \{vk \mid k \in K\}$$

ein Punkt, der mit G und H inzidiert. Also gilt auch (P2).

Wegen $\mathrm{Rg}(V) = 3$ gibt es eine Basis b_1, b_2, b_3 von V. Setze $b_4 = b_1 + b_2 + b_3$ und $P_i = b_i K$ für $i = 1, 2, 3, 4$. Dann bilden je drei der Vektoren b_1, b_2, b_3, b_4 eine Basis von V, so daß keine drei der Punkte P_1, P_2, P_3, P_4 kollinear sind. Somit ist auch (P3) erfüllt, so daß $\Pi(V, K)$ in der Tat eine projektive Ebene ist.

Es werden vor allem die Ebenen $\Pi(V, K)$ sein, mit denen wir uns in diesem Buch beschäftigen werden. Wir werden sie auf mehrere Arten kennzeichnen, sowie ihre Kollineationsgruppen und Teilkonfigurationen untersuchen.

Nachdem wir nun die Beispiele kennen, die uns vor allem beschäftigen werden, ist es an der Zeit anzufangen, erste Resultate über projektive Ebenen schlechthin zu sammeln.

1.6. Satz Ist Π eine projektive Ebene, so gelten in Π die folgenden Aussagen:

(P1)[d] Zwei verschiedene Geraden von Π haben genau einen Punkt gemein.

(P2)[d] Zu je zwei Punkten von Π gibt es eine Gerade, die sie beide trägt.

(P3)[d] Es gibt vier Geraden in Π, von denen keine drei konfluent sind.

Beweis. Sind g und h verschiedene Geraden von Π, so folgt aus (P2), daß sie wenigstens einen Punkt gemeinsam haben. Wegen (P1) können sie aber nicht gleichzeitig mit mehr als einem Punkt inzidieren. Somit gilt (P1)[d].

Es seien P und Q zwei verschiedene Punkte von Π. Dann folgt mit (P1) die Existenz einer Geraden, die mit P und Q inzidiert. Um die Gültigkeit von (P2)[d] zu zeigen, müssen wir also nur noch nachweisen, daß jeder Punkt von Π mit wenigstens einer Geraden inzidiert. Ist nun P ein Punkt von Π, so erschließen wir mit Hilfe von (P3) die Existenz eines von P verschiedenen Punktes R. Mit (P1) folgt dann wieder die Existenz einer Geraden durch P und R, so daß auch (P2)[d] gilt.

Bevor wir den Beweis von 1.6 beenden, wollen wir noch eine Bezeichnung einführen. Sind X und Y zwei verschiedene Punkte einer projektiven Ebene, so bezeichnen wir mit $X + Y$ die eindeutig bestimmte Gerade, die sie beide trägt. $X + Y$ heißt auch *Verbindungsgerade* von X und Y.

Es seien nun P, Q, R, S vier nach (P3) existierende Punkte von Π, von denen

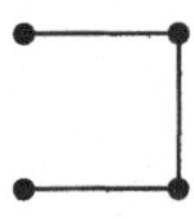

Fig. 2

keine drei kollinear sind. Wir betrachten die Geraden $P + Q$, $Q + R$, $R + S$ und $S + P$. Angenommen drei von ihnen seien konfluent. Wie Fig. 2 deutlich macht, dürfen wir oBdA annehmen, daß $P + Q$, $Q + R$ und $R + S$ konfluent sind, da wir ja die Eckpunkte des Diagramms nach unserem Gutdünken benennen dürfen. Nun sind P, Q und R nicht kollinear. Also haben $P + Q$ und $Q + R$ nach (P1)$^{\mathrm d}$ nur den Punkt Q gemein. Da $P + Q$, $Q + R$ und $R + S$ aber konfluent sind, folgt $Q\,\mathrm{I}\,R + S$. Dies ergibt den Widerspruch, daß Q, R, S kollinear sind.

Der soeben bewiesene Satz 1.6 ist von nicht zu überschätzender Bedeutung für die Theorie der projektiven Ebenen. Um eine erste Ahnung von dieser Bedeutung zu bekommen, wollen wir ihn mit der Definition 1.2 der projektiven Ebenen vergleichen. Zu diesem Zweck schreiben wir zunächst die Postulate (P1), (P2) und (P3) mit etwas weniger Worten und etwas mehr an Symbolen auf, um klar zu erkennen, was vorgeht.

Es sei $\Pi = (\mathcal{P}, \mathcal{G}, \mathrm{I})$ eine projektive Ebene. Dann besitzt Π die folgenden Eigenschaften:

(P1) Sind P, $Q \in \mathcal{P}$ und ist $P \neq Q$, so gibt es genau ein $g \in \mathcal{G}$ mit $P\,\mathrm{I}\,g$ und $Q\,\mathrm{I}\,g$.

(P2) Sind g, $h \in \mathcal{G}$, so gibt es ein $P \in \mathcal{P}$ mit $P\,\mathrm{I}\,g$ und $P\,\mathrm{I}\,h$.

(P3) Es gibt P_1, P_2, P_3, $P_4 \in \mathcal{P}$ mit der Eigenschaft: Sind i, j, $k \in \{1, 2, 3, 4\}$, ist $g \in \mathcal{G}$ und gilt P_i, P_j, $P_k\,\mathrm{I}\,g$, so ist $i = j$ oder $j = k$ oder $k = i$.

Entsprechend schreiben wir (P1)$^{\mathrm d}$, (P2)$^{\mathrm d}$ und (P3)$^{\mathrm d}$.

(P1)$^{\mathrm d}$ Sind g, $h \in \mathcal{G}$ und ist $g \neq h$, so gibt es genau ein $P \in \mathcal{P}$ mit $P\,\mathrm{I}\,g$ und $P\,\mathrm{I}\,h$.

(P2)$^{\mathrm d}$ Sind P, $Q \in \mathcal{P}$, so gibt es ein $g \in \mathcal{G}$ mit $P\,\mathrm{I}\,g$ und $Q\,\mathrm{I}\,g$

(P3)$^{\mathrm d}$ Es gibt g_1, g_2, g_3, $g_4 \in \mathcal{G}$ mit der Eigenschaft: Sind i, j, $k \in \{1, 2, 3, 4\}$, ist $P \in \mathcal{P}$ und gilt $P\,\mathrm{I}\,g_i$, g_j, g_k, so ist $i = j$ oder $j = k$ oder $k = i$.

Und nun kommt der entscheidende Schritt. Wir setzen

$$\mathrm{I}^{\,\mathrm d} = \{(g, P) \mid (P, g) \in \mathrm{I}\}$$

und $\Pi^{\mathrm d} = (\mathcal{G}, \mathcal{P}, \mathrm{I}^{\,\mathrm d})$. Dann besitzt $\Pi^{\mathrm d}$ also die Eigenschaften:

(1) Sind g, $h \in \mathcal{G}$ und ist $g \neq h$, so gibt es genau ein $P \in \mathcal{P}$ mit $g\,\mathrm{I}^{\,\mathrm d}P$ und $h\,\mathrm{I}^{\,\mathrm d}P$.

(2) Sind P, $Q \in \mathcal{P}$, so gibt es ein $g \in \mathcal{G}$ mit $g\,\mathrm{I}^{\,\mathrm d}P$ und $g\,\mathrm{I}^{\,\mathrm d}Q$.

(3) Es gibt g_1, g_2, g_3, $g_4 \in \mathcal{G}$ mit der Eigenschaft: Sind i, j, $k \in \{1, 2, 3, 4\}$, ist $P \in \mathcal{P}$ und gilt g_i, g_j, $g_k\,\mathrm{I}^{\,\mathrm d}P$, so ist $i = j$ oder $j = k$ oder $k = i$.

Damit haben wir also die folgende, äußerst wichtige Interpretation von 1.6 gewonnen.

1.7. Satz. Ist Π eine projektive Ebene, so ist auch $\Pi^{\mathrm d}$ eine projektive Ebene.

Dieser Satz und das daraus fließende Dualitätsprinzip, welches wir gleich formulieren werden, werden meist nur durch Redewendungen wie „aus Dualitätsgründen gilt", „Übergang zur dualen Ebene liefert", „duale Schlüsse zeigen" etc. zitiert. Auch wir werden es in diesem Buch so halten.

1.8. Definition. Ist $\mathcal{I} = (\mathcal{P}, \mathcal{G}, \mathrm{I}^{\,\mathrm{d}})$ eine Inzidenzstruktur und ist

$$\mathrm{I}^{\,\mathrm{d}} = \{(g, P) \mid (P, g) \in \mathrm{I}\}$$

die zu I konverse Relation, so heißt $\mathcal{I}^{\mathrm{d}} = (\mathcal{G}, \mathcal{P}, \mathrm{I}^{\,\mathrm{d}})$ die zu $\mathcal{I}$ *duale Inzidenzstruktur*. Ist S ein Satz über Inzidenzstrukturen, vertauscht man in (S) die Begriffe Punkt und Gerade und ersetzt man I durch die konverse Relation $\mathrm{I}^{\,\mathrm{d}}$, so erhält man den zu (S) *dualen Satz* (S)^{d}. Offenbar gilt (S)^{d} in $\mathcal{I}^{\mathrm{d}}$, falls (S) in $\mathcal{I}$ gilt.

Im Sinne dieser Definitionen sind unsere Bezeichnungen (P1)^{d}, etc. nicht ganz korrekt. Solche kleinen Schlampereien — Bourbaki würde *abus de notation* sagen — sind üblich und ungefährlich.

1.9. Dualitätsprinzip. Es sei $\mathcal{K}$ eine Klasse von Inzidenzstrukturen mit der Eigenschaft, daß mit $\mathcal{I}$ auch $\mathcal{I}^{\mathrm{d}}$ zu $\mathcal{K}$ gehört. Ist dann (S) ein Satz, der für alle $\mathcal{I} \in \mathcal{K}$ gilt, so gilt auch (S)^{d} für alle $\mathcal{I} \in \mathcal{K}$.

Beweis. Es sei $\mathcal{I} \in \mathcal{K}$. Dann ist auch $\mathcal{I}^{\mathrm{d}} \in \mathcal{K}$. Folglich gilt (S) in $\mathcal{I}^{\mathrm{d}}$, so daß (S)^{d} in $\mathcal{I}^{\mathrm{dd}} = \mathcal{I}$ gilt, q. e. d.

Nach 1.7 läßt sich auf die Klasse der projektiven Ebenen das Dualitätsprinzip anwenden. Das hat zur Folge, daß man sozusagen nur die Hälfte aller Sätze wirklich beweisen muß. Die Gültigkeit der anderen Hälfte folgt dann aus dem Dualitätsprinzip. Hier gleich ein Beispiel.

1.10. Satz. Jede Gerade einer projektiven Ebene trägt wenigstens drei Punkte und jeder Punkt liegt auf wenigstens drei Geraden.

Beweis. Aus Dualitätsgründen genügt es zu zeigen, daß jede Gerade einer projektiven Ebene wenigstens drei Punkte trägt. Dazu sei g Gerade einer projektiven Ebene Π. Nach (P3) gibt es vier Punkte P, Q, R und S in Π, von denen keine drei

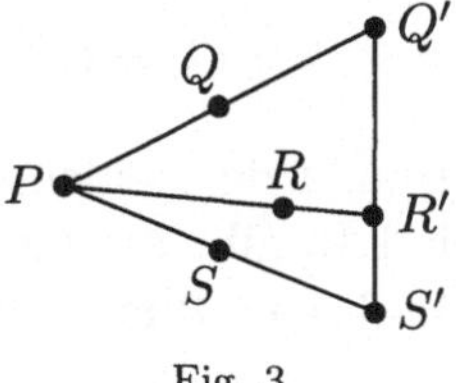

Fig. 3

kollinear sind. Insbesondere folgt, daß diese Punkte nicht alle auf g liegen. Wir dürfen daher $P \,\cancel{\mathrm{I}}\, g$ annehmen. Weil keine drei der Punkte P, Q, R, S kollinear sind, sind $P+Q$, $P+R$, $P+S$ drei verschiedene Geraden durch P, die auch alle von g verschieden sind, da $P \,\cancel{\mathrm{I}}\, g$ gilt. Somit hat jede von ihnen nach 1.6 (P1)^{d} genau einen Punkt mit g gemein. Diese seien Q', R', S', wobei $Q' \,\mathrm{I}\, P + Q$, etc. gelte. Wäre etwa $Q' = R'$, so folgte wegen $P \neq Q'$, R', die Gültigkeit der Gleichungen

$$R + P = R' + P = Q' + P = Q + P,$$

so daß P, Q und R kollinear wären. Also ist doch $Q' \neq R'$. Ebenso folgt $R' \neq S'$ und $S' \neq Q'$. Damit ist 1.10 bewiesen.

1.11. Satz. Jede projektive Ebene besitzt mindestens sieben Punkte und sieben Geraden.

Zum Beweise betrachte man die Geraden durch einen Punkt und benutze 1.10.

1.12. Satz. Ist Π eine projektive Ebene und sind g und h Geraden von Π, so gibt es einen Punkt P von Π mit $P \not{I} g, h$.

Beweis. Ist $g = h$, so folgt dies unmittelbar aus 1.2(P3). Es sei also $g \neq h$ und S sei der eindeutig bestimmte Schnittpunkt von g mit h. Nach 1.10 gibt es einen

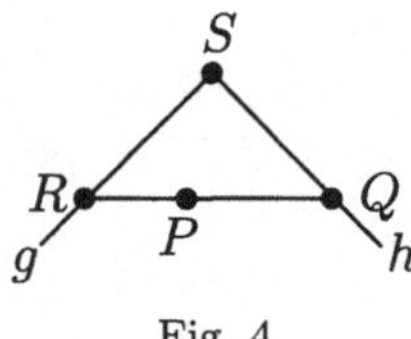

Fig. 4

von S verschiedenen Punkt R auf g und einen von S verschiedenen Punkt Q auf h. Es folgt $S \not{I} R + Q$, da sonst wegen $S \neq R, Q$ der Widerspruch

$$g = R + S = R + Q = S + Q = h$$

folgte. Insbesondere ist also $g \neq R + Q \neq h$. Daher ist

$$g \cap (R + Q) = R$$

und

$$h \cap (R + Q) = Q,$$

wenn man mit $x \cap y$ den Schnittpunkt der beiden voneinander verschiedenen Geraden x und y bezeichnet. Nach 1.10 gibt es einen von R und Q verschiedenen Punkt P auf $R + Q$. Dies ist dann also ein Punkt, der weder auf g noch auf h liegt, q. e. d.

1.13. Satz. Ist Π eine projektive Ebene, so gilt:

a) Sind g und h Geraden von Π, so gibt es eine Bijektion der Menge der Punkte, die auf g liegen, auf die Menge der Punkte, die auf h liegen.

b) Sind P und Q Punkte von Π, so gibt es eine Bijektion der Menge der Geraden durch P auf die Menge der Geraden durch Q.

c) Ist P ein Punkt und g eine Gerade von Π, so gibt es eine Bijektion der Menge der Geraden durch P auf die Menge der Punkte, die auf g liegen.

Beweis. a) Nach 1.12 gibt es einen Punkt P, der weder auf g noch auf h liegt. Ist $X \, \mathrm{I} \, g$, so definieren wir X^π durch $X^\pi = (X + P) \cap h$. Dann ist π eine Bijektion

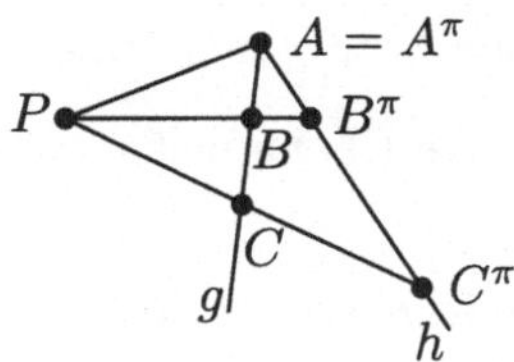

Fig. 5

der Menge der Punkte auf g auf die Menge der Punkte auf h. In der Tat: Wegen $P \, \mathbf{\mathit{I}} \, g$ ist $P \neq X$, so daß $X + P$ definiert ist. Ferner folgt aus $P \, \mathbf{\mathit{I}} \, h$, daß $X + P \neq h$ ist, so daß $(X + P) \cap h$ ein Punkt auf h ist. Folglich ist π eine Abbildung der Menge der Punkte auf g in die Menge der Punkte auf h.

Ist $Y \, \mathrm{I} \, h$, so definieren wir $Y^{\pi'}$ durch $Y^{\pi'} = (Y + P) \cap g$. Dann folgt mit den gleichen Argumenten, daß π' eine Abbildung der Menge der Punkte auf h in die Menge der Punkte auf g ist. Ist nun $X \, \mathrm{I} \, g$, so folgt

$$X^{\pi\pi'} = [(X + P) \cap h]^{\pi'} = ([[(X + P) \cap h] + P) \cap g.$$

Nun ist $(X + P) \cap h$ ein von P verschiedener Punkt auf der Geraden $X + P$, da ja

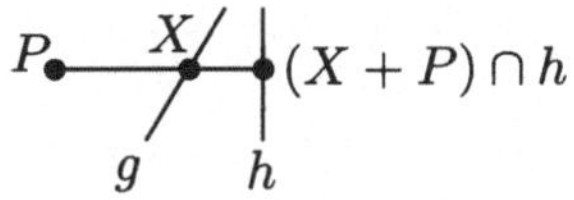

Fig. 6

P nicht auf h liegt. Daher ist

$$[(X + P) \cap h] + P = X + P.$$

Also ist

$$X^{\pi\pi'} = (X + P) \cap g = X,$$

da $X \, \mathrm{I} \, g$ und $X + P \neq g$ ist. Also ist $X^{\pi\pi'} = X$ für alle X auf g. Vertauscht man die Rollen von g und h, so folgt ebenso $Y^{\pi'\pi} = Y$ für alle $Y \, \mathrm{I} \, h$. Daher ist π bijektiv und $\pi^{-1} = \pi'$. Dies beweist a).

b) ist die zu a) duale Aussage, gilt also auf Grund des Dualitätsprinzips.

c) Es sei zunächst $P \, \mathbf{\mathit{I}} \, g$. Ist dann x eine Gerade durch P, so setzen wir $x^\pi = x \cap g$. Dann ist π eine Abbildung der Menge der Geraden durch P in die Menge der Punkte auf g, da jede Gerade durch P wegen $P \, \mathbf{\mathit{I}} \, g$ von g verschieden ist und folglich mit g genau einen Punkt gemein hat. Ist umgekehrt $Y \, \mathrm{I} \, g$ und setzt man $Y^{\pi'} = Y + P$, so zeigen duale Schlüsse, daß π' eine Abbildung der Menge der Punkte auf g in die Menge der Geraden durch P ist. Nun ist $x \cap g$ ein von P

verschiedener Punkt auf x, so daß $P + (x \cap g) = x$ ist. Folglich ist $x^{\pi\pi'} = x$ für alle Geraden x durch P. Ebenso einfach folgt $Y^{\pi'\pi} = Y$ für alle $Y \text{ I } g$. Daher ist π eine Bijektion, so daß c) bewiesen ist, falls $P \not\!\text{I} \, g$ ist. Ist $P \text{ I } g$, so wählen wir $Q \not\!\text{I} \, g$ und schließen mit b) und dem soeben Bewiesenen, daß c) auch in diesem Falle gilt.

1.14. Definition. Eine projektive Ebene heißt *endlich*, falls sie nur endlich viele Punkte und Geraden besitzt.

Ist Π eine endliche projektive Ebene, so ist also auch Π^{d} endlich, so daß sich auch auf die Klasse der endlichen projektiven Ebenen das Dualitätsprinzip anwenden läßt.

1.15. Satz. Ist Π eine endliche projektive Ebene, so gibt es eine natürliche Zahl $n \geq 2$, so daß gilt:

a) Ist g eine Gerade von Π, so trägt g genau $n + 1$ Punkte.

b) Ist P ein Punkt von Π, so liegt P auf genau $n + 1$ Geraden.

c) Die Anzahl der Punkte von Π ist $n^2 + n + 1$.

d) Die Anzahl der Geraden von Π ist $n^2 + n + 1$.

Der einfache Beweis dieses Satzes sei dem Leser als Übungsaufgabe überlassen. Zu bemerken ist, daß b) nicht durch Dualisieren aus a) folgt. Dualisieren liefert nämlich nur die Existenz einer natürlichen Zahl $m \geq 2$, so daß jeder Punkt von Π auf genau $m + 1$ Geraden liegt. Der Satz besagt darüberhinaus, daß $m = n$ ist.

1.16. Definition. Die in Satz 1.15 gefundene Zahl n heißt *Ordnung* von Π.

2. Inzidenztreue Abbildungen. Aus Algebra und Topologie kennt man Begriffe wie Homomorphismus, Isomorphismus, Homöomorphismus, etc. Das sind Abbildungen, die die wesentlichen Struktureigenschaften der betrachteten Strukturen respektieren und die bei der Untersuchung algebraischer Strukturen und topologischer Räume immer wieder herangezogen werden. Im Geometrieunterricht der Schule ist man ähnlichen Abbildungen begegnet, nämlich den Translationen, den Streckungen und Spiegelungen, den Scherungen usw. Alle diese Abbildungen und noch viele mehr fassen wir unter den Begriffen Isomorphismus, Kollineation und Korrelation zusammen, die wir jetzt definieren werden.

2.1. Definition. $\mathcal{I} = (\mathcal{P}, \mathcal{G}, \text{I})$ und $\mathcal{I}' = (\mathcal{P}', \mathcal{G}', \text{I}')$ seien zwei Inzidenzstrukturen. Ferner sei σ eine Bijektion von $\mathcal{P}$ auf $\mathcal{P}'$ und τ sei eine Bijektion von $\mathcal{G}$ auf $\mathcal{G}'$. Genau dann nennen wir das Paar $\rho = (\sigma, \tau)$ *Isomorphismus* von $\mathcal{I}$ auf $\mathcal{I}'$, wenn für $P \in \mathcal{P}$ und $g \in \mathcal{G}$ genau dann $P \text{ I } g$ gilt, wenn $P^\sigma \text{ I}' g^\tau$ gilt. Ist $\mathcal{I} = \mathcal{I}'$, so heißt ρ *Kollineation* von $\mathcal{I}$, und ist $\mathcal{I}^{\mathrm{d}} = \mathcal{I}'$, so heißt ρ *Korrelation* von $\mathcal{I}$. Besitzt $\mathcal{I}$ eine Korrelation, was nicht der Fall zu sein braucht, so heißt $\mathcal{I}$ *selbstdual*.

Ist $\rho = (\sigma, \tau)$ ein Isomorphismus von $\mathcal{I}$ auf $\mathcal{I}'$, so ist $\rho^{-1} = (\sigma^{-1}, \tau^{-1})$ ein Isomorphismus von $\mathcal{I}'$ auf $\mathcal{I}$, wie unmittelbar aus der Definition des Isomorphismus folgt. Die Inzidenzstrukturen $\mathcal{I}$ und $\mathcal{I}'$ heißen daher *isomorph*. Ist $\rho' = (\sigma', \tau')$ ein Isomorphismus von $\mathcal{I}'$ auf $\mathcal{I}''$, so ist $\rho\rho' = (\sigma\sigma', \tau\tau')$ ein Isomorphismus von $\mathcal{I}$

auf $\mathcal{I}''$. Hieraus folgt unmittelbar, daß die Menge der Kollineationen von $\mathcal{I}$ eine Gruppe ist. Diese Gruppe nennen wir die *(volle) Kollineationsgruppe* von $\mathcal{I}$.

Ist (σ, τ) eine Kollineation oder auch eine Korrelation von $\mathcal{I}$, so ist (τ, σ) eine Kollineation bzw. eine Korrelation von $\mathcal{I}^{\mathrm{d}}$. Ist nun $\rho = (\sigma, \tau)$ eine Kollineation und $\rho' = (\sigma', \tau')$ eine Korrelation von $\mathcal{I}$, so werden also durch

$$\rho\rho' = (\sigma\sigma', \tau\tau')$$

und

$$\rho'\rho = (\sigma'\tau, \tau'\sigma)$$

Korrelationen von $\mathcal{I}$ definiert. Sind ρ und ρ' beides Korrelationen, so ist

$$\rho\rho' = (\sigma\tau', \tau\sigma')$$

eine Kollineation von $\mathcal{I}$. Mit diesen Definitionen wird die Menge der Kollineationen und Korrelationen von $\mathcal{I}$ zu einer Gruppe. Dabei ist zu beachten, daß die Inverse der Korrelation (σ, τ) in dieser Gruppe die Korrelation (τ^{-1}, σ^{-1}) ist und nicht etwa (σ^{-1}, τ^{-1}). Dieses Paar ist ja eine Korrelation von $\mathcal{I}^{\mathrm{d}}$ und nicht von $\mathcal{I}$. Ist $\mathcal{I}$ selbstdual, so hat die volle Kollineationsgruppe von $\mathcal{I}$ in der Gruppe aller Kollineationen und Korrelationen den Index 2.

Ein Isomorphismus einer Inzidenzstruktur auf eine andere ist also ein Paar von Abbildungen. Dennoch werden wir meist nur einen Buchstaben für die Bezeichnung eines Isomorphismus verwenden. Wir werden nur dann zwei Buchstaben benutzen, wenn die Klarheit dies erfordert. Die Verwendung nur eines Buchstabens kann z. B. dann zur Verwirrung führen, wenn $\mathcal{P} \cap \mathcal{G} \neq \emptyset$ ist. Ist nämlich $x \in \mathcal{P} \cap \mathcal{G}$, so ist im allgemeinen $x^\sigma \neq x^\tau$.

2.2. Eine wichtige, wenn auch triviale Konstruktion. Es sei Π eine projektive Ebene und g sei eine Gerade von Π. Mit Π_g bezeichnen wir dann die Inzidenzstruktur, deren Punkte die Punkte von Π sind, die nicht auf g liegen, deren Geraden die von g verschiedenen Geraden von Π sind und deren Inzidenzrelation die von Π ererbte ist. Dies heißt, daß der Punkt P und die Gerade h von Π_g genau dann in Π_g inzidieren, wenn sie in Π inzidieren.

2.3. Satz. Es seien Π und Δ zwei projektive Ebenen und g und h seien Geraden von Π bzw. Δ. Ist σ ein Isomorphismus von Π_g auf Δ_h, so läßt sich σ auf genau eine Weise zu einem Isomorphismus von Π auf Δ fortsetzen.

Beweis. Wir zeigen zunächst die Eindeutigkeit. Ist ρ ein Isomorphismus von Π auf Δ, der den Isomorphismus σ von Π_g auf Δ_h fortsetzt, so ist natürlich $g^\rho = h$. Es sei τ ein weiterer solcher Isomorphismus. Dann ist $\rho\tau^{-1}$ eine Kollineation von Π mit

$$g^{\rho\tau^{-1}} = h^{\tau^{-1}} = g^{\tau\tau^{-1}} = g.$$

Überdies ist die Einschränkung von $\rho\tau^{-1}$ auf Π_g die Identität. Folglich läßt $\rho\tau^{-1}$ alle Geraden von Π fest. Ist nun P ein Punkt von Π, so gibt es zwei verschiedene

Geraden x und y von Π mit $P = x \cap y$, da durch jeden Punkt einer projektiven Ebene ja sogar drei verschiedene Geraden gehen. Daher ist

$$P^{\rho\tau^{-1}} = (x \cap y)^{\rho\tau^{-1}} = x^{\rho\tau^{-1}} \cap y^{\rho\tau^{-1}} = x \cap y = P,$$

so daß $\rho\tau^{-1}$ auch alle Punkte von Π festläßt. Somit ist $\rho\tau^{-1}$ die Identität, so daß in der Tat $\rho = \tau$ ist.

Es bleibt die Existenz einer Fortsetzung zu zeigen. Ist ξ ein Punkt oder eine Gerade von Π_g, so setzen wir natürlich $\xi^\rho = \xi^\sigma$. Ferner setzen wir $g^\rho = h$. Schließlich setzen wir $X^\rho = y^\sigma \cap h$, falls $X \operatorname{I} g$ und y eine von g verschiedene Gerade durch X ist. Wir müssen zeigen, daß die Definition von X^ρ von der Auswahl von y unabhängig ist. Dazu sei $X = y \cap g = z \cap g$ und $y \neq z$. Dann haben y und z keinen Punkt von Π_g gemein, da ja $y \cap z = X$ ist und X nicht zu Π_g gehört. Weil σ ein Isomorphismus ist, folgt, daß y^σ und z^σ in Δ_h keinen Punkt gemeinsam haben. Andererseits haben y^σ und z^σ genau einen Punkt U in Δ gemein. Es folgt $U \operatorname{I} h$ und somit $U = y^\sigma \cap h = z^\sigma \cap h$. Dies zeigt die Wohldefiniertheit von ρ. Daß ρ ein Isomorphismus ist, ist nun unmittelbar einzusehen.

Der soeben bewiesene Satz wird uns noch gute Dienste leisten. So z. B. bei der Konstruktion von Zentralkollineationen, wie auch bei der Charakterisierung der desarguesschen projektiven Ebenen, wenn wir nämlich zeigen, daß die Klasse der desarguesschen projektiven Ebenen identisch ist mit der Klasse der Ebenen $\Pi(V, K)$.

Es gibt Situationen, in denen es nützlich ist, die Geraden einer Inzidenzstruktur als Punktmengen aufzufassen. Daß dies unter geeigneten Voraussetzungen möglich ist, zeigt der folgende Satz.

2.4. Satz. Ist $\mathcal{I} = (\mathcal{P}, \mathcal{G}, \operatorname{I})$ eine Inzidenzstruktur und ist $g \in \mathcal{G}$, so bezeichnen wir mit $\operatorname{I}(g)$ die Menge der Punkte von $\mathcal{I}$, die auf g liegen. Gilt dann für g, $h \in \mathcal{G}$ mit $g \neq h$ stets auch $\operatorname{I}(g) \neq \operatorname{I}(h)$, und definiert man g^i für $g \in \mathcal{G}$ durch $g^i = \operatorname{I}(g)$, so ist $(id_\mathcal{P}, i)$ ein Isomorphismus von $\mathcal{I}$ auf $(\mathcal{P}, \{\operatorname{I}(g) \mid g \in \mathcal{G}\}, \in)$.

Beweis. Trivial.

Die Voraussetzungen von 2.4 sind insbesondere dann erfüllt, wenn zwei verschiedene Punkte höchstens eine Verbindungsgerade haben und überdies jede Gerade wenigstens zwei Punkte trägt. Dies ist bei projektiven Ebenen stets der Fall wie auch bei den im nächsten Abschnitt zu definierenden affinen Ebenen.

2.5. Satz. Es seien $\mathcal{I} = (\mathcal{P}, \mathcal{G}, \operatorname{I})$ und $\mathcal{I}' = (\mathcal{P}', \mathcal{G}', \operatorname{I}')$ Inzidenzstrukturen mit den beiden Eigenschaften:

a) Zwei verschiedene Punkte haben genau eine Verbindungsgerade.

b) Jede Gerade trägt mindestens zwei verschiedene Punkte.

Ist dann σ eine Bijektion von $\mathcal{P}$ auf $\mathcal{P}'$, so gibt es genau dann eine und dann auch nur eine Bijektion τ von $\mathcal{G}$ auf $\mathcal{G}'$, so daß (σ, τ) ein Isomorphismus von $\mathcal{I}$ auf $\mathcal{I}'$ ist, wenn für alle P, Q, $R \in \mathcal{P}$ gilt, daß P, Q, R genau dann kollinear sind, wenn P^σ, Q^σ, R^σ kollinear sind.

Beweis. Zunächst beweisen wir die Eindeutigkeitsaussage. Dazu seien (σ, τ) und (σ, ρ) Isomorphismen von $\mathcal{I}$ auf $\mathcal{I}'$. Dann ist $(1, \tau\rho^{-1})$ eine Kollineation von $\mathcal{I}$. Es sei $g \in \mathcal{G}$. Nach b) gibt es zwei Punkte P und Q auf g. Es folgt $P, Q \operatorname{I} g$, $g^{\tau\rho^{-1}}$. Nach a) ist daher $g = g^{\tau\rho^{-1}}$, so daß $\tau = \rho$ ist, da g ja eine beliebige Gerade von $\mathcal{I}$ ist.

Ist (σ, τ) ein Isomorphismus von $\mathcal{I}$ auf $\mathcal{I}'$, so sind die Punkte P, Q, R von $\mathcal{I}$ natürlich genau dann kollinear, wenn $P^\sigma, Q^\sigma, R^\sigma$ es sind. Dies ist also nicht die wesentliche Aussage des Satzes. Es ist die Umkehrung dieses Sachverhaltes, welche den Satz interessant macht. Es erfülle σ also die Bedingung, daß P, Q, R genau dann kollinear sind, wenn $P^\sigma, Q^\sigma, R^\sigma$ es sind.

Wir betrachten nun die Inzidenzstrukturen

$$\mathcal{I}_0 = (\mathcal{P}, \{\,\operatorname{I}(g) \mid g \in \mathcal{G}\,\}, \in)$$

und

$$\mathcal{I}_0' = (\mathcal{P}', \{\,\operatorname{I}'(g') \mid g' \in \mathcal{G}'\,\}, \in)$$

und definieren ρ durch

$$\operatorname{I}(g)^\rho = \{P^\sigma \mid P \in \operatorname{I}(g)\}.$$

Wegen b) gibt es zu $g \in \mathcal{G}$ stets zwei verschiedene Punkte P und Q mit P, $Q \in \operatorname{I}(g)$. Wegen a) gibt es genau ein $g' \in \mathcal{G}'$ mit $P^\sigma, Q^\sigma \operatorname{I}' g'$. Aus $X \in \operatorname{I}(g)$ folgt die Kollinearität von P, Q und X und damit die Kollinearität von P^σ, Q^σ und X^σ. Hieraus folgt weiter $X^\sigma \operatorname{I}' g'$, da g' ja die einzige Gerade durch P^σ und Q^σ ist. Somit gilt

$$\operatorname{I}(g)^\rho \subseteq \operatorname{I}'(g').$$

Es sei $Y \in \operatorname{I}'(g')$. Weil σ eine Bijektion von $\mathcal{P}$ auf $\mathcal{P}'$ ist, gibt es ein $X \in \mathcal{P}$ mit $X^\sigma = Y$. Dann sind also $X^\sigma, P^\sigma, Q^\sigma$ kollinear, so daß auch X, P, Q kollinear sind. Anwendung von a) liefert daher $X \operatorname{I} g$, dh., $X \in \operatorname{I}(g)$, so daß $Y = X^\sigma \in \operatorname{I}(g)^\rho$ ist. Also ist

$$\operatorname{I}(g)^\rho = \operatorname{I}'(g').$$

Weil σ injektiv ist, ist auch ρ injektiv. Um zu zeigen, daß ρ surjektiv ist, sei $g' \in \mathcal{G}'$. Es gibt dann zwei verschiedene Punkte $R, S \in \operatorname{I}'(g')$. Wegen der Surjektivität von σ gibt es $P, Q \in \mathcal{P}$ mit $P^\sigma = R$ und $Q^\sigma = S$. Nach a) gibt es ein $g \in \mathcal{G}$ mit $P, Q \in g$. Nach dem bereits Bewiesenen ist dann $\operatorname{I}(g)^\rho = \operatorname{I}'(g')$, so daß ρ in der Tat surjektiv ist. Die Definition von ρ liefert nun unmittelbar, daß (σ, ρ) ein Isomorphismus von $\mathcal{I}_0$ auf $\mathcal{I}_0'$ ist. Wir definieren nun Abbildungen i und j durch $g^i = \operatorname{I}(g)$ für alle $g \in \mathcal{G}$ und $g'^j = \operatorname{I}'(g')$ für alle $g' \in \mathcal{G}'$. Nach 2.4 ist $(id_\mathcal{P}, i)$ ein Isomorphismus von $\mathcal{I}$ auf $\mathcal{I}_0$ und $(id_{\mathcal{I}'}, j)$ ein Isomorphismus von $\mathcal{I}'$ auf $\mathcal{I}_0'$. Setzt man nun $\tau = i\rho j^{-1}$, so ist (σ, τ) ein Isomorphismus von $\mathcal{I}$ auf $\mathcal{I}'$, q. e. d.

Mathematische Theorien sind nicht Selbstzweck. Sie dienen vielmehr dazu, die Last der Rechenarbeit zu erleichtern und mit inner- wie außermathematischen Situationen besser fertig zu werden. So dient auch die Theorie der projektiven Ebenen dazu, einzelne Individuen oder spezielle Klassen von projektiven Ebenen besser in den Griff zu bekommen. Daß wir mit unseren noch nicht sehr weit entwickelten Hilfsmitteln in dieser Hinsicht schon einiges anfangen können, möchten wir noch vorführen.

2.6. Satz. Ist Π eine endliche projektive Ebene der Ordnung 2 und sind P_1, P_2, P_3, P_4 vier Punkte von Π, von denen keine drei kollinear sind, so gibt es eine Gerade g von Π, so daß P_1, P_2, P_3, P_4 gerade die sämtlichen Punkte von Π_g sind.

Beweis. Nach Satz 1.15 gibt es genau drei Geraden durch P_1. Weil von den Punkten P_1, P_2, P_3, P_4 keine drei kollinear sind, sind folglich $P_1 + P_2$, $P_1 + P_3$, $P_1 + P_4$ die sämtlichen Geraden durch P_1. Ebenso sind $P_2 + P_1$, $P_2 + P_3$, $P_2 + P_4$ die sämtlichen Geraden durch P_2, ebenso $P_3 + P_1$, $P_3 + P_2$, $P_3 + P_4$ die sämtlichen Geraden durch P_3 und $P_4 + P_1$, $P_4 + P_3$, $P_4 + P_3$ die sämtlichen Geraden durch P_4. Wegen $P_i + P_j = P_j + P_i$ erhält man also, daß es in Π genau sechs Geraden gibt, die wenigstens einen der Punkte P_1, P_2, P_3, P_4 tragen. Weil Π sieben Geraden besitzt, gibt es genau eine Gerade g von Π mit $P_i \!\not\!I g$ für alle i. Weil nun g drei Punkte trägt und Π genau sieben Punkte besitzt, folgt schließlich, daß P_1, P_2, P_3, P_4 die sämtlichen Punkte von Π_g sind, q. e. d.

2.7. Satz. Sind Π und Π' zwei endliche projektive Ebenen der Ordnung 2, sind P_1, P_2, P_3, P_4 vier Punkte von Π, von denen keine drei kollinear sind, und sind P_1', P_2', P_3', P_4' vier Punkte von Π', von denen ebenfalls keine drei kollinear sind, so gibt es genau einen Isomorphismus σ von Π auf Π' mit $P_i^\sigma = P_i'$ für alle i.

Beweis. Nach 2.6 findet man eine Gerade g von Π und eine Gerade g' von Π', so daß P_1, P_2, P_3, P_4 gerade die Punkte von Π_g und P_1', P_2', P_3', P_4' gerade die Punkte von $\Pi'_{g'}$ sind. Definiert man ρ durch $P_i^\rho = P_i'$ für alle i, so wird ρ nach 2.5 von genau einem Isomorphismus von Π_g auf $\Pi'_{g'}$ induziert, da die Kollinearitätsbedingungen trivialerweise erfüllt sind, weil die Geraden von Π_g und $\Pi'_{g'}$ jeweils nur zwei Punkte tragen. Nach 2.3 läßt sich dieser Isomorphismus auf genau eine Weise zu einem Isomorphismus σ von Π auf Π' fortsetzen, q. e. d.

Aus 2.7 fließen nun eine Reihe von weiteren Sätzen.

2.8. Satz. Alle projektiven Ebenen der Ordnung 2 sind isomorph.
Beweis. Klar.

2.9. Satz. Ist Π eine projektive Ebene der Ordnung 2, so besitzt Π eine Korrelation.

Beweis. Dies folgt aus 2.8, wenn man nur bedenkt, daß Π^d ebenfalls eine projektive Ebene der Ordnung 2 ist.

2.10. Satz. Ist Π eine projektive Ebene der Ordnung 2, so hat die volle Kollineationsgruppe von Π die Ordnung 168.
Beweis. Nach 2.7 genügt es zu zeigen, daß es genau 168 geordnete Punktequadrupel P_1, P_2, P_3, P_4 gibt mit der Eigenschaft, daß keine drei dieser Punkte kollinear sind. Da man vier verschiedene Punkte auf $4! = 24$ verschiedene Arten

numerieren kann, folgt mit 2.6 und der Bemerkung, daß Π genau sieben Geraden enthält, daß die Anzahl der fraglichen Quadrupel gleich $7 \cdot 24 = 168$ ist, q. e. d.

3. Affine Ebenen. Wir unterziehen uns nun einer Aufgabe, wie sie sich immer wieder in der Mathematik stellt. Wir wollen nämlich die in 2.2 definierten Inzidenzstrukturen Π_g durch interne Eigenschaften kennzeichnen, dh., wir wollen untersuchen, welche Eigenschaften eine Inzidenzstruktur A haben muß, so daß es eine projektive Ebene Π und eine Gerade g von Π gibt, so daß A und Π_g isomorph sind. Eine Situation dieser Art, die Ihnen wohl geläufig ist, ist die folgende. Ist K ein Körper und ist R ein Teilring von K, so gibt es einen kleinsten Teilkörper L von K, der R enthält, nämlich den Schnitt über alle Teilkörper von K, die R enthalten. Die Frage ist nun, wie man es einem gegebenen Ring R ansieht, ob er sich in einen Körper K einbetten läßt, und wie man L findet, wenn man, wie gesagt, nur R kennt. Die Antwort, die die Algebra liefert, lautet, falls R kommutativ ist: R muß ein Integritätsbereich sein, um in einen Körper eingebettet werden zu können, und L ist in diesem Falle der Quotientenkörper von R.

3.1. Definition. Es sei A eine Inzidenzstruktur. A heißt *affine Ebene*, wenn A die folgenden Eigenschaften besitzt:

(A1) Zwei verschiedene Punkte von A haben genau eine Verbindungsgerade.

(A2) Ist h eine Gerade von A und ist P ein Punkt, der nicht auf h liegt, so gibt es genau eine durch P gehende Gerade von A, die mit h keinen Punkt gemeinsam hat.

(A3) Es gibt drei nicht kollineare Punkte in A.

Axiom (A2) heißt auch *euklidisches Parallelenpostulat*.

Was diese neue Definition mit dem zu tun hat, was wir bislang gemacht haben, zeigt der folgende Satz.

3.2. Satz. Ist Π eine projektive Ebene und ist g eine Gerade von Π, so ist Π_g eine affine Ebene.

Beweis. Trivial.

Es gibt viele Möglichkeiten, einen Satz und seinen Beweis zu finden. So kommt es vor, daß man einen Satz und seinen Beweis ganz einfach sieht. Oder aber man hat schon Satz und Beweis und stellt bei der Analyse des Beweises, die man immer vornehmen sollte, fest, daß man die Voraussetzungen des Satzes nicht völlig ausgeschöpft hat. Dann muß man den Satz entsprechend neu formulieren oder ein Korollar anfügen. Ein Extremfall dieser Situation ist der Fall, daß man einen Beweis aber noch keinen Satz hat. Dann muß man also den Satz zu formulieren versuchen, was manchmal gar nicht so einfach ist. Hierher gehört auch der Fall, daß man einen Beweis oder Beweisteile zitiert. Dies bedeutet immer, daß man mehr bewiesen hat als im Satz formuliert, so daß der Satz nicht richtig formuliert ist. Im Unterricht kann man dies natürlich dazu benutzen, den Lernenden dahin zu bringen, Beweise zu analysieren und die richtigen Sätze zu formulieren. Häufig geht man beim Beweise eines Satzes, dessen Richtigkeit man vermutet, auch so vor: A soll bewiesen werden. Analyse von A zeigt, daß A richtig ist, falls B richtig ist. Also versucht man B zu beweisen. Die Analyse von B zeigt, daß B richtig ist, falls nur C gilt, usw. In etwa so wollen wir vorgehen, wenn wir den folgenden Satz beweisen.

3.3. Satz. Ist A eine affine Ebene, so gibt es eine und bis auf Isomorphie auch nur eine projektive Ebene Π, so daß für eine geeignete Gerade g von Π die Gleichung $A = \Pi_g$ gilt.

Beweis. Beginnen wir mit der Eindeutigkeit, die besonders einfach ist. Dazu seien Π und Δ projektive Ebenen und g und h seien Geraden von Π bzw. Δ mit $\Pi_g = A = \Delta_h$. Dann ist die Identität ein Isomorphismus von Π_g auf Δ_h, so daß Π und Δ nach 2.3 isomorph sind.

Und nun zur Existenz. Dazu zunächst noch eine Definition.

3.4. Definition. Zwei Geraden g und h einer affinen Ebene heißen *parallel*, wenn entweder $g = h$ ist oder wenn g und h keinen Punkt gemeinsam haben. Sind g und h parallel, so schreiben wir $g \parallel h$ und nennen g *Parallele* von h und h Parallele von g.

Schauen wir uns nun einmal eine affine Ebene der Form Π_g an. Sind x und y zwei verschiedene Geraden von Π_g und haben x und y keinen Punkt von Π_g gemeinsam, so kann das nur so sein, daß der Schnittpunkt $x \cap y$ von x und y in Π auf der Geraden g liegt. Somit folgt aus der Parallelität von x und y die Gleichung $x \cap g = y \cap g$, die naürlich auch richtig ist, wenn $x = y$ ist. Umgekehrt folgt aus $x \cap g = y \cap g$ die Parallelität von x und y. Dies besagt aber gerade, daß die Parallelitätsrelation in Π_g eine Äquivalenzrelation auf der Menge der Geraden ist. Ferner sieht man, daß den Äquivalenzklassen dieser Äquivalenzrelation in sehr natürlicher Weise die Punkte der Geraden g entsprechen. Dies zeigt, wie wir vorgehen müssen: Wir müssen zeigen, daß die Parallelitätsrelation in jeder affinen Ebene A eine Äquivalenzrelation ist. Die Äquivalenzklassen werden wir dann als neue Punkte und die Menge der Äquivalenzklassen als neue Gerade zu A hinzufügen müssen. Falls wir überhaupt zum Ziele kommen können, dann nur so.

3.5. Satz. In jeder affinen Ebene ist die Parallelitätsrelation eine Äquivalenzrelation.

Beweis. Offenbar ist die Parallelitätsrelation stets reflexiv und symmetrisch. Um zu zeigen, daß sie auch transitiv ist, seien g, h und k Geraden der affinen Ebene A mit $g \parallel h$ und $h \parallel k$. Haben g und k keinen Punkt gemein, so ist natürlich $g \parallel k$. Es sei also P ein Punkt von A mit $P \, \mathrm{I} \, g$ und $P \, \mathrm{I} \, k$. Weil es wegen (A2) und der Definition der Parallelität nur eine Parallele zu h gibt, die durch P geht, folgt, daß $g = k$ ist, so daß auch in diesem Fall g und h parallel sind, q. e. d.

3.6. Definition. Die Äquivalenzklassen der Parallelitätsrelation einer affinen Ebene heißen *Parallelenscharen*.

Jetzt haben wir alles beisammen, um auch die Existenzaussage von 3.3 zu beweisen. Dazu sei $A = (\mathcal{P}, \mathcal{G}, I_A)$ eine affine Ebene und g sei die Menge ihrer Parallelenscharen. Wir setzen $\mathcal{P}' = \mathcal{P} \cup g$ und $\mathcal{G}' = \mathcal{G} \cup \{g\}$ und definieren I wie folgt: Es sei $P \in \mathcal{P}'$ und $h \in \mathcal{G}'$.

1) Ist $P \in \mathcal{P}$ und $h \in \mathcal{G}$, so gelte $P \, I \, g$ genau dann, wenn $P \, I_A h$ gilt.

2) Ist $P \in \mathcal{P}$ und $h = g$, so sei $P \not\!I\, h$.

3) Ist $P \in g$ und $h \in \mathcal{G}$, so gelte $P \, I \, h$ genau dann, wenn $h \in P$ gilt.

4) Ist $P \in g$ und $h = g$, so sei $P \, I \, h$.

Wir zeigen nun, daß $\Pi = (\mathcal{P}', \mathcal{G}', I)$ eine projektive Ebene ist.

Es seien P und Q zwei verschiedene Punkte von Π.

1. Fall: $P, Q \in g$. Dann ist nach 4) die Gerade g Verbindungsgerade von P und Q. Es sei h eine weitere Verbindungsgerade dieser Punkte. Dann ist $h \in \mathcal{G}$ und folglich $h \in P \cap Q$ nach 3). Nun sind aber P und Q verschiedene Parallelenscharen, so daß $P \cap Q = \emptyset$ ist. Dieser Widerspruch zeigt, daß g die einzige Verbindungsgerade von P und Q ist.

2. Fall: $P \in \mathcal{P}$, $Q \in g$. Weil Q eine Parallelenschar ist, gibt es nach (A2) genau ein $h \in Q$ mit $P \, I_A h$. Wegen 1) und 3) ist daher h die einzige Gerade aus $\mathcal{G}$ mit $P \, I \, h$ und $Q \, I \, h$. Wegen 2) ist somit h auch die einzige Verbindungsgerade von P und Q in Π.

3. Fall: $P, Q \in \mathcal{P}$. Dann haben P und Q nach (A1) genau eine Verbindungsgerade in A und wegen 2) damit auch in Π.

Damit ist gezeigt, daß Π der Bedingung (P1) genügt.

Es seien $h, k \in \mathcal{G}'$. Weil jede Gerade sicherlich einen Punkt trägt, dürfen wir $h \neq k$ annehmen.

1. Fall: $h = g$. Ist dann Q die Parallelenschar, der k angehört, so ist $Q \, I \, h$ und $Q \, I \, k$ nach 4) bzw. 3).

2. Fall: $h, k \in \mathcal{G}$. Sind h und k parallel, so ist die Parallelenschar, der beide angehören, ein Punkt von Π, der nach 3) mit beiden inzidiert. Sind h und k nicht parallel, so haben sie einen Punkt von A gemein.

Es bleibt zu zeigen, daß es in Π vier Punkte gibt, von denen keine drei kollinear sind. Dies gilt aber schon in affinen Ebenen, wie man unmittelbar sieht, indem man zu drei nicht kollinearen Punkten P, Q und R sich den vierten Punkt als den Schnittpunkt der Parallelen durch R zu $P + Q$ mit der Parallelen durch Q zu $P + R$ konstruiert.

Banalerweise gilt $\Pi_g = A$. Damit ist alles bewiesen.

3.7. Beispiel. Es sei $\mathcal{P} = \{1, 2, 3, 4, 5, 6, 7\}$ und

$$\mathcal{G} = \{\{1,2,4\}, \{2,3,5\}, \{3,4,6\}, \{4,5,7\}, \{5,6,1\}, \{6,7,2\}, \{7,1,3\}\}$$

und $\Delta = (\mathcal{P}, \mathcal{G}, \in)$. Dann ist Δ nach 1.4 eine projektive Ebene. Die Punktmenge von $\Delta_{\{1,2,4\}}$ ist $\{3, 5, 6, 7\}$ und die Geradenmenge ist

$$\{\{2,3,5\}, \{3,4,6\}, \{4,5,7\}, \{5,6,1\}, \{6,7,2\}, \{7,1,3\}\}.$$

Die Parallelenscharen sind

$$\{\{2,3,5\},\{6,7,2\}\}, \quad \{\{3,4,6\},\{4,5,7\}\}, \quad \{\{5,6,1\},\{7,1,3\}\}.$$

Konstruiert man nun Π wie im Beweise von 3.3 beschrieben, so ist $\Pi \neq \Delta$, jedoch sind Π und Δ isomorph. Dies zeigt, daß man 3.3 nicht verbessern kann.

4. Zentralkollineationen. Beim Studium der Kollineationen von projektiven Ebenen stellt sich heraus, daß vor allem die Kollineationen mit vielen Fixpunkten und Fixgeraden einer Untersuchung besonders zugänglich sind. So kann man z. B. aus der Existenz von Fixpunkten auf die Existenz von Fixgeraden schließen, da ja die Verbindungsgerade zweier Fixpunkte eine Fixgerade ist. Besonders schöne Kollineationen sind solche, die eine ganze Gerade von Fixpunkten haben bzw. einen Punkt geradenweise festlassen. Diese Sorte von Kollineationen werden wir in diesem Abschnitt und auch später intensiv untersuchen. Hierbei wird uns das Dualitätsprinzip wieder gute Dienste leisten.

4.1. Satz. Ist Π eine projektive Ebene und ist γ eine Kollineation, die zwei verschiedene Geraden von Π punktweise festläßt, so ist $\gamma = 1$.

Beweis. Da man die Geraden von Π nach Satz 2.4 als Punktmengen auffassen darf, genügt es zu zeigen, daß alle Punkte von Π Fixpunkte von γ sind. Es seien

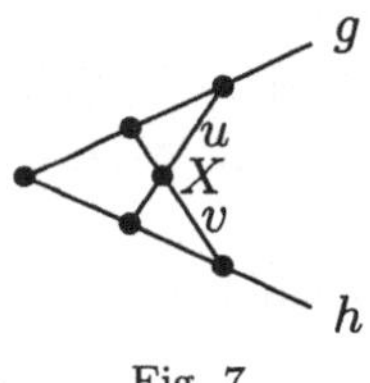

Fig. 7

also g und h zwei verschiedene Geraden von Π, die von γ punktweise festgelassen werden, und X sei ein Punkt von Π. Ist $X \mathrel{I} g$ oder $X \mathrel{I} h$, so ist natürlich $X^\gamma = X$. Es sei also $X \mathrel{\not I} g, h$. Nach 1.10 gibt es zwei verschiedene Geraden u und v durch X mit $g \cap h \mathrel{\not I} u, v$. Daher ist $X = u \cap v$ und $u \cap g \neq u \cap h$ sowie $v \cap g \neq v \cap h$. Also folgt

$$u = (u \cap g) + (u \cap h)$$

und

$$v = (v \cap g) + (v \cap h).$$

Hieraus folgt

$$u^\gamma = (u \cap g)^\gamma + (u \cap h)^\gamma = (u \cap g) + (u \cap h) = u.$$

Entsprechend folgt $v^\gamma = v$. Dann ist aber auch $X^\gamma = u^\gamma \cap v^\gamma = u \cap v = X$, q. e. d.

Dualisieren liefert

4.2. Satz. Ist Π eine projektive Ebene und ist γ eine Kollineation von Π, die zwei verschiedene Punkte von Π geradenweise festläßt, so ist $\gamma = 1$.

Das Dualitätsprinzip wurde erst zu Beginn des 19. Jahrhunderts entdeckt. Es gab einen erbitterten Prioritätsstreit zwischen den beiden französischen Mathematikern Gergonne und Poncelet darüber, wer von ihnen es zuerst gehabt habe. Heute ist klar, daß Gergonne die Priorität gebührt, da er es allgemeiner formuliert hat als Poncelet. Wie dem auch sei. Tatsache ist jedenfalls, daß es spät entdeckt wurde, hatte die Geometrie doch schon eine mehrtausendjährige Entwicklung zum Zeitpunkt der Formulierung des Dualitätsprinzips hinter sich. Tatsache ist auch, daß die meisten Mathematiker, wenn nicht sogar alle, von zwei zueinander dualen Sätzen den einen deutlicher sehen als den anderen. Sie können die Probe aufs Exempel machen, indem Sie versuchen, 4.2 direkt zu beweisen. Ich bin fast sicher, daß es Ihnen ein wenig Mühe machen wird und daß Sie schließlich den Beweis von 4.1 Wort für Wort übertragen werden. Wenn Sie dieser Versuch nicht überzeugt, so dualisieren Sie die Konstruktion von 2.2 und beweisen Sie die duale Aussage zu 2.3. Wenn Ihnen das immer noch nicht genügt, so dualisieren Sie alles was in Abschnitt 3 steht.

4.3. Definition. Es sei Π eine projektive Ebene und σ sei eine Kollineation von Π. Wir nennen σ *zentral* mit dem *Zentrum P*, falls σ den Punkt P geradenweise festläßt. Dual dazu heißt σ *axial* mit der Achse g, falls σ die Gerade g punktweise festläßt.

Ist $\sigma \neq 1$ und ist σ zentral, so hat σ nach 4.2 genau ein Zentrum. Mit 4.1 folgt, daß eine von 1 verschiedene axiale Kollineation genau eine Achse hat.

4.4. Satz. Es sei Π eine projektive Ebene und σ sei eine Kollineation von Π. Genau dann ist σ axial, wenn σ zentral ist.

Beweis. Es sei σ axial und g sei eine Achse von σ. Ist P ein Punkt von Π mit $P^\sigma = P$ und $P \not\mkern-1mu\mathrel{I} g$, so gilt für jede Gerade h durch P die Gleichung $h = P + (h \cap g)$ und folglich

$$h^\sigma = P^\sigma + (h \cap g)^\sigma = P + (h \cap g) = h,$$

so daß P ein Zentrum von σ ist. Wir dürfen daher annehmen, daß für alle Punkte

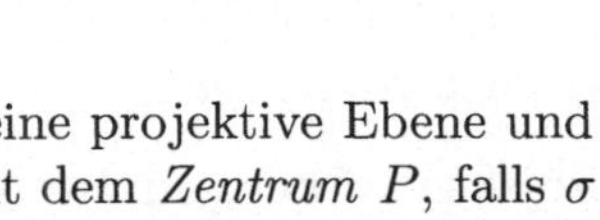

$X \quad X^\sigma$ $(X + X^\sigma) \cap g$

g

Fig. 8

X von Π, die nicht auf g liegen, $X^\sigma \neq X$ gilt. Es sei X ein Punkt von Π_g. Dann ist auch X^σ ein Punkt von Π_g, der überdies von X verschieden ist. Daher gilt

$$X + X^\sigma = [(X + X^\sigma) \cap g] + X = [(X + X^\sigma) \cap g] + X^\sigma.$$

Hieraus folgt

$$\begin{aligned}
(X + X^\sigma)^\sigma &= ([(X + X^\sigma) \cap g] + X)^\sigma \\
&= [(X + X^\sigma) \cap g]^\sigma + X^\sigma \\
&= [(X + X^\sigma) \cap g] + X^\sigma \\
&= X + X^\sigma,
\end{aligned}$$

da ja alle Punkte von g von σ festgelassen werden. Dies zeigt, daß alle Punkte von Π_g auf einer Fixgeraden von σ liegen. Da die von g verschiedenen Fixgeraden von σ paarweise keinen Punkt von Π_g gemeinsam haben — ein solcher Punkt wäre ja ein Fixpunkt von σ, der nicht auf g läge — und da jeder Punkt von Π_g auf einer Fixgeraden von σ liegt, bilden die von g verschiedenen Fixgeraden von σ eine Parallelenschar von Π_g. Ihr gemeinsamer, auf g liegender Punkt ist dann das Zentrum von σ.

Die Umkehrung folgt mit Hilfe des Dualitätsprinzips. Ist nämlich σ zentral, so ist σ eine axiale Kollineation von Π^d und folglich auch eine zentrale Kollineation von Π^d. Dies besagt aber wiederum, daß σ in Π axial ist, q. e. d.

4.5. Definition. Zentralkollineationen heißen auch *Perspektivitäten*. Eine Perspektivität mit dem Zentrum P und der *Achse* g heißt im Falle $P \operatorname{I} g$ *Elation* und im Falle $P \operatorname{\rlap{/}I} g$ *Streckung* oder auch *Homologie*.

4.6. Satz. Es sei Π eine projektive Ebene und σ sei eine von 1 verschiedene Perspektivität von Π mit der Achse g und dem Zentrum P. Ist F ein von P verschiedener Fixpunkt von σ, so ist $F \operatorname{I} g$. Ist f eine von g verschiedene Fixgerade von σ, so ist $P \operatorname{I} f$.

Beweis. Dies folgt unmittelbar aus 4.2 bzw. 4.1.

4.7. Definition. Ist Π eine projektive Ebene, ist P ein Punkt und g eine Gerade von Π, so bezeichnen wir mit $\Gamma(P, g)$ die Menge aller Perspektivitäten von Π, deren Zentrum P und deren Achse g ist. Offensichtlich ist $\Gamma(P, g)$ eine Untergruppe der vollen Kollineationsgruppe von Π.

4.8. Satz. Ist Π eine projektive Ebene, ist P ein Punkt, g eine Gerade und κ eine Kollineation von Π, so ist

$$\kappa^{-1} \Gamma(P, g) \kappa = \Gamma(P^\kappa, g^\kappa).$$

Dabei ist

$$\kappa^{-1} \Gamma(P, g) \kappa = \{\kappa^{-1} \gamma \kappa \mid \gamma \in \Gamma(P, g)\}.$$

Beweis. Trivial.

4.9. Satz. Es sei Π eine projektive Ebene. Ferner seien P und Q Punkte und g und h Geraden von Π und es gelte wenigstens eine der beiden Ungleichungen $P \neq Q$ und $g \neq h$. Ist $P \operatorname{I} h$ und $Q \operatorname{I} g$ sowie $\gamma \in \Gamma(P, g)$ und $\delta \in \Gamma(Q, h)$, so ist $\gamma\delta = \delta\gamma$.

Beweis. Wegen $P \, \mathrm{I} \, h$ und $Q \, \mathrm{I} \, g$ ist $P^\delta = P$ und $g^\delta = g$. Nach 4.8 ist also $\delta^{-1}\gamma\delta \in \Gamma(P^\delta, g^\delta) = \Gamma(P, g)$. Hieraus folgt

$$\gamma^{-1}\delta^{-1}\gamma\delta \in \Gamma(P, g).$$

Wegen $Q \, \mathrm{I} \, g$ und $P \, \mathrm{I} \, h$ folgt $Q^\gamma = Q$ und $h^\gamma = h$, so daß nach 4.8 also $\gamma^{-1}\delta^{-1}\gamma \in \Gamma(Q^\gamma, h^\gamma) = \Gamma(Q, h)$ gilt. Also ist

$$\gamma^{-1}\delta^{-1}\gamma\delta \in \Gamma(Q, h),$$

so daß wir insgesamt

$$\gamma^{-1}\delta^{-1}\gamma\delta \in \Gamma(P, g) \cap \Gamma(Q, h)$$

erhalten. Weil eine von 1 verschiedene Perspektivität genau ein Zentrum und genau eine Achse hat, folgt aus unserer Voraussetzung, daß nicht sowohl $P = Q$ als auch $g = h$ gilt, daß $\Gamma(P, g) \cap \Gamma(Q, h) = \{1\}$ ist. Also ist $\gamma^{-1}\delta^{-1}\gamma\delta = 1$, was $\gamma\delta = \delta\gamma$ nach sich zieht, q. e. d.

Ist g eine Gerade einer projektiven Ebene Π, so ist unmittelbar einsichtig, daß die Menge aller Perspektivitäten von Π, deren Achse g ist, eine Untergruppe der Kollineationsgruppe von Π ist. Daß dies auch der Fall ist für die Menge aller Elationen mit der Achse g, ist nicht so ohne weiteres zu sehen, jedoch so wichtig, daß wir uns nicht vor einem Beweis dieser Tatsache drücken können.

4.10. Satz. Es sei Π eine projektive Ebene, P und Q seien Punkte und g sei eine Gerade von Π. Ist $1 \neq \gamma \in \Gamma(P, g)$ und $1 \neq \delta \in \Gamma(Q, g)$ sowie $\gamma\delta \neq 1$, so gibt es genau einen Punkt R von Π mit $\gamma\delta \in \Gamma(R, g)$. Überdies sind P, Q, R kollinear.

Beweis. Weil $\gamma\delta$ axial ist, hat $\gamma\delta$ nach 4.4 ein Zentrum, welches wegen $\gamma\delta \neq 1$ eindeutig bestimmt ist. Damit ist die erste Aussage von 4.10 bewiesen.

Ist $P = Q$, so ist $R = P = Q$, so daß R, P und Q kollinear sind. Es sei also $P \neq Q$. Dann ist $P + Q$ eine Gerade. Weil P das Zentrum von γ ist, folgt $(P+Q)^\gamma = P+Q$, und weil Q das Zentrum von δ ist, gilt auch $(P+Q)^\delta = P+Q$. Daher ist

$$(P + Q)^{\gamma\delta} = (P + Q)^\delta = P + Q.$$

Ist nun $P+Q \neq g$, so folgt nach 4.6, da ja $P+Q$ eine Fixgerade von $\gamma\delta$ ist, daß R auf $P+Q$ liegt. Somit sind auch in diesem Falle P, Q und R kollinear. Es bleibt also nur der Fall zu betrachten, daß $P + Q = g$ ist. Hier hilft nun 4.9 weiter. Weil nämlich $P \neq Q$ ist, ist $\gamma\delta = \delta\gamma$. Daher ist $\gamma^{-1}(\gamma\delta)\gamma = \delta\gamma = \gamma\delta$ und folglich

$$\gamma\delta \in \Gamma(R, g) \cap \gamma^{-1}\Gamma(R, g)\gamma = \Gamma(R, g) \cap \Gamma(R^\gamma, g).$$

Weil $\gamma\delta \neq 1$ ist, hat $\gamma\delta$ nur ein Zentrum. Somit ist $R = R^\gamma$. Ist $R = P$ (dieser Fall kann nicht wirklich eintreten), so sind R, P und Q kollinear. Ist $R \neq P$, so folgt mit 4.6, daß $R \, \mathrm{I} \, g = P + Q$ ist. Damit ist alles bewiesen.

4.11. Satz. Ist Π eine projektive Ebene und ist g eine Gerade von Π, so ist die Menge der Elationen mit der Achse g eine Untergruppe der Kollineationsgruppe von Π.

Beweis. Es seien σ und τ zwei Elationen mit der Achse g und den Zentren P bzw. Q. Dann ist auch $\tau^{-1} \in \Gamma(Q, g)$. Ist $P = Q$, so ist natürlich $\sigma\tau^{-1} \in \Gamma(P, g)$. Es sei also $P \neq Q$. Ist $\sigma\tau^{-1} = 1$ (dies kann nur dann passieren, wenn $\sigma = \tau = 1$ ist), so ist $\sigma\tau^{-1}$ natürlich eine Elation mit der Achse g. Ist $\sigma\tau^{-1} \neq 1$, so folgt aus 4.10, daß das Zentrum von $\sigma\tau^{-1}$ auf $P + Q = g$ liegt, q. e. d.

4.12. Definition. Die Gruppe der Elationen mit der Achse g bezeichnen wir mit $\mathrm{E}(g)$.

Zum Abschluß dieses Abschnitts beweisen wir nun noch einen Satz über $\mathrm{E}(g)$, der uns später sehr nützlich sein wird. Wir werden nämlich später sehen, daß bei desarguesschen Ebenen die Gruppe $\mathrm{E}(g)$ ein Vektorraum vom Rang 2 über einem geeignet definierten Körper ist. Dies wiederum benötigen wir bei der schon erwähnten Charakterisierung der Klasse der desarguesschen Ebenen als der Klasse der Ebenen $\Pi(V, K)$. Wir beweisen zunächst jedoch nur

4.13. Satz. Ist g eine Gerade der projektiven Ebene Π und sind P und Q zwei verschiedene Punkte auf g mit $\Gamma(P, g), \Gamma(Q, g) \neq \{1\}$, so ist $\mathrm{E}(g)$ abelsch.

Beweis. Es seien σ, $\tau \in \mathrm{E}(g)$. Wir haben zu zeigen, daß $\sigma\tau = \tau\sigma$ ist. Dies ist nach 4.9 sicher richtig, falls σ und τ verschiedene Zentren haben. Es sei also X gemeinsames Zentrum von σ und τ. Nach Voraussetzung gibt es einen von X verschiedenen Punkt Y auf g mit $\Gamma(Y, g) \neq \{1\}$. Es sei $1 \neq \eta \in \Gamma(Y, g)$. Dann ist $\tau\eta \notin \Gamma(X, g)$, da sonst $\eta \in \Gamma(X, g)$ und folglich $\eta = 1$ wäre nach 4.2. Weil das Zentrum von $\tau\eta$ nach 4.11 auf g liegt, folgt mit zweimaliger Anwendung von 4.9

$$(\sigma\tau)\eta = \sigma(\tau\eta) = (\tau\eta)\sigma = \tau(\eta\sigma) = \tau(\sigma\eta) = (\tau\sigma)\eta$$

und daher $\sigma\tau = \tau\sigma$, q. e. d.

5. Zentralkollineationen und der Satz von Desargues. Im vorigen Abschnitt haben wir Zentralkollineationen untersucht, ohne uns über die Existenz von solchen Kollineationen Gedanken zu machen. Und in der Tat, es gibt projektive Ebenen, welche nur eine einzige Zentralkollineation besitzen, nämlich die Identität. Solche Ebenen sind z. B. die freien Ebenen, mit denen wir uns hier jedoch nicht beschäftigen werden. Sollten Sie mehr darüber wissen wollen, so informieren Sie sich am besten in dem im Literaturverzeichnis aufgeführten Buch „Projektive Ebenen" von G. Pickert.

In diesem Abschnitt geben wir nun ein Kriterium für die Existenz von Zentralkollineationen an, welches von R. Baer stammt. Es benutzt den Satz von Desargues, der in Wirklichkeit kein Satz sondern ein Postulat ist. Wir werden ihn daher hier auch Postulat nennen, obgleich das nicht der allgemeine Sprachgebrauch ist. Daran sollten Sie sich erinnern, wenn Sie Literaturstudien betreiben.

Die Formulierung des desarguesschen Postulates ist so kompliziert, daß man
schier verzweifeln könnte, wollte man es auswendig lernen. Es gibt aber ein pro-
bates Mittel, welches einem gestattet, das desarguessche Postulat immer wieder
zu reproduzieren: Die Zeichnung. Daher zeigen wir zuerst Fig. 9, formulieren dann
das desarguessche Postulat und geben schließlich Hinweise, wie man die Zeichnung
am besten anfertigt, so daß man sicher sein kann, am Ende auch alles Gewünschte
auf dem Zeichenblatt zu haben.

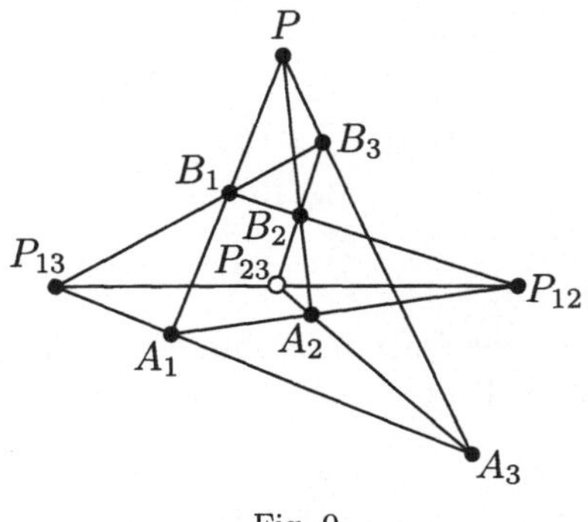

Fig. 9

5.1. Desarguessches Postulat. Es sei P ein Punkt und g eine Gerade der pro-
jektiven Ebene Π. Sind dann A_1, A_2, A_3, B_1, B_2, B_3, P_{12}, P_{13}, P_{23} Punkte und
g_1, g_2, g_3, a_{12}, a_{13}, a_{23}, b_{12}, b_{13}, b_{23} Geraden von Π und gelten die folgenden
Bedingungen:

$P \neq A_i \neq B_i \neq P$ für $i = 1,\ 2,\ 3,$

$g_1 \neq g_2 \neq g_3 \neq g_1$ und $a_{12} \neq a_{13}$ sowie $b_{12} \neq b_{13}$,

$P,\ A_i,\ B_i \, \mathrm{I} \, g_i$ für $i = 1,\ 2,\ 3,$

$P_{ik},\ A_i,\ A_k \, \mathrm{I} \, a_{ik}$ für $i,\ k \in \{1, 2, 3\}$ und $i < k$,

$P_{ik},\ B_i,\ B_k \, \mathrm{I} \, b_{ik}$ für $i,\ k \in \{1, 2, 3\}$ und $i < k$,

$P_{12},\ P_{13} \, \mathrm{I} \, g,$

so gilt auch $P_{23} \, \mathrm{I} \, g.$

Wie zeichnet man nun die obige Figur? Da P und g Fixelemente des desarguesschen (P, g)-Postulates sind, zeichnet man sie zuerst. Danach zeichnet man

die Geraden g_1, g_2, g_3 durch P.

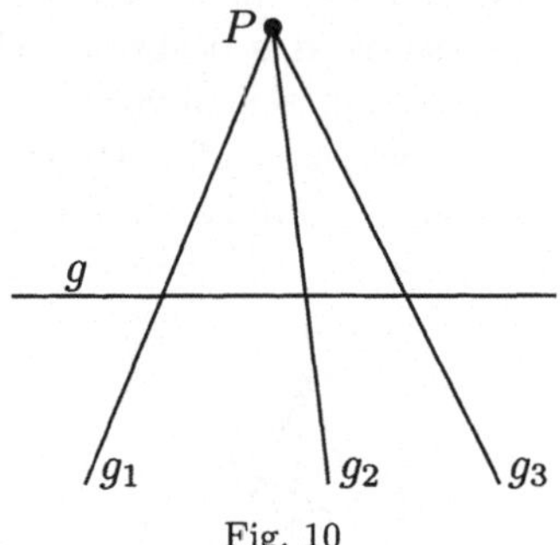

Fig. 10

Damit alles aufs Blatt geht, zeichnet man nun P_{13} und P_{12} so ein, daß P_{13} links von g_1 und P_{12} rechts von g_3 liegt.

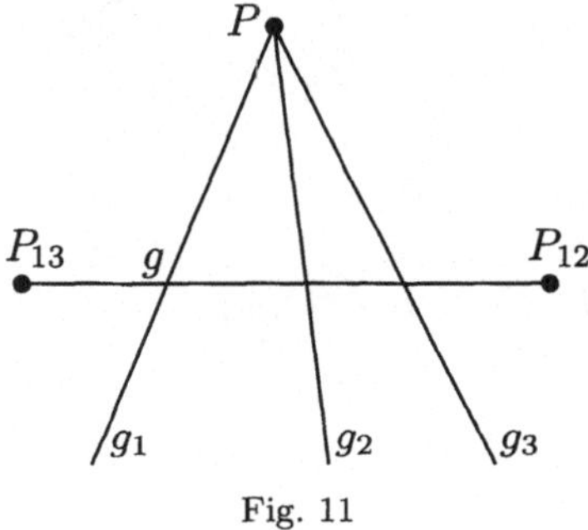

Fig. 11

Dann zeichne man b_{13} und a_{13} wie folgt:

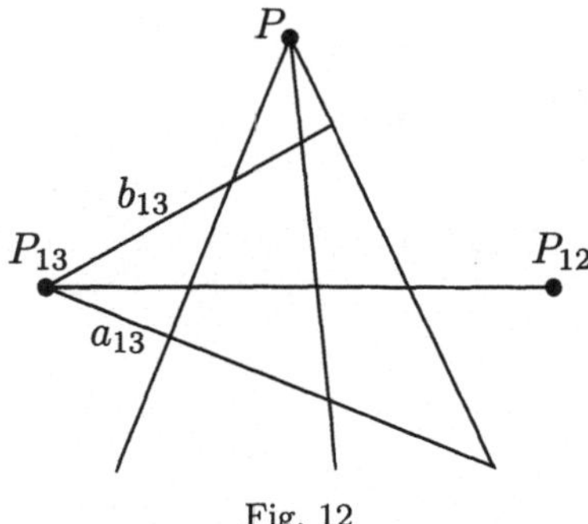

Fig. 12

Jetzt gibt es keine Freiheit mehr! Es ist ja $A_1 = g_1 \cap a_{13}$, $A_3 = g_3 \cap a_{13}$, $A_2 =$

$(A_1 + P_{12}) \cap g_2$ etc., dh., wir erhalten nun zwangsläufig

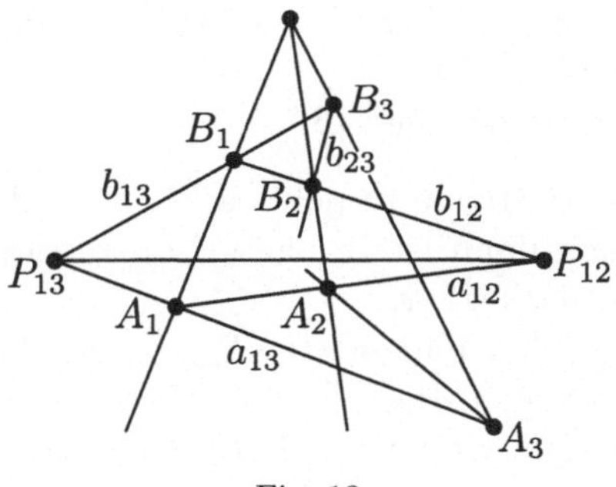

Fig. 13

Diese Konfiguration kann man in vielfältiger Weise in jeder projektiven Ebene realisieren. Es gilt jedoch nicht immer, was das desaguessche (P, g)-Postulat beinhaltet, daß nämlich die Geraden $a_{23} = A_2 + A_3$, $b_{23} = B_2 + B_3$ und g konfluent sind. Dies werden wir hier nicht mit Beispielen belegen. Vielmehr sei einmal mehr auf die Literatur verwiesen.

Die Zeichnungen, die wir bislang angefertigt haben, könnten suggerieren, daß man beim desarguesschen (P, g)-Postulat $P \not\!I g$ fordere. Dies ist nicht der Fall.

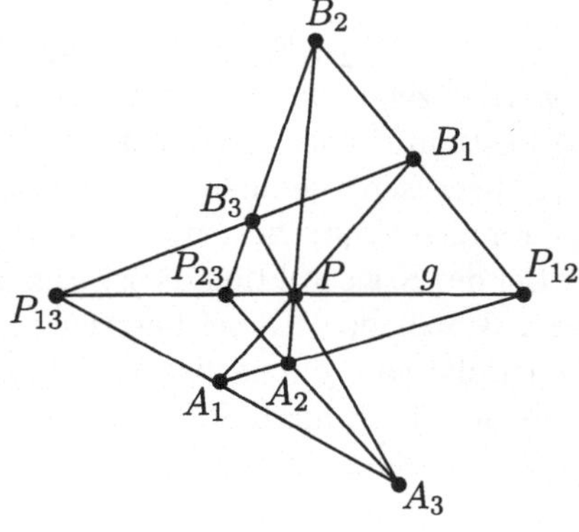

Fig. 14

5.2. Definition. Π sei eine projektive Ebene und P sei ein Punkt und g eine Gerade von Π. Wir sagen, daß Π eine (P, g)-*transitive* Ebene ist, falls es eine von g verschiedene Gerade h durch P gibt, so daß es zu je zwei Punkten X und Y auf h, die von P und $h \cap g$ verschieden sind, ein $\gamma \in \Gamma(P, g)$ gibt mit $X^\gamma = Y$.

Ist $P \not\!I g$, so ist natürlich jede Gerade durch P von g verschieden. Ist $P I g$ so muß man $g \neq h$ verlangen, da g unter $\Gamma(P, g)$ punktweise fest ist.

5.3. Satz. Ist Π eine (P, g)-transitive Ebene und ist l irgendeine Gerade durch P, die von g verschieden ist, so gibt es zu je zwei Punkten U und V auf l, die von P und $l \cap g$ verschieden sind, ein $\gamma \in \Gamma(P, g)$ mit $U^\gamma = V$.

Beweis. Trivial.

5.4. Satz. Ist Π eine projektive Ebene, so ist Π genau dann (P, g)-transitiv, wenn Π^d eine (g, P)-transitive Ebene ist.

Beweis. Dies folgt unmittelbar aus 5.3.

5.5. Satz (R. Baer). Es sei Π eine projektive Ebene und P sei ein Punkt und g eine Gerade von Π. Genau dann ist Π eine (P, g)-transitive Ebene, wenn Π das desarguessche (P, g)-Postulat erfüllt.

Beweis. Π sei (P, g)-transitiv und A_i, B_i, P_{ik}, g_i, a_{ik}, b_{ik} mögen die Voraussetzungen des desarguesschen (P, g)-Postulates erfüllen. Ein Blick auf Fig. 9 wird Sie ins Bild setzen. Nach 5.3 gibt es ein $\gamma \in \Gamma(P, g)$ mit $A_1^\gamma = B_1$. Es folgt nun der Reihe nach:

$$a_{12}^\gamma = (A_1 + P_{12})^\gamma = A_1^\gamma + P_{12}^\gamma = B_1 + P_{12} = b_{12}$$
$$A_2^\gamma = (a_{12} \cap g_2)^\gamma = a_{12}^\gamma \cap g_2^\gamma = b_{12} \cap g_2 = B_2$$
$$a_{13}^\gamma = (A_1 + P_{13})^\gamma = A_1^\gamma + P_{13}^\gamma = B_1 + P_{13} = b_{13}$$
$$A_3^\gamma = (a_{13} \cap g_3)^\gamma = a_{13}^\gamma \cap g_3^\gamma = b_{13} \cap g_3 = B_3$$
$$a_{23}^\gamma = (A_2 + A_3)^\gamma = A_2^\gamma + A_3^\gamma = B_2 + B_3 = b_{23}$$
$$a_{23} \cap g = (a_{23} \cap g)^\gamma = a_{23}^\gamma \cap g^\gamma = b_{23} \cap g.$$

Also ist $a_{23} \cap g = b_{23} \cap g$, so daß a_{23}, b_{23} und g konfluent sind. Wegen $P_{23} = a_{23} \cap b_{23}$ ist daher $P_{23} \mathbin{I} g$. Dies zeigt, daß die (P, g)-Transitivität das Erfülltsein des desarguesschen (P, g)-Postulates nach sich zieht.

Um die Umkehrung zu beweisen, nehmen wir an, daß Π das desarguesche (P, g)-Postulat erfüllt. Wir müssen nun zeigen, daß $\Gamma(P, g)$ Perspektivitäten in genügender Zahl enthält. Bei der Konstruktion dieser Perspektivitäten werden wir uns mit Erfolg des Satzes 2.3 bedienen. Dabei betrachten wir nicht Π_g, was sich wegen der ausgezeichneten Rolle von g zunächst aufdrängen könnte, sondern Π_h für eine von g verschiedene Gerade h durch P und konstruieren eine Kollineation von Π_h, die dann mit Hilfe von 2.3 zu einer Kollineation von Π fortgesetzt wird, die in $\Gamma(P, g)$ liegt.

Es sei also h eine von g verschiedene Gerade durch P und X und Y seine zwei verschiedene Punkte auf h, die von P und $g \cap h$ verschieden sind. Wir definieren

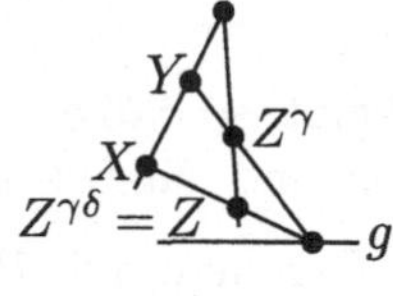

Fig. 15

zwei Abbildungen γ und δ durch

$$Z^\gamma = (((X + Z) \cap g) + Y) \cap (P + Z)$$

und

$$Z^\gamma = (((Y + Z) \cap g) + X) \cap (P + Z)$$

für alle Punkte Z von Π_h. An Fig. 15 liest man unmittelbar ab, daß $\gamma\delta = \delta\gamma = 1$ ist. Folglich ist γ bijektiv und $\gamma^{-1} = \delta$.

Als nächstes zeigen wir, daß aus der Kollinearität von U, V, W die Kollinearität von $U^\gamma, V^\gamma, W^\gamma$ folgt. Dazu dürfen wir ohne Beschränkung der Allgemeinheit annehmen, daß W auf g liegt. Dann ist $W^\gamma = W$. Sind P, U, V, W kollinear, so folgt unmittelbar aus der Definition von γ, daß auch $P^\gamma, U^\gamma, V^\gamma, W^\gamma$ kollinear sind. Sind X, U, V, W kollinear, so folgt, daß $Y, U^\gamma, V^\gamma, W^\gamma$ kollinear sind. Ebenso trivial ist auch der Fall, daß U und V ebenfalls auf g liegen oder daß zwei der drei Punkte U, V, W gleich sind. Wir dürfen daher annehmen, daß U, V, W

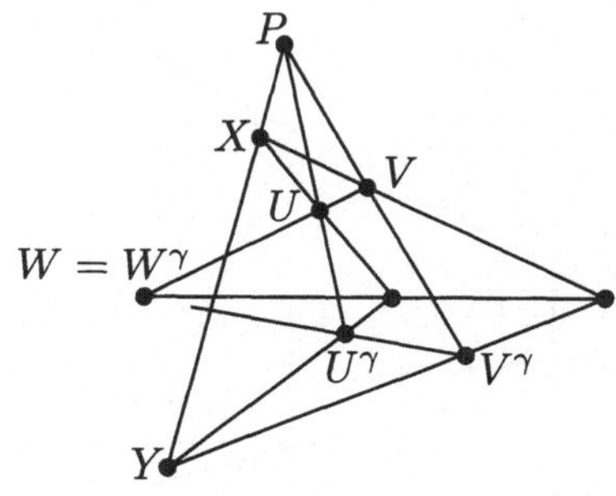

Fig. 16

drei verschiedene Punkte sind, von denen nur W auf g liegt und für die $P, X \not\upharpoonright U + V$ gilt. Setzt man nun $A_1 = X$, $A_3 = U$, $A_2 = V$, $B_1 = Y$, $B_3 = U^\gamma$, $B_2 = V^\gamma$, $g_1 = h$, $g_2 = A_2 + B_2$, $g_3 = A_3 + B_3$, usw., so überzeugt man sich leicht, daß die Voraussetzungen des desarguesschen (P, g)-Postulates erfüllt sind, so daß

$$P_{23} = (U^\gamma + V^\gamma) \cap (U + V)$$

mit g inzidiert, woraus $P_{23} = W = W^\gamma$ folgt, so daß $U^\gamma, V^\gamma, W^\gamma$ kollinear sind.

Vertauscht man nun die Rollen von X und Y, so sieht man, daß die Kollinearität von U, V, W auch die von $U^\delta, V^\delta, W^\delta$ nach sich zieht. Sind also $U^\gamma, V^\gamma, W^\gamma$ kollinear, so auch $U = U^{\gamma\delta}$, $V = V^{\gamma\delta}$, $W = W^{\gamma\delta}$. Somit sind U, V, W genau dann kollinear, wenn $U^\gamma, V^\gamma, W^\gamma$ es sind. Mit 2.5 folgt nun, daß γ von einer Kollineation von Π_h induziert wird, die offenbar P geraden- und g punktweise festläßt. Setzt man diese Kollineation gemäß 2.3 zu einer Kollineation von Π fort, die wir ebenfalls mit γ bezeichnen, so gilt offenbar $\gamma \in \Gamma(P, g)$ und $X^\gamma = Y$, so daß Π in der Tat (P, g)-transitiv ist, q. e. d.

5.6. Definition. Die projektive Ebene Π heißt *desarguessch*, falls Π für alle Punkt-Geradenpaare (P, g) das desarguessche (P, g)-Postulat erfüllt.

5.7. Satz. Ist Π eine desarguessche projektive Ebene, so ist auch Π^d desarguessch.

Beweis. Es sei (g, P) ein Punkt-Geradenpaar von Π^d. Dann ist (P, g) ein Punkt-Geradenpaar von Π. Weil in Π das desarguessche (P, g)-Postulat gilt, ist Π nach dem soeben bewiesenen Satz (P, g)-transitiv. Nach 5.4 ist Π^d daher (g, P)-transitiv, erfüllt also wiederum nach dem Satz von Baer das desarguesche (g, P)-Postulat, q. e. d.

Satz 5.7 zeigt, daß man auf die Klasse der desarguesschen projektiven Ebenen das Dualitätsprinzip anwenden kann, so daß in desarguesschen Ebenen insbesondere auch das desarguessche $(P, g)^d$-Postulat gilt. Dieses kann man nun benutzen, um folgende zeichnerische Aufgabe zu lösen: Gegeben seien zwei Geraden h und k, deren Schnittpunkt P nicht auf dem Zeichenblatt liegt. Ferner sei ein Punkt Q auf dem Zeichenblatt gegeben. Zu zeichnen ist die Gerade durch P und Q. Die folgende Skizze zeigt die Lösung dieses Problems.

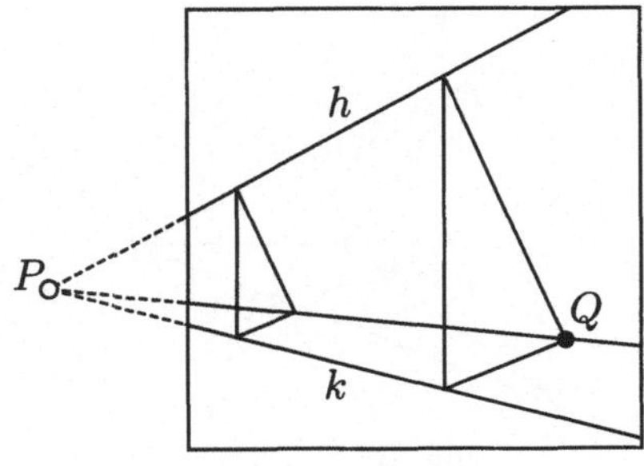

Fig. 17

II

Desarguessche Ebenen

Kaplansky fragte mich im Sommer 1966, als wir über Vorlesungen sprachen, die wir planten, und ich ihm sagte, ich wolle im nächsten Semester eine Vorlesung über Graphentheorie halten, was für einen Satz ich denn in dieser Vorlesung beweisen werde. Ich blieb ihm trotz meiner nicht unbeträchtlichen Kenntnis an Graphentheorie die Antwort schuldig und habe bis heute keine Vorlesung über Graphentheorie gehalten.

Was mir damals im Sommer 1966 bewußt wurde und was ich mit der Schilderung diese Episode sagen möchte, ist dies: Bücher, Vorlesungen oder auch Studienbriefe müssen ein Ziel haben, Höhepunkte, für die sich die Mühsal lohnt, der man sich unterziehen muß, um sie zu erreichen. Zwei solcher Höhepunkte enthält dieses Kapitel. Der eine ist der Satz, daß die desarguesschen Ebenen gerade die Ebenen $\Pi(V, K)$ sind, der andere, daß jede Kollineation von $\Pi(V, K)$ durch eine semilineare Abbildung des K-Vektorraumes V induziert wird. Warum sind diese beiden Sätze Höhepunkte? Sie sind es, weil durch sie Geometrie mit Algebra verheiratet wird. Geometrische Objekte werden einer algebraischen Behandlung zugänglich, was einerseits ganz und gar nicht selbstverständlich, andererseits aber von nicht zu überschätzendem Vorteil ist, ist doch die Algebra eine hochentwickelte Disziplin, die, wie die Erfahrung zeigt, leichter zugänglich ist als die Geometrie. Wie wertvoll diese Sätze sind, zeigt in ganz hervorragender Weise der Satz, daß endliche desarguessche Ebenen stets pappossch sind. Diesen Satz, den wir später beweisen werden, kann man nämlich bis dato nur mit Hilfe des Wedderburnschen Satzes beweisen, der besagt, daß alle endlichen Körper kommutativ sind. (Dies gilt auch noch heute, trotz der Arbeit von Helga Tecklenburg, A Proof of the Theorem of Pappus in Finite Desarguesian Affine Planes. Journ. of Geometry 30, 172–181, 1987.)

Wie jeder gute Satz, so zeugen auch die beiden soeben erwähnten Sätze eine Reihe weiterer interessanter Resultate, die man auf dem Wege zu ihnen beweisen muß. So werden wir eine ganze Menge über die algebraische Beschreibung von Zentralkollineationen von desarguesschen Ebenen erfahren sowie auch einiges über Translationsebenen, mit deren Untersuchung wir beginnen, da sie der Schlüssel für alles weitere sind.

1. Translationsebenen. Die euklidische Ebene, die Sie von der Schule her kennen, ist natürlich auch eine affine Ebene. Gewiß nicht irgendeine, sondern eine, die sich durch viele Eigenschaften von den übrigen auszeichnet, was wir im einzelnen noch näher erläutern werden. Eine ihrer Eigenschaften ist die, viele Translationen, die auf der Schule auch Schiebungen heißen, zu besitzen. Viele heißt in diesem Falle, daß man jeden Punkt der euklidischen Ebene mittels einer Schiebung in jeden anderen Punkt der Ebene überführen kann. Ferner besitzt sie Streckungen, und mit Hilfe der Schiebungen und Streckungen führt man auf der Schule häufig den Begriff des Vektorraumes ein. Was an abstrakten Strukturen dahinter steht, werden wir nun in diesem Abschnitt untersuchen. Es wird Ihr Verständnis dieser Untersuchungen sicherlich fördern, wenn Sie die folgenden Sätze und Definitionen mit dem vergleichen, was Sie über die euklidische Ebene wissen.

1.1. Definition. Es sei A eine affine Ebene. Nach I.3.3 gibt es dann eine projektive Ebene Π und eine Gerade g_∞ von Π mit $A = \Pi_{g_\infty}$. Wir nennen g_∞ die *uneigentliche Gerade* von A.

1.2. Definition. Es sei A eine affine Ebene und g_∞ ihre uneigentliche Gerade. Wir nennen A *Translationsebene*, falls die Gruppe $E(g_\infty)$ aller Elationen mit der Achse g_∞ auf der Punktmenge von A transitiv operiert, dh., wenn es zu je zwei Punkten X und Y ein $\tau \in E(g_\infty)$ gibt mit $X^\tau = Y$. Ist A eine Translationsebene, so heißt $E(g_\infty)$ *Translationsgruppe* von A. Die Elemente von $E(g_\infty)$ werden sinngemäß *Translationen* genannt.

1.3. Satz. Ist A eine Translationsebene, so ist $E(g_\infty)$ auf der Punktmenge von A scharf transitiv, dh., zu je zwei Punkten X und Y von A gibt es genau ein $\tau \in E(g_\infty)$ mit $X^\tau = Y$.

Beweis. Auf Grund der Definition einer Translationsebene wirkt $E(g_\infty)$ auf der Punktmenge von A transitiv. Die Schärfe der Transitivität folgt mit I.4.6, wonach von 1 verschiedene Translationen keinen Fixpunkt in A haben.

1.4. Satz. Es sei A eine Translationsebene und g_∞ sei ihre uneigentliche Gerade. Setzt man

$$\pi = \{\Gamma(P, g_\infty) \mid P \,\mathrm{I}\, g_\infty\},$$

so gilt:

a) Ist $X \in \pi$, so ist $X \neq \{1\}$.

b) Es gibt $X, Y \in \pi$ mit $X \neq Y$.

c) Sind $X, Y \in \pi$ und ist $X \neq Y$, so ist $X \cap Y = \{1\}$.

d) Es ist $E(g_\infty) = \bigcup_{X \in \pi} X$.

e) Sind $X, Y \in \pi$ und ist $X \neq Y$, so ist $E(g_\infty) = XY$.

Beweis. Es sei $X \in \pi$. Es gibt dann einen Punkt $P \,\mathrm{I}\, g_\infty$ mit $X = \Gamma(P, g_\infty)$. Es seien Q und R verschiedene Punkte von A mit $(Q + R) \cap g_\infty = P$. (Solche Punkte gibt es, da jeder Punkt einer projektiven Ebene mit mindestens drei Geraden inzidiert und da jede Gerade einer projektiven Ebene mindestens drei Punkte trägt.) Weil A Translationslationsebene ist, gibt es ein $\tau \in E(g_\infty)$ mit $Q^\tau = R$. Wegen $Q \neq R$ ist $\tau \neq 1$. Daher hat τ genau ein Zentrum und dieses liegt auf g_∞. Es sei C das Zentrum von τ. Dann ist $(Q + C)^\tau = Q + C$ und folglich $Q^\tau \,\mathrm{I}\, Q + C$. Hieraus folgt

$$Q + R = Q + Q^\tau = Q + C.$$

Dies hat schließlich

$$P = g_\infty \cap (Q + R) = g_\infty \cap (Q + C) = C$$

zur Folge. Somit gilt a).

Sind P und Q verschiedene Punkte auf g_∞, so ist $\Gamma(P, g_\infty) \cap \Gamma(Q, g_\infty) = \{1\}$, da eine von 1 verschiedene Zentralkollineation nach I.4.2 genau ein Zentrum hat. Hieraus folgt unmittelbar c): Sind nämlich $X, Y \in \pi$ und ist $X \neq Y$, so gibt es zwei Punkte P und Q auf g_∞ mit $X = \Gamma(P, g_\infty)$ und $Y = \Gamma(Q, g_\infty)$. Wegen $X \neq Y$ gilt $P \neq Q$ und damit $X \cap Y = \{1\}$. Es folgt aber auch b): Nach I.1.11 gibt es nämlich zwei verschiedene Punkte P und Q auf g_∞. Setzt man $X = \Gamma(P, g_\infty)$ und $Y = \Gamma(Q, g_\infty)$, so sind $X, Y \in \pi$. Wäre nun $X = Y$, so folgte

$$X = X \cap Y = \Gamma(P, g_\infty) \cap \Gamma(Q, g_\infty) = \{1\}$$

im Widerspruch zu a). Also ist doch $X \neq Y$.

d) ist nichts anderes als die Definition von $\mathrm{E}(g_\infty)$.

Es bleibt noch e) zu beweisen. Dazu sei $X = \Gamma(P, g_\infty)$ und $Y = \Gamma(Q, g_\infty)$. Wegen $X \neq Y$ ist $P \neq Q$. Es sei $\tau \in \mathrm{E}(g_\infty)$ und O sei ein Punkt von A. Wegen $P \neq Q$ sind $O + P$ und $O^\tau + Q$ nicht parallele Geraden von A, so daß sie genau

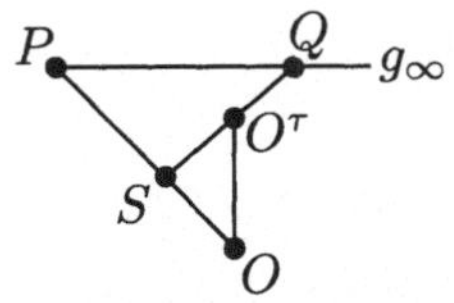

Fig. 18

einen Punkt S gemeinsam haben. Wie der Beweis von a) zeigt, gibt es ein $\rho \in X$ mit $O^\rho = S$ und ein $\sigma \in Y$ mit $S^\sigma = O^\tau$. Es folgt $O^{\rho\sigma} = S^\sigma = O^\tau$, so daß nach 1.3 die Gleichung $\rho\sigma = \tau$ folgt. Somit ist $\tau = \rho\sigma \in XY$ und daher $\mathrm{E}(g_\infty) = XY$.

Wie schon erwähnt ist die gewöhnliche euklidische Ebene eine Translationsebene und ihre Translationsgruppe T ist ein Vektorraum vom Range 2 über dem Körper der reellen Zahlen. Die Menge π besteht in diesem Falle gerade aus den Unterräumen des Ranges 1 von T. Dies gibt Anlaß zu folgender, kühner Frage: Ist K ein beliebiger Körper und ist V ein Vektorraum vom Range 2 über K, gibt es dann eine Translationsebene, deren Translationsgruppe zu V isomorph ist? Sicherlich besitzt das Paar (V, π), wobei π die Menge der Unterräume des Ranges 1 von V ist, die Eigenschaften a) bis e) von 1.4, so daß wir eine gute Chance haben, daß die Antwort ja lautet; und in der Tat sie lautet ja. Dies werden wir gleich sehen (Satz 1.9).

1.5. Satz. Ist A eine Translationsebene und ist T die Translationsgruppe von A, so ist T abelsch.

Beweis. Dies folgt wegen 1.4 b) aus I.4.13.

Unser nächstes Ziel ist zu zeigen, daß die Translationsebene A durch $E(g_\infty)$ und π bereits vollständig bestimmt ist. Dabei steht im Hintergrund unserer Untersuchungen das folgende: Im Schulunterricht und auch in der Physik begegnet man den Begriffen freier Vektor und Ortsvektor. Dabei versteht man unter einem freien Vektor einen Pfeil, bei dem nur Richtung und Länge relevant sind und den man im übrigen an jedem Punkt der Ebene bzw. des Raumes anbringen kann. Ein freier Vektor ist also nichts anderes als eine Translation. Ortsvektoren dagegen sind ortsgebunden. Ihre Endpunkte stimmen stets mit einem fest vorgegebenen Punkt überein. Sie dienen dazu, mittels ihrer Spitze die Punkte der Ebene bzw. des Raumes zu lokalisieren. Die merkwürdige Analogie zwischen Ortsvektoren und freien Vektoren ist häufig Quelle von Mißverständnissen und Fehlinterpretationen. Dabei ist die Situation völlig durchschaubar, nennt man nur die freien Vektoren bei ihrem richtigen Namen Translationen. Es stellt sich dann heraus, daß es zu je zwei Punkten X und Y genau eine Translation τ gibt mit $X^\tau = Y$. Zeichnet man nun einen Punkt O der Geometrie aus, so gibt es also zu jedem Punkt X genau eine Translation τ_X mit $O^{\tau_X} = X$. Dieses τ_X ist dann der Ortsvektor des Punktes X bezüglich des Punktes O.

1.6 Definition. Es sei G eine Gruppe und π sei eine nicht-leere Menge von Untergruppen von G. Man nennt π *Partition* von G, falls die folgenden drei Bedingungen erfüllt sind:

1) Es ist $U \neq \{1\}$ für alle $U \in \pi$.

2) Es ist $G = \bigcup_{U \in \pi} U$.

3) Sind $U, V \in \pi$ und ist $U \neq V$, so ist $U \cap V = \{1\}$.

Ist π eine Partition von G, so heißen die Elemente von Π die *Komponenten* der Partition. Besitzt π mehr als eine Komponente, so heißt π *nicht trivial*.

1.7. Definition. Ist π eine nicht triviale Partition der Gruppe G und gilt $G = UV$ für alle $U, V \in \pi$ mit $U \neq V$, so heißt π *Kongruenz* oder auch *Kongruenzpartition* von G.

Satz 1.4 besagt also, daß $\pi = \{\Gamma(P, g_\infty) \mid P \mathrel{I} g_\infty\}$ eine Kongruenz von $E(g_\infty)$ ist, falls $E(g_\infty)$ die Translationsgruppe der Translationsebene A ist.

1.8. Konstruktion. Ist G eine Gruppe und ist π eine Partition von G, so konstruieren wir die Inzidenzstruktur $\pi(G)$ wie folgt:

a) Die Punkte von $\pi(G)$ sind die Elemente von G.

b) Die Geraden von $\pi(G)$ sind die Rechtsrestklassen Ux mit $U \in \pi$ und $x \in G$.

c) Es ist $x \mathrel{I} Uy$ genau dann, wenn $x \in Uy$ ist

Es gilt nun der folgende, wichtige Satz.

1.9. Satz (J. André). Ist π eine Kongruenz von G, so gilt:

a) $\pi(G)$ ist eine Translationsebene.

b) G ist zur Translationsgruppe von $\pi(G)$ isomorph.

c) G ist abelsch.

Beweis. a) Es seien x und y zwei verschiedene Punkte von $\pi(G)$. Wegen $G = \bigcup_{X \in \pi} X$ gibt es ein $U \in \pi$ mit $xy^{-1} \in U$. Dann ist x, $y \in Uy$, so daß Uy eine Verbindungsgerade von x und y ist. Es sei Vz eine zweite Verbindungsgerade von x und y. Wegen $y \in Vz$ ist dann $Vz = Vy$. Aus $x \in Vz = Vy$ folgt daher $xy^{-1} \in V$. Nun ist $x \neq y$ und daher $1 \neq xy^{-1} \in U \cap V$, so daß $U = V$ ist. Somit ist $Vz = Vy = Uy$, so daß Uy die einzige Verbindungsgerade von x und y ist.

Es sei $x \notin Uy$. Dann ist Ux eine Gerade durch x mit $Ux \cap Uy = \emptyset$. Es gibt also mindestens eine Nicht-Schneidende von Uy durch den Punkt x. Es sei nun H eine von Ux verschiedene Gerade durch x. Es gibt dann ein $V \in \pi$ und ein $z \in G$ mit $H = Vz$. Wegen $x \in H$ dürfen wir $z = x$ annehmen. Aus $Ux \neq H = Vx$ folgt dann $U \neq V$. Weil π eine Kongruenz ist, ist somit $G = VU$. Es gibt also ein $u \in U$ und ein $v \in V$, so daß $xy^{-1} = vu$ gilt. Dann ist aber $Vx = Vvuy = Vuy$ und folglich $uy \in Vx \cap Uy$, so daß Ux die einzige Gerade durch x ist, die Uy nicht trifft.

Weil π eine nicht triviale Partition ist, gibt es U, $V \in \pi$ mit $U \neq V$. Ferner besagt die Definition einer Partition, daß U und V nicht triviale Untergruppen von G sind. Es gibt also ein $u \in U$ und ein $v \in V$ mit $u \neq 1 \neq v$. Wäre nun X eine Gerade von $\pi(G)$ mit 1, u, $v \in X$, so gäbe es zunächst ein $W \in \pi$ und ein $x \in G$ mit $X = Wx$. Aus $1 \in X$ folgte $Wx = W$. Es folgte weiter $1 \neq u \in U \cap W$ und $1 \neq v \in V \cap W$ und damit $U = W = V$. Dieser Widerspruch zeigt, daß 1, u, v nicht kollinear sind. Also ist $\pi(G)$ eine affine Ebene.

b) Für $a \in G$ definieren wir $\tau(a)$ durch $x^{\tau(a)} = xa$ und $(Ux)^{\tau(a)} = Uxa$ für alle Punkte und alle Geraden von $\pi(G)$. Offenbar ist $\tau(a)$ eine Kollineation von $\pi(a)$. Aus

$$(Ux)^{\tau(a)} = Uxa \parallel Ux$$

folgt, daß $\tau(a)$ alle Punkte auf g_∞ festläßt. Somit ist $\tau(a)$ eine axiale Kollineation mit der Achse g_∞. Ist $a \neq 1$, so ist $x^{\tau(a)} = xa \neq x$ für alle $x \in G$, so daß $\tau(a)$ eine Translation ist. Schließlich ist

$$x^{\tau(x^{-1}y)} = xx^{-1}y = y,$$

so daß $\mathrm{E}(g_\infty)$ transitiv ist. Folglich ist $\pi(G)$ eine Translationsebene.

Die Abbildung τ ist offenbar ein Monomorphismus von G in $\mathrm{E}(g_\infty)$, dh., es gilt $\tau(ab) = \tau(a)\tau(b)$ für alle a, $b \in G$ und $\tau(a) = 1$ genau dann, wenn $a = 1$ ist. Weil das Bild von G unter τ auf der Punktmenge von $\pi(G)$ transitiv ist, folgt schließlich aus 1.3, daß $\tau(G) = \mathrm{E}(g_\infty)$ ist. Damit ist b) bewiesen.

c) folgt aus $G \cong \tau(G) = \mathrm{E}(g_\infty)$ und 1.5. Damit ist alles bewiesen.

Ist A eine Translationsebene und ist $\pi = \{\Gamma(P, g_\infty) \mid P \, \mathrm{I} \, g_\infty\}$, so ist π eine Kongruenz von $\mathrm{E}(g_\infty)$, wie wir wissen. Nach 1.9 ist daher $\pi(\mathrm{E}(g_\infty))$ eine Translationsebene. Sind A und $\pi(\mathrm{E}(g_\infty))$ isomorph? Darauf gibt der nächste Satz Antwort.

1.10. Satz (J. André). Es sei A eine Translationsebene und g_∞ sei ihre uneigentliche Gerade. Ist $\pi = \{\Gamma(P, g_\infty) \mid P \, \mathrm{I} \, g_\infty\}$, so ist π eine Kongruenz von $\mathrm{E}(g_\infty)$ und A und $\pi(\mathrm{E}(g_\infty))$ sind isomorph.

Beweis. Wir wissen bereits, daß π eine Kongruenz von $E(g_\infty)$ ist. Es bleibt also zu zeigen, daß A und $\pi(E(g_\infty))$ isomorph sind. Dazu sei O ein Punkt von A. Ist dann X irgendein Punkt von A, so gibt es nach 1.3 genau ein $\tau_X \in E(g_\infty)$ mit $O^{\tau_X} = X$. Die Abbildung $\tau : X \to \tau_X$ ist also eine Bijektion der Punktmenge von A auf $E(g_\infty)$. Ist g eine Gerade von A, so setzen wir $\sigma(g) = \{\tau_X \mid X \mathrm{I} g\}$. Dann ist (τ, σ) ein Isomorphismus von A auf

$$\Omega = (E(g_\infty), \{\sigma(g) \mid g \text{ ist Gerade von A }\}, \in).$$

Wir müssen zeigen, daß $\Omega = \pi(E(g_\infty))$ ist. Dazu sei g eine Gerade von A und sei $g \cap g_\infty = P$. Ferner sei $\rho \in E(g_\infty)$ und $O^\rho \mathrm{I} g$. Ist nun $X \mathrm{I} g$, so ist $O^{\tau_X} \mathrm{I} g$. Ferner ist $O \mathrm{I} g^{\rho^{-1}}$ und folglich

$$g^{\rho^{-1}} = O + P.$$

Hieraus folgt

$$O^{\tau_X \rho^{-1}} \mathrm{I} O + P.$$

Dies impliziert $\tau_X \rho^{-1} \in \Gamma(P, g_\infty)$, so daß

$$\sigma(g) \subseteq \Gamma(P, g_\infty)\rho$$

ist. Ist andererseits $\gamma \in \Gamma(P, g_\infty)\rho$, so ist $\gamma = \delta\rho$ mit $\delta \in \Gamma(P, g_\infty)$. Folglich ist

$$O^\gamma = O^{\delta\rho} \mathrm{I} (O + P)^{\delta\rho} = (O + P)^\rho = g.$$

Setzt man $Y = O^\gamma$, so ist also $Y \mathrm{I} g$ und $\tau_Y = \gamma$. Folglich ist $\gamma = \tau_Y \in \sigma(g)$, so daß $\sigma(g) = \Gamma(P, g_\infty)\rho$ ist.

Es sei schließlich $Q \mathrm{I} g_\infty$ und $\lambda \in E(g_\infty)$. Ferner sei $(O + Q)^\lambda = h$. Ist dann $\eta \in \Gamma(Q, g_\infty)$, so ist

$$O^{\eta\lambda} \mathrm{I} (O + Q)^{\eta\lambda} = (O + Q)^\lambda = h.$$

Hieraus folgt $\Gamma(Q, g_\infty)\lambda \subseteq \sigma(h)$. Andererseits ist $\sigma(h) = \Gamma(R, g_\infty)\mu$, wie wir bereits wissen. Weil $\pi(E(g_\infty))$ eine affine Ebene ist, ist daher $\Gamma(Q, g_\infty) = \Gamma(R, g_\infty)\mu$. Also ist

$$\{\sigma(g) \mid g \text{ ist Gerade von A}\} = \{X\eta \mid X \in \pi, \eta \in E(g_\infty)\},$$

so daß in der Tat $\Omega = \pi(E(g_\infty))$ ist, q. e. d.

Die Sätze 1.9 und 1.10 besagen, daß die Translationsebenen bis auf Isomorphie genau die Inzidenzstrukturen $\pi(G)$ sind, wobei G eine Gruppe und π eine Kongruenz von G ist.

Die nächste Frage, die nun zu beantworten ist, ist die, wann die Translationsebenen $\pi(G)$ und $\hat{\pi}(\hat{G})$ isomorph sind.

1.11. Satz. Es sei π eine Kongruenz der Gruppe G und $\hat{\pi}$ sei eine Kongruenz der Gruppe $\hat{G}$. Ist σ ein Isomorphismus von $\pi(G)$ auf $\hat{\pi}(\hat{G})$ mit $1^\sigma = \hat{1}$, so ist $(gh)^\sigma = g^\sigma h^\sigma$ für alle $g, h \in G$, dh., σ ist auch ein Isomorphismus von G auf $\hat{G}$.

Beweis. Es sei τ der im Beweise von 1.9 definierte Isomorphismus von G auf die Translationsgruppe von $\pi(G)$ und $\hat{\tau}$ habe für $\hat{\pi}(\hat{G})$ die entsprechende Bedeutung. Ist $a \in G$, so ist $\sigma^{-1}\tau\sigma$ eine Translation von $\hat{\pi}(\hat{G})$, wie man sich leicht überlegt. Daher ist

$$\hat{1}^{\sigma^{-1}\tau(a)\sigma} = 1^{\sigma\sigma^{-1}\tau(a)\sigma} = 1^{\tau(a)\sigma} = a^{\sigma} = \hat{1}^{\hat{\tau}(a^{\sigma})}.$$

Mit 1.3 folgt daher $\sigma^{-1}\tau(a)\sigma = \hat{\tau}(a^{\sigma})$. Hieraus folgt weiter

$$\hat{\tau}((gh)^{\sigma}) = \sigma^{-1}\tau(gh)\sigma = \sigma^{-1}\tau(g)\tau(h)\sigma$$
$$= \sigma^{-1}\tau(g)\sigma\sigma^{-1}\tau(h)\sigma = \hat{\tau}(g^{\sigma})\hat{\tau}(h^{\sigma}) = \hat{\tau}(g^{\sigma}h^{\sigma})$$

für alle g, $h \in G$. Weil $\hat{\tau}$ insbesondere auch injektiv ist, folgt schließlich $(gh)^{\sigma} = g^{\sigma}h^{\sigma}$, q. e. d.

1.12. Satz. Es sei π eine Kongruenz der Gruppe G und $\hat{\pi}$ sei eine Kongruenz von $\hat{G}$. Ist dann σ ein Isomorphismus von G auf $\hat{G}$ mit $\pi^{\sigma} = \hat{\pi}$, so induziert σ einen Isomorphismus von $\pi(G)$ auf $\hat{\pi}(\hat{G})$, dessen Einschränkung auf G mit σ übereinstimmt.

Der Beweis ist völlig banal, da ja nach Voraussetzung $\hat{\pi} = \{U^{\sigma} \mid U \in \pi\}$ gilt und da $(Ux)^{\sigma} = U^{\sigma}x^{\sigma}$ ist.

1.13. Satz. Es sei π eine Kongruenz der Gruppe G und $\hat{\pi}$ sei eine Kongruenz von $\hat{G}$. Genau dann sind $\pi(G)$ und $\hat{\pi}(\hat{G})$ isomorph, wenn es einen Isomorphismus σ von G auf $\hat{G}$ gibt mit $\pi^{\sigma} = \hat{\pi}$.

Beweis. Gibt es einen solchen Isomorphismus von G auf $\hat{G}$, so sind $\pi(G)$ und $\hat{\pi}(\hat{G})$ nach 1.12 isomorph. Es sei also ρ ein Isomorphismus von $\pi(G)$ auf $\hat{\pi}(\hat{G})$. Es gibt dann eine Translation τ von $\hat{\pi}(\hat{G})$ mit $1^{\rho\tau} = \hat{1}$. Setze $\sigma = \rho\tau$. Dann ist auch σ ein Isomorphismus von $\pi(G)$ auf $\hat{\pi}(\hat{G})$. Nach 1.11 induziert σ einen Isomorphismus von G auf $\hat{G}$. Weil schließlich die Geraden durch 1 gerade die Komponenten von π und die Geraden durch $\hat{1}$ die Komponenten von $\hat{\pi}$ sind, folgt auch noch $\pi^{\sigma} = \hat{\pi}$, q. e. d.

2. Der Kern einer Translationsebene. Wie wir gesehen haben, ist die Translationsgruppe einer Translationsebene abelsch. Sie ist sogar ein Vektorraum über einem Körper, der jedoch noch nirgendwo zu sehen ist. Um ihn zu finden, versuchen wir uns zunächst ein wenig an dem zu orientieren, was vielleicht von der Schule her bekannt ist. Dort wird nämlich — wie regelmäßig, weiß ich nicht — die Einführung des Vektorraumbegriffs dadurch motiviert, daß man die Translationsgruppe der euklidischen Ebene mit Hilfe der Streckungen zu einem **R**-Vektorraum macht. Dies könnten wir nun versuchen nachzumachen, wenn wir nur genügend Streckungen zur Verfügung hätten. Da wir jedoch nicht wissen, ob eine beliebig gegebene Translationsebene auch nur eine einzige nicht triviale Streckung mit der Achse g_{∞} besitzt, müssen wir auf anderem Wege vorgehen. Um herauszufinden, wo wir zu suchen haben, analysieren wir die Situation noch etwas genauer. Dazu sei π eine Kongruenz der Gruppe G. Ferner sei g_{∞} die uneigentliche Gerade von

$\pi(G)$ und $\eta \in \Gamma(1, g_\infty)$. Nach 1.11 ist dann η ein Automorphismus von G. Weil π die Menge der Geraden durch 1 ist und weil zudem 1 das Zentrum von η ist, gilt weiter $X^\eta = X$ für alle $X \in \pi$. Von hierher wird nun, so hoffe ich, die folgende Definition plausibel. Bevor wir sie jedoch formulieren, sei an die Definition des Endomorphismenringes $\text{End}(G)$ der abelschen Gruppe G erinnert. Dies ist die Menge aller Endomorphismen von G, dh. die Menge aller Abbildungen η von G in sich mit der Eigenschaft, daß $(gh)^\eta = g^\eta h^\eta$ für alle g, $h \in G$ ist. Sind δ, $\eta \in \text{End}(G)$, so definieren wir $\delta + \eta$ und $\delta\eta$ durch

$$g^{\delta + \eta} = g^\delta g^\eta$$

bzw.

$$g^{\delta\eta} = (g^\delta)^\eta$$

für alle $g \in G$. Die Addition wird also punktweise definiert, während die Multiplikation die Hintereinanderausführung von Abbildungen ist. Dann ist $(\text{End}(G), +, \cdot)$ ein Ring. Das Nullelement ist die durch $g^0 = 1$ für alle $g \in G$ definierte Abbildung, während die Eins des Ringes die identische Abbildung ist. Ist $\eta \in \text{End}(G)$, so ist $-\eta$ die durch $g^{-\eta} = (g^\eta)^{-1}$ für alle $g \in G$ definierte Abbildung.

2.1. Definition. Es sei π eine Kongruenz der Gruppe G. Die Menge

$$K = \{\eta \mid \eta \in \text{End}(G), U^\eta \subseteq U \text{ für alle } U \in \pi\}$$

heißt *Kern* von $\pi(G)$.

Die Gruppe G ist nach 1.9 abelsch, so daß $\text{End}(G)$ ein Ring ist. Offenbar ist K ein Teilring von $\text{End}(G)$. Es gilt aber noch mehr.

2.2 Satz (J. André). Es sei π eine Kongruenz der Gruppe G. Ist K der Kern von $\pi(G)$, so ist K ein Körper und die Einschränkung von $\Gamma(1, g_\infty)$ auf G ist ein Isomorphismus von $\Gamma(1, g_\infty)$ auf die multiplikative Gruppe K^* von K.

Beweis. Es sei $1 \neq g \in G$ und $\eta \in K$ sowie $g^\eta = 1$. Wir zeigen, daß $\eta = 0$ ist. Es sei $W \in \pi$ und $g \in W$. Ferner sei $h \in G$, aber $h \notin W$. Dann gibt es Komponenten U und V von π mit $h \in U$ und $hg \in V$. Wäre $U = V$, so folgte $g \in U$ und daher $1 \neq g \in U \cap W$, so daß $U = W$ wäre. Dies hätte aber $h \in W$ zur Folge, was nicht der Fall ist. Also ist $U \neq V$ und somit $U \cap V = \{1\}$. Nun ist $h^\eta \in U^\eta \subseteq U$ und $(gh)^\eta \in V^\eta \subseteq V$. Also ist

$$h^\eta = g^\eta h^\eta = (gh)^\eta \in U \cap V = \{1\}.$$

Folglich ist $h^\eta = 1$ für alle $h \in G$, die gleichzeitig $h \notin W$ erfüllen. Ist schließlich $w \in W$, so gibt es wegen $W \neq G$ ein $h \in G$ mit $h \notin W$. Es folgt $h^{-1}w \notin W$. Nach dem bereits Bewiesenen ist also $w^\eta = (hh^{-1}w)^\eta = h^\eta(h^{-1}w)^\eta = 1$, so daß in der Tat $\eta = 0$ ist.

Es sei $0 \neq \eta \in K$. Dann ist η, nach dem was wir gerade bewiesen haben, injektiv. Wir zeigen nun, daß η auch surjektiv ist. Dazu sei $1 \neq g' \in U$ und $U \in \pi$. Es sei

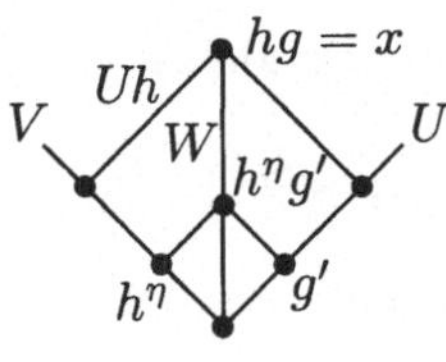

Fig. 19

ferner $V \in \pi$ und $V \neq U$. Schließlich sei $1 \neq h \in V$. Weil η injektiv ist, ist dann $h^\eta \neq 1$. Hieraus folgt $h^\eta g' \notin U$, da ja sonst $h^\eta \in U \cap V = \{1\}$ wäre. Es gibt also ein eindeutig bestimmtes $W \in \pi$ mit $W \neq U$ und $h^\eta g' \in W$. Wegen $W \neq U$ ist $W \cap Uh \neq \emptyset$. Es gibt also ein $x \in W \cap Uh$. Ferner gibt es ein $g \in U$ mit $x = gh$. Nun ist

$$x^\eta \in W^\eta \cap U^\eta h^\eta \subseteq W \cap Uh^\eta.$$

Weil $h^\eta g' \in W$ und $g' \in U$ ist, ist $\{h^\eta g'\} = W \cap Uh^\eta$. (Hier wird noch einmal benutzt, daß G abelsch ist.) Also ist $x^\eta = h^\eta g'$. Insgesamt erhalten wir, daß

$$h^\eta g^\eta = (hg)^\eta = x^\eta = h^\eta g'$$

ist. Hieraus folgt schließlich $g^\eta = g'$, so daß η surjektiv ist. Somit ist η ein Automorphismus von G, so daß insbesondere auch η^{-1} existiert. Es bleibt zu zeigen, daß η^{-1} zu K gehört.

Es sei $g \in U$ und $U \in \pi$. Es gibt dann, wie der Beweis der Surjektivität von η zeigt, ein $h \in U$ mit $h^\eta = g$. Dann ist aber $g^{\eta^{-1}} = h$ ein Element von U, so daß auch $\eta^{-1} \in K$ gilt. Folglich ist K ein Körper.

Wie wir zu Beginn dieses Abschnitts schon bemerkten, gilt

$$\Gamma(1, g_\infty) \subseteq K^*.$$

Es sei also $\eta \in K^*$. Dann ist η ein Automorphismus von G mit $X^\eta = X$ für alle $X \in \pi$. Nach 1.12 ist η also eine Kollineation von $\pi(G)$, die alle Geraden durch 1 festläßt. Damit ist 2.2 vollständig bewiesen.

Weil K, wie wir nun wissen, ein Körper ist, ist G also ein K-Vektorraum. Dabei dürfen Sie sich nicht durch die unübliche Schreibweise stören lassen. Es steht ja nirgendwo geschrieben, daß man die Verknüpfung zweier Vektoren additiv und die Verknüpfung eines Vektors mit einem Skalar multiplikativ schreiben muß.

2.3. Korollar (J. André). Es sei π eine Kongruenz der Gruppe G. Dann ist G ein Vektorraum über dem Kern K von $\pi(G)$ und die Komponenten von π sind zueinander isomorphe K-Unterräume von G. Ist $\mathrm{Rg}_K(G) < \infty$, so ist $\mathrm{Rg}_K(G)$ gerade.

Beweis. Daß G ein K-Vektorraum ist, haben wir schon festgestellt. Ferner folgt aus der Definition von K, daß die Komponenten von π Unterräume dieses Vektorraumes sind. Es seien nun $U, V \in \pi$. Weil der Punkt 1 auf mindestens drei Geraden liegt, gibt es ein von U und V verschiedenes $W \in \pi$. Dann ist $G = UW = VW$. Wegen

$$U \cap W = \{1\} = V \cap W$$

folgt dann mit Hilfe eines der Isomorphiesätze für Vektorräume

$$U \cong U/(U \cap W) \cong UW/W = VW/W \cong V/(V \cap W) \cong W.$$

Ist schließlich $\operatorname{Rg}_K(G) < \infty$, so ist auch $\operatorname{Rg}_K(X) < \infty$ für alle $X \in \pi$. Ferner folgt aus $X \cong Y$ für alle $X, Y \in \pi$, daß $\operatorname{Rg}_K(X) = \operatorname{Rg}_K(Y)$ ist. Es gibt nun zwei verschiedene Komponenten X und Y in π. Für diese Komponenten gilt $G = XY$ und daher

$$\operatorname{Rg}_K(G) = \operatorname{Rg}_K(X) + \operatorname{Rg}_K(Y) = 2\operatorname{Rg}_K(X),$$

q. e. d.

2.4. Korollar. Ist π eine Kongruenz der endlichen Gruppe G und ist g_∞ die uneigentliche Gerade von $\pi(G)$, so ist $\Gamma(1, g_\infty)$ zyklisch.

Beweis. Der Kern von $\pi(G)$ ist ein endlicher Körper, also kommutativ nach dem Satz von Wedderburn. Da die multiplikative Gruppe eines endlichen Körpers zyklisch ist, ist wegen 2.2 auch $\Gamma(1, g_\infty)$ zyklisch.

2.5. Korollar. Ist Π eine endliche desarguessche projektive Ebene und ist (P, g) ein nicht inzidentes Punkt-Geradenpaar von Π, so ist $\Gamma(P, g)$ zyklisch.

Beweis. Aus I.5.5 folgt, daß Π_g eine Translationsebene ist, so daß wir Π_g in der Form $\pi(G)$ darstellen können. Dann ist $g = g_\infty$ und die Gruppe $\Gamma(1, g_\infty)$ ist zyklisch nach 2.4. Es gibt nun eine Translation τ mit $1^\tau = P$. Daher ist wegen

$$\tau^{-1}\Gamma(1, g_\infty)\tau = \Gamma(1^\tau, g^\tau) = \Gamma(P, g)$$

auch die Gruppe $\Gamma(P, g)$ zyklisch, q. e. d.

2.6. Satz. Es sei A eine Translationsebene, T ihre Translationsgruppe und G ihre volle Kollineationsgruppe. Ist O ein Punkt von A und

$$G_O = \{\gamma \mid \gamma \in G, O^\gamma = O\},$$

so ist $G = TG_O$ und $T \cap G_O = \{1\}$.

Satz 2.6, dessen Beweis recht einfach ist, zeigt, daß es bei der Bestimmung der Kollineationsgruppe einer Translationsebene genügt, die Gruppe G_O zu bestimmen. Dies ist im allgemeinen sehr schwierig. Hilfreich bei diesem Unterfangen ist der nächste Satz, der zeigt, wo man zu suchen hat.

2.7. Satz (J. André). Es sei π eine Kongruenz der Gruppe G und K sei der Kern von $\pi(G)$. Ist Δ die Gruppe aller Kollineationen von $\pi(G)$, die den Punkt 1 festlassen, so besteht Δ nur aus semilinearen Abbildungen des K-Vektorraumes G, dh., daß es zu jedem $\delta \in \Delta$ einen Automorphismus α von K gibt mit

$$g^{\kappa\delta} = g^{\delta\kappa^\alpha}$$

für alle $g \in G$ und alle $\kappa \in K$ und daß darüberhinaus

$$(gh)^\delta = g^\delta h^\delta$$

für alle $g, h \in G$ gilt.

Beweis. Ist $\delta \in \Delta$ und sind $g, h \in G$, so ist $(gh)^\delta = g^\delta h^\delta$ nach 1.11. Da die Einschränkung von $\Gamma(1, g_\infty)$ nach 2.2 gleich K^* ist, dürfen wir $\Gamma(1, g_\infty)$ mit K^* identifizieren. Wegen

$$\delta^{-1}\Gamma(1, g_\infty)\delta = \Gamma(1^\delta, g_\infty^\delta) = \Gamma(1, g_\infty)$$

wird durch $\kappa^\alpha = \delta^{-1}\kappa\delta$ für alle $\kappa \in K$ eine Bijektion α von K auf sich definiert. Rechnen im Endomorphismenring liefert

$$(\kappa + \lambda)^\alpha = \delta^{-1}(\kappa + \lambda)\delta = \delta^{-1}\kappa\delta + \delta^{-1}\lambda\delta = \kappa^\alpha + \lambda^\alpha$$

sowie

$$(\kappa\lambda)^\alpha = \delta^{-1}\kappa\lambda\delta = \delta^{-1}\kappa\delta\delta^{-1}\lambda\delta = \kappa^\alpha\lambda^\alpha$$

für alle $\kappa, \lambda \in K$, so daß α in der Tat ein Automorphismus von K ist. Ist schließlich $g \in G$ und $\kappa \in K$, so folgt

$$g^{\kappa\delta} = g^{\delta\delta^{-1}\kappa\delta} = g^{\delta\kappa^\alpha},$$

q. e. d.

3. Die Ebenen $\Pi(V, K)$. Ist K ein Körper und ist V ein K-Rechtsvektorraum, so bezeichne $\Pi(V, K)$ wie bisher die projektive Ebene, deren Punkte die Unterräume des Ranges 1 und deren Geraden die Unterräume des Ranges 2 von V sind, wobei die Inzidenz mit der Inklusion gleichbedeutend ist. Die Ebenen $\Pi(V, K)$ wollen wir nun untersuchen. Insbesondere wollen wir zeigen, daß sie desarguessch sind, sowie angeben, wie sich ihre Zentralkollineationen algebraisch beschreiben lassen.

Beim Nachweis, daß $\Pi(V, K)$ desarguessch ist, bedienen wir uns des Satzes I.5.5, so daß wir mit der Untersuchung der Zentralkollineationen von $\Pi(V, K)$ anfangen. Wir beginnen mit der trivialen Bemerkung, daß jede bijektive lineare Abbildung von V eine Kollineation in $\Pi(V, K)$ induziert. Ist nämlich U ein Unterraum von V und $\gamma \in \mathrm{GL}(V, K)$, wobei wir mit $\mathrm{GL}(V, K)$ die Gruppe aller bijektiven linearen Abbildungen von V auf sich bezeichnen, so ist

$$U^\gamma = \{u^\gamma \mid u \in U\}$$

ebenfalls ein Unterraum von V, der wegen der Bijektivität von γ den gleichen Rang wie U hat. Ferner folgt für zwei Unterräume U und W von V, daß genau dann $U \subseteq W$ gilt, wenn $U^\gamma \subseteq W^\gamma$ gilt. Wir hoffen nun, durch nichts als unseren Optimismus gerechtfertigt, daß Zentralkollineationen in der eben beschriebenen Weise durch Elemente aus $\mathrm{GL}(V, K)$ induziert werden.

Es sei $\gamma \in \mathrm{GL}(V, K)$ und γ induziere eine Elation in $\Pi(V, K)$. Dann läßt γ eine Gerade G von V punktweise fest. Diese Bedingung ist sicher dann erfüllt, wenn für alle $g \in G$ die Gleichung $g^\gamma = g$ gilt. Nehmen wir also auch dies noch an. Weil γ eine Elation induziert, gibt es einen Punkt C auf G, der unter γ geradenweise festbleibt. Ist $0 \neq h \in C$, so ist $C = hK$. Es sei $v \in V$ und $v \notin G$. Dann ist auch vK ein Punkt und $vK + C$ ist eine Gerade durch C. Also ist

$$v^\gamma \in (vK + C)^\gamma = vK + C.$$

Es gibt somit $a,\, b \in K$ mit $v^\gamma = va + hb$. Dies ist sicherlich dann erfüllt, wenn $v^\gamma = v + hb$ ist. Dabei ist b ein von v abhängiges Element von K, so daß wir $v^\gamma = v + h\varphi(v)$ setzen und annehmen, daß φ nicht nur eine Abbildung von $V - G$, sondern sogar von V in K ist. Dabei bezeichne $V - G$ die mengentheoretische Differenz von V und G. Weil γ linear ist, folgt

$$u + v + h(\varphi(u) + \varphi(v)) = u^\gamma + v^\gamma = (u + v)^\gamma = u + v + h\varphi(u + v).$$

Wegen $h \neq 0$ erhalten wir $\varphi(u) + \varphi(v) = \varphi(u + v)$. Ferner folgt

$$va + h\varphi(v)a = v^\gamma a = (va)^\gamma = va + h\varphi(va)$$

und daher $\varphi(v)a = \varphi(va)$, so daß φ eine lineare Abbildung von V in K ist. Schließlich gilt für alle $g \in G$ die Gleichung

$$g = g^\gamma = g + h\varphi(g),$$

so daß $\varphi(g) = 0$ ist für alle $g \in G$. Dies besagt, daß G in $\mathrm{Kern}(\varphi)$ enthalten ist. Nehmen wir schließlich noch $\gamma \neq 1$ an, so folgt $\mathrm{Kern}(\varphi) \neq V$. Wegen $\mathrm{Rg}_K(G) = 2$ und $\mathrm{Rg}_K(V) = 3$ ist daher $G = \mathrm{Kern}(\varphi)$.

Diese heuristischen Untersuchungen zeigen, daß die Abbildungen der Art $v \rightarrow v + h\varphi(v)$, wobei φ eine lineare Abbildung von V in K und $h \in \mathrm{Kern}(\varphi)$ ist, gute Kandidaten dafür sind, Elationen in $\Pi(V, K)$ zu induzieren. Mit diesem Wissen ausgerüstet beginnen wir noch einmal von vorne und formulieren die

3.1. Definition. Es sei K ein Körper und V sei ein Rechtsvektorraum vom Range 3 über K. Ferner sei G eine Gerade und P sei ein Punkt von $\Pi(V, K)$ mit $V = P \oplus G$. Ist $0 \neq p \in P$, so ist also $V = pK \oplus G$. Wir definieren eine lineare Abbildung φ von V in K vermöge

$$\varphi(pk + g) = k$$

für alle $k \in K$ und alle $g \in G$. Mit Hilfe von φ definieren wir schließlich zu jedem $g \in G$ eine Abbildung $\tau(g)$ von V in sich durch

$$v^{\tau(g)} = v + g\varphi(v).$$

Die Abbildung $\tau(g)$ heißt dann *Transvektion* mit der *Achse G* von V. Weil φ linear ist, ist $\tau(g)$ eine lineare Abbildung von V in sich. Mit $\mathrm{T}(G)$ bezeichnen wir die Menge aller Transvektionen mit der Achse G.

Bei dem folgenden Satz heißt es ganz bewußt „Gruppe G", da er sich nur auf die Gruppenstruktur von G bezieht.

3.2. Satz. Ist V ein K-Vektorraum des Ranges 3 und ist G eine Gerade von $\Pi(V, K)$, so ist $\mathrm{T}(G)$ eine Untergruppe von $\mathrm{GL}(V, K)$ und die eben definierte Abbildung τ ist ein Isomorphismus der Gruppe G auf die Gruppe $\mathrm{T}(G)$.

Beweis. Rechnet man $v^{\tau(g)\tau(h)}$ aus, was sehr einfach ist, so sieht man, daß für alle g, $h \in G$ die Gleichung

$$\tau(g + h) = \tau(g)\tau(h)$$

gilt. Nun ist $\tau(0) = 1$, so daß wegen

$$\tau(g)\tau(-g) = \tau(g - g) = 1 = \tau(-g + g) = \tau(-g)\tau(g)$$

das Element $\tau(-g)$ ein Inverses von $\tau(g)$ ist. Also ist $\tau(g) \in \mathrm{GL}(V, K)$. Wegen $\tau(g)^{-1} = \tau(-g) \in \mathrm{T}(G)$ und $\tau(g)\tau(h) = \tau(g + h) \in \mathrm{T}(G)$ ist $\mathrm{T}(G)$ daher eine Untergruppe von $\mathrm{GL}(V, K)$. Nun ist auch klar, daß τ ein Homomorphismus von G auf $\mathrm{T}(G)$ ist. Es bleibt zu zeigen, daß τ injektiv ist. Dazu sei $\tau(g) = 1$. Dann ist

$$p = p^{\tau(g)} = p + g\varphi(p) = p + g,$$

wenn p wieder die gleiche Bedeutung wie in 3.1 hat. Es folgt $g = 0$, so daß τ in der Tat auch injektiv ist, q. e. d.

Die Gruppe $\mathrm{T}(G)$ induziert eine Gruppe $\mathrm{T}^*(G)$ von Kollineationen in $\Pi(V, K)$. Der nächste Satz zeigt nun, daß wir in $\mathrm{T}^*(G)$ tatsächlich die Gruppe gefunden haben, die wir suchen.

3.3. Satz. Es sei V ein Vektorraum des Ranges 3 über dem Körper K. Ist G eine Gerade von $\Pi(V, K)$, so ist $\Pi(V, K)_G$ eine Translationsebene und es gilt

$$\mathrm{T}(G) \cong \mathrm{T}^*(G) = \mathrm{E}(G).$$

Beweis. Wir benutzen weiterhin die Bezeichnungen der Definition 3.3. Es sei Q ein von P verschiedener Punkt von $\Pi(V, K)_G$. Dann ist $P + Q$ eine Gerade von

$\Pi(V, K)$ und $C = G \cap (P + Q)$ ist ein Punkt. Weil Q nicht in G enthalten ist, ist $P + Q = Q + C$. Es gibt also ein $q \in Q$ und ein $c \in C$ mit $p = q - c$. Es folgt

$$p^{\tau(c)} = p + c\varphi(p) = p + c = q,$$

so daß $P^{\tau(c)} = Q$ ist. Dies zeigt, daß $\mathrm{T}^*(G)$ auf der Menge der Punkte von $\Pi(V, K)_G$ transitiv operiert.

Es sei $P^{\tau(g)} = P$. Es gibt dann ein $r \in K$ mit

$$pr = p^{\tau(g)} = p + g\varphi(p) = p + g.$$

Hieraus folgt

$$p(r - 1) = g \in P \cap G = \{0\},$$

so daß $\tau(g) = \tau(0) = 1$ ist. Dies besagt einmal, daß $\mathrm{T}(G) \cong \mathrm{T}^*(G)$ ist, und zum anderen, daß $\mathrm{T}^*(G)$ auf der Punktmenge von $\Pi(V, K)_G$ scharf transitiv operiert. Weil $\mathrm{T}^*(G)$ die Gerade G punktweise festläßt, besteht $\mathrm{T}^*(G)$ daher nur aus Elationen mit der Achse G, dh., es ist $\mathrm{T}^*(G) \subseteq \mathrm{E}(G)$. Weil $\mathrm{T}^*(G)$ auf der Punktmenge von $\Pi(V, K)_G$ transitiv operiert, operiert auch $\mathrm{E}(G)$ auf dieser Punktmenge transitiv, so daß $\Pi(V, K)$ eine Translationsebene ist. Nun ist $\mathrm{E}(G)$ nach 1.3 auf der Punktmenge von $\Pi(V, K)$ scharf transitiv, so daß schließlich auch noch $\mathrm{T}^*(G) = \mathrm{E}(G)$ ist, q. e. d.

Auf Grund dieses Satzes ist es uns erlaubt, die Gruppen $\mathrm{T}(G)$ und $\mathrm{E}(G)$ zu identifizieren.

Nachdem wir nun die Elationen im Griff haben, wenden wir uns den Streckungen zu. Zunächst wollen wir uns wieder überlegen, welche Abbildungen aus $\mathrm{GL}(V, K)$ Kandidaten sind, Streckungen in $\Pi(V, K)$ zu induzieren. Sei also $\sigma \in \mathrm{GL}(V, K)$ und σ induziere eine Streckung in $\Pi(V, K)$. Dann hat σ ein Zentrum P und eine Achse G. Weil σ eine Streckung ist, ist $P \nsubseteq G$ und folglich $V = P \oplus G$. Wie versuchen wieder, mit solchen Elementen von $\mathrm{GL}(V, K)$ auszukommen, die G vektorweise festlassen, dh., wie nehmen zusätzlich $g^\sigma = g$ für alle $g \in G$ an. Es sei $0 \neq p \in P$. Dann ist $P = pK$ und $p^\sigma \in P$. Es gibt also ein $a \in K^*$ mit $p^\sigma = pa$. Ist nun $v \in V$, so gibt es wegen $V = pK \oplus G$ genau ein $k \in K$ und genau ein $g \in G$ mit $v = pk + g$ und es folgt

$$v^\sigma = (pk + g)^\sigma = p^\sigma k + g^\sigma = pak + g.$$

Damit haben wir unsere Anwärter gefunden.

3.4. Definition. Es sei K ein Körper und V sei ein Vektorraum des Ranges 3 über K. Ferner sei G eine Gerade und P ein Punkt von $\Pi(V, K)$ mit $V = P \oplus G$. Ist $0 \neq p \in P$, so ist also $V = pK \oplus G$. Ist $0 \neq a \in K$, so definieren wir $\delta(a)$ durch

$$(pk + g)^{\delta(a)} = pak + g$$

für alle $k \in K$ und alle $g \in G$. Man prüft leicht nach, daß $\delta(a)$ eine lineare Abbildung von V in sich ist. (Es ist vielleicht nützlich, hier darauf hinzuweisen, daß a zwischen p und k steht. Definierte man $\delta(a)$ durch $(pk + g)^{\delta(a)} = pka + g$, so wäre $\delta(a)$ nicht linear, falls K nicht kommutativ ist.) Ferner sieht man sofort daß

$$\delta(a)\delta(a^{-1}) = 1 = \delta(a^{-1})\delta(a)$$

ist, so daß $\delta(a) \in \mathrm{GL}(V, K)$ gilt. Die Abbildung $\delta(a)$ heißt *Homothetie* mit dem *Zentrum* P und der *Achse* G von V. Mit $\Sigma(P, G)$ bezeichnen wir die Menge aller dieser Homothetien. Offenbar ist $\Sigma(P, G)$ eine Untergruppe von $GL(V, K)$.

Mit $\Sigma^*(P, G)$ bezeichnen wir die von $\Sigma(P, G)$ in $\Pi(V, K)$ induzierte Kollineationsgruppe.

3.5. Satz. Es sei V ein Vektorraum vom Rang 3 über dem Körper K. Dann ist $\Pi(V, K)$ eine desarguessche projektive Ebene. Ist P ein Punkt und G eine Gerade von $\Pi(V, K)$ mit $V = P \oplus K$, so ist

$$\Sigma(P, Q) \cong \Sigma^*(P, G) = \Gamma(P, G).$$

Beweis. Ist H eine Gerade von $\Pi(V, K)$, so ist $\Pi(V, K)_H$ nach 3.3 eine Translationsebene. Somit ist $\Pi(V, K)$ für alle inzidenten Punkt-Geradenpaare (Q, H) eine (Q, H)-transitive Ebene. Um die erste Aussage des Satzes zu beweisen, müssen wir auf Grund von I.5.5 nur noch zeigen, daß $\Pi(V, K)$ auch (P, G)-transitiv ist für alle Punkt-Geradenpaare (P, G) mit $V = P \oplus G$.

Es sei also P ein Punkt und G eine Gerade von $\Pi(V, K)$ mit $V = P \oplus G$. Ferner sei wieder $P = pK$. Dann ist $\Sigma^*(P, G) \subseteq \Gamma(P, G)$. Es seien nun P_1 und P_2 Punkte von $\Pi(V, K)$ mit

$$V = P_1 \oplus G = P_2 \oplus G$$

sowie $P \neq P_1, P_2$ und $P + P_1 = P + P_2$. Setze $C = G \cap (P + P_1)$. Ferner sei $0 \neq p_i \in P_i$. Da offenbar $P + P_i = P + C$ gilt, gibt es $q_i \in P$ und $c_i \in C$ mit $p_i = q_i + c_i$. Wegen

$$P \cap P_i = \{0\} = C \cap P_i$$

ist $q_i \neq 0 \neq c_i$. Es gibt also Elemente $k, h_1, h_2 \in K^*$ mit $c_1 = c_2 k$ und $q_i = ph_i$. Setzt man $a = h_2 k h_1^{-1}$, so ist

$$p_1^{\delta(a)} = (q_1 + c_1)^{\delta(a)} = (ph_1 + c_2 k)^{\delta(a)} = ph_2 k h_1^{-1} h_1 + c_2 k = (ph_2 + c_2)k$$
$$= (q_2 + c_2)k = p_2 k.$$

Wegen $k \neq 0$ ist daher $P_1^{\delta(a)} = P_2$. Damit ist die (P, G)-Transitivität von $\Pi(V, K)$ gezeigt. Mit I.4.6 folgt weiter, daß $\Sigma^*(P, G) = \Gamma(P, G)$ ist. Ist nämlich $\gamma \in \Gamma(P, g)$ und ist Q ein von P verschiedener Punkt von $\Pi(V, K)$, der nicht auf G liegt, so gibt es, wie wir gerade gesehen haben, ein $\delta(a) \in \Sigma(P, G)$ mit $Q^{\delta(a)} = Q^{\gamma}$. Es folgt, daß $\delta(a)\gamma^{-1}$ den Fixpunkt Q hat, der von P verschieden ist und nicht auf

G liegt, so daß $\delta(a)\gamma^{-1} = 1$ ist, wie I.4.6 zeigt. Dies hat $\Gamma(P,G) \subseteq \Sigma^*(P,G)$ zur Folge, so daß $\Sigma^*(P,G) = \Gamma(P,G)$ ist.

Es sei schließlich $\delta(a) \in \Sigma(P,G)$ und $\delta(a)$ induziere die Identität in $\Pi(V,K)$. Es sei $0 \neq g \in G$. Es gibt dann ein $r \in K^*$ mit

$$pr + gr = (p+g)r = (p+g)^{\delta(a)} = pa + g.$$

Es folgt $p(r-a) = g(1-r) \in P \cap G = \{0\}$. Wegen $p \neq 0 \neq g$ folgt weiter $r = 1$ und $a = r$, so daß $a = 1$ ist. Damit ist auch gezeigt, daß $\Sigma(P,G)$ und $\Sigma^*(P,G)$ isomorph sind, q. e. d.

Als nächstes wollen wir den Kern von $E(G)$ bestimmen. Dazu bemerken wir, daß für einen Punkt $Q \subseteq G$ die Gleichung

$$\Gamma(Q,G) = \{\tau(h) \mid h \in Q\}$$

gilt.

Ist $a \in K$, so definieren wir $\iota(a)$ durch $\tau(g)^{\iota(a)} = \tau(ga)$ für alle $g \in G$. Es gilt dann

$$(\tau(g)\tau(h))^{\iota(a)} = \tau(g+h)^{\iota(a)} = \tau((g+h)a) = \tau(ga + ha)$$
$$= \tau(ga)\tau(ha) = \tau(g)^{\iota(a)}\tau(h)^{\iota(a)},$$

so daß $\iota(a)$ im Kern $K(G)$ von $\Pi(V,K)_G$ liegt, da wir ja $T(G)$ gemäß 3.3 mit $E(G)$ identifizieren. Ferner gilt

$$\tau(g)^{\iota(a+b)} = \tau(g(a+b)) = \tau(ga)\tau(gb) = \tau(g)^{\iota(a)}\tau(g)^{\iota(b)} = \tau(g)^{\iota(a)+\iota(b)},$$

woraus $\iota(a+b) = \iota(a) + \iota(b)$ folgt. Entsprechend gilt

$$\tau(g)^{\iota(ab)} = \tau(gab) = \tau(ga)^{\iota(b)} = \tau(g)^{\iota(a)\iota(b)}$$

und folglich $\iota(ab) = \iota(a)\iota(b)$, so daß ι ein Homomorphismus von K in $K(G)$ ist. Nun ist genau dann $i(a) = 0$, wenn $a = 0$ ist. Somit ist ι sogar ein Monomorphismus. Wegen $\Gamma(Q,G) = \{\tau(h) \mid h \in Q\}$ folgt, daß $T(G)$ ein Vektorraum vom Rang 2 über $\iota(K)$ ist, so daß $T(G)$ über $K(G)$ höchstens den Rang 2 hat. Andererseits wissen wir, daß $T(G)$ als $K(G)$-Vektorraum mindestens den Rang 2 hat, so daß wir insgesamt erhalten, daß $\iota(K) = K(G)$ ist. Damit haben wir, wenn wir nur noch bemerken, daß wir ja $T(G)$ gemäß 3.3 mit $E(G)$ identifizieren, den folgenden Satz bewiesen.

3.6. Satz. Es sei V ein Vektorraum des Ranges 3 über dem Körper K und G sei eine Gerade von $\Pi(V,K)$. Ferner haben τ und ι die weiter oben definierte Bedeutung. Dann ist (τ,ι) eine bijektive semilineare Abbildung des K-Vektoraumes G auf den $K(G)$-Vektorraum $E(G)$.

Dieser Satz ist eminent wichtig und zwar aus folgendem Grund. Da $K(G)$ geometrisch definiert wurde, ist $K(G)$ eine Invariante von $\Pi(V,K)$. Die Isomorphie von K und $K(G)$ besagt dann aber, daß auch K eine geometrische Invariante von $\Pi(V, K)$ ist. M. a. W., 3.6 impliziert, daß $\Pi(V, K)$ und $\Pi(V', K')$ genau dann isomorph sind, wenn K und K' isomorph sind. Diesen Sachverhalt werden wir im übernächsten Abschnitt noch etwas allgemeiner formulieren und näher erläutern.

4. Die zu $\Pi(V, K)$ duale Ebene. In diesem Abschnitt wiederholen wir ein Kapitel aus der Linearen Algebra, nämlich das Kapitel über den Dualraum eines Vektorraumes. Dies erscheint mir nötig, da wir den Dualraum von V zur algebraischen Beschreibung von $\Pi(V, K)^{\mathrm{d}}$ benötigen und da andererseits der Dualraum eines Vektorraumes in vielen Vorlesungen über Lineare Algebra nicht in der richtigen Weise dargestellt wird. Ist nämlich V ein Rechtsvektorraum über K, so ist der Dualraum V^* ein Linksvektorraum über K und die vielfach übliche Interpretation von V^* als Rechtsvektorraum über K, die nur im Falle kommutativer Körper möglich ist, ist durchaus künstlich. Da die hier vorgetragenen Begriffsbildungen jedoch letztlich nicht neu sind, werden wir uns kurz fassen und für die banaleren Dinge auch keine Beweise geben.

Es sei V ein Rechtsvektorraum über dem Körper K. Mit V^* bezeichnen wir die Menge aller linearen Abbildungen von V in K. Ist $f \in V^*$ und $v \in V$, so bezeichne fv das Bild von v unter f. Sind $f, g \in V^*$ so definieren wir $f + g$ durch

$$(f + g)v = fv + gv$$

für alle $v \in V$. Banale Rechnungen zeigen, daß $f + g \in V^*$ gilt und daß $(V^*, +)$ eine abelsche Gruppe ist. Ist $f \in V^*$ und $k \in K$, so definieren wir kf durch

$$(kf)v = k(fv)$$

für alle $v \in V$. Auf diese Weise wird V^* zu einen K-Linksvektorraum, dem *Dualraum* von V.

Ist V eine Rechts- oder auch ein Linksvektorraum, so bezeichnen wir mit $L(V)$ den Verband seiner Unterräume.

Es sei weiterhin V ein Rechtsvektorraum und V^* sein Dualraum. Ist $U \in L(V)$, so setzen wir

$$U^\perp = \{f \mid f \in V^*, U \subseteq \mathrm{Kern}(f)\}.$$

Für $U \in L(V^*)$ setzen wir

$$U^\top = \bigcap_{f \in U} \mathrm{Kern}(f).$$

Dann ist $U^\perp \in L(V^*)$ bzw. $U^\top \in L(V)$. Es sind die beiden Abbildungen $\perp$ und $\top$, die uns nun interessieren.

4.1. Sind $U, W \in L(V)$ und ist $U \subseteq W$, so ist $W^\perp \subseteq U^\perp$.

Beweis. Es sei $f \in W^\perp$. Dann ist $U \subseteq W \subseteq \mathrm{Kern}(f)$ und folglich $f \in U^\perp$, q. e. d.

4.2. Sind $U, W \in L(V^*)$ und ist $U \subseteq W$, so ist $W^\top \subseteq U^\top$.
   Beweis. Trivial.

4.3. Ist $U \in L(V)$, so ist $U = U^{\perp\top}$.
   Beweis. Ist $f \in U^\perp$, so ist $U \subseteq \mathrm{Kern}(f)$. Also ist

$$U \subseteq \bigcap_{f \in U^\perp} \mathrm{Kern}(f) = U^{\perp\top}.$$

Es sei $v \in V - U$. Dann ist $vK \cap U = \{0\}$. Es gibt daher ein $X \in L(V)$ mit $U \subseteq X$ und $V = vK \oplus X$. Hieraus folgt die Existenz eines $f \in V^*$ mit $fv = 1$ und $X = \mathrm{Kern}(f)$. Wegen $U \subseteq X$ ist $f \in U^\perp$. Andererseits ist $v \notin U^{\perp\top}$, so daß $U = U^{\perp\top}$ gilt, q. e. d.

4.4. Satz. Ist V ein Rechtsvektorraum über K, so ist $\perp$ eine injektive Abbildung von $L(V)$ in $L(V^*)$ mit der Eigenschaft: Sind $X, Y \in L(V)$, so gilt genau dann $X \subseteq Y$, wenn $Y^\perp \subseteq X^\perp$ ist.
   Beweis. Wir wissen bereits, daß $\perp$ eine Abbildung von $L(V)$ in $L(V^*)$ ist. Nach 4.3 ist $\perp\top = id_{L(V)}$, so daß $\perp$ injektiv ist. Es seien nun $X, Y \in L(V)$. Ist $X \subseteq Y$, so gilt $Y^\perp \subseteq X^\perp$ nach 4.1. Es sei also $Y^\perp \subseteq X^\perp$. Dann folgt mit 4.2 und 4.3, daß

$$X = X^{\perp\top} \subseteq Y^{\perp\top} = Y$$

ist, q. e. d.

Es erhebt sich die Frage, ob $\perp$ etwa auch surjektiv ist. Dies ist im allgemeinen nicht der Fall. Es gilt vielmehr, daß $\perp$ genau dann surjektiv ist, wenn V endlichen Rang hat. Diesen Satz werden wir hier nur zur Hälfte beweisen, dh., wir werden zeigen, daß $\perp$ sicher dann surjektiv ist, wenn V endlichen Rang hat. Eine vollständigere Diskussion findet sich z. B. in meiner „Einführung in die Algebra", Kap. IV, Abschnitt 6 und Abschnitt 8 oder auch in meiner „Linearen Algebra" von 1993.

4.5. Ist $U \in L(V^*)$, so ist $U \subseteq U^{\top\perp}$.
   Beweis. Ist $f \in U$, so ist $U^\top \subseteq \mathrm{Kern}(f)$ und folglich $f \in U^{\top\perp}$, q. e. d.

4.6. Ist $U \in L(V)$, so ist $V^*/U^\perp \cong U^*$.
   Beweis. Für $f \in V^*$ bezeichnen wir mit f^ψ die Einschränkung von f auf U. Dann ist ψ ein Homomorphismus von V^* in U^*. Es sei $g \in U^*$. Es gibt ein $W \in L(V)$ mit $V = U \oplus W$. Ist $v \in V$, so gibt es also genau ein $u \in U$ und genau ein $w \in W$ mit $v = u + w$. Wir definieren f durch $fv = gu + w$. Dann ist $f \in V^*$ und $f^\psi = g$, so daß ψ surjektiv ist. Hieraus folgt $V^*/\mathrm{Kern}(\psi) \cong U^*$. Es bleibt $\mathrm{Kern}(\psi)$ zu bestimmen.
   Ist $f \in \mathrm{Kern}(\psi)$, so ist $0 = f^\psi u = fu$ für alle $u \in U$ und folglich $U \subseteq \mathrm{Kern}(f)$, so daß $f \in U^\perp$ ist. Ist umgekehrt $f \in U^\perp$, so ist $f^\psi u = fu = 0$ für alle $u \in U$ und folglich $f \in \mathrm{Kern}(\psi)$, so daß $U^\perp = \mathrm{Kern}(\psi)$ ist. Damit ist alles bewiesen.

4.7. Ist V ein Vektorraum endlichen Ranges über K und ist $U \in L(V)$, so ist $\mathrm{Rg}(V) = \mathrm{Rg}(U) + \mathrm{Rg}(U^{\perp})$.

Beweis. Weil V endlichen Rang hat, hat auch V^* endlichen Rang und es gilt $\mathrm{Rg}(V) = \mathrm{Rg}(V^*)$ (Stichwort: Dualbasis). Ferner gilt

$$\mathrm{Rg}(V^*) = \mathrm{Rg}(U^{\perp}) + \mathrm{Rg}(V^*/U^{\perp}).$$

Wegen 4.6 ist $\mathrm{Rg}(U^*) = \mathrm{Rg}(V^*/U^{\perp})$ und wegen der Endlichkeit von $\mathrm{Rg}(U)$ daher auch $\mathrm{Rg}(U) = \mathrm{Rg}(V^*/U^{\perp})$. Insgesamt erhalten wir also

$$\mathrm{Rg}(V) = \mathrm{Rg}(U^{\perp}) + \mathrm{Rg}(U),$$

q. e. d.

Es sei V ein K-Rechtsvektorraum, V^* sein Dualraum und V^{**} der Dualraum von V^*. Dann ist V^{**} wieder ein Rechtsvektorraum über K. Für $v \in V$ definieren wir die Abbildung v^{σ} von V^* in K durch $fv^{\sigma} = fv$ für alle $f \in V^*$. Dann ist σ bekanntlich ein Monomorphismus von V in V^{**}. Hat V endlichen Rang, so hat V^{**} den gleichen Rang wie V, so daß σ in diesem Falle sogar ein Isomorphismus von V auf V^{**} ist. Dies benötigen wir beim Beweis der nächsten Aussage.

4.8. Es sei V ein K-Rechtsvektorraum endlichen Ranges. Ist dann $U \in L(V^*)$, so ist die Einschränkung von σ auf $U^{\top}$ ein Isomorphismus von $U^{\top}$ auf

$$U^{\dagger} = \{f \mid f \in V^{**}, U \subseteq \mathrm{Kern}(f)\}.$$

Beweis. Es sei $v \in U^{\top}$. Dann ist $v \in \mathrm{Kern}(f)$ für alle $f \in U$ und somit $fv^{\sigma} = fv = 0$ für alle $f \in U$, so daß $v^{\sigma} \in U^{\dagger}$ ist. Es sei umgekehrt $\xi \in U^{\dagger}$. Weil σ surjektiv ist, gibt es ein $v \in V$ mit $v^{\sigma} = \xi$. Es folgt

$$0 = f\xi = fv^{\sigma} = fv$$

für alle $f \in U$. Somit ist $v \in U^{\top}$ und folglich $(U^{\top})^{\sigma} = U^{\dagger}$. Weil σ injektiv ist, ist auch die Einschränkung von σ auf $U^{\top}$ injektiv, q. e. d.

4.9. Satz. Ist V ein Rechtsvektorraum endlichen Ranges über K, so ist $\perp$ eine Bijektion von $L(V)$ auf $L(V^*)$ und $\top$ ist die zu $\perp$ inverse Abbildung.

Beweis. Wegen 4.4 müssen wir nur noch zeigen, daß $\perp$ surjektiv ist. Dies ist gezeigt, wenn wir $\top\perp = id_{L(V^*)}$ nachgewiesen haben. Dazu sei $U \in L(V^*)$. Nach 4.5 ist dann $U \subseteq U^{\top\perp}$. Wegen 4.7 gilt

$$\mathrm{Rg}(V) = \mathrm{Rg}(U^{\top}) + \mathrm{Rg}(U^{\top\perp}).$$

Da 4.7 *mutatis mutandis* auch für Linksvektorräume gilt, folgt

$$\mathrm{Rg}(V^*) = \mathrm{Rg}(U) + \mathrm{Rg}(U^{\dagger}).$$

Nach 4.8 ist $\mathrm{Rg}(U^\top) = \mathrm{Rg}(U^\dagger)$. Also gilt

$$\mathrm{Rg}(U^\top) + \mathrm{Rg}(U^{\top\perp}) = \mathrm{Rg}(V) = \mathrm{Rg}(V^*) = \mathrm{Rg}(U) + \mathrm{Rg}(U^\top)$$

so daß $\mathrm{Rg}(U^{\top\perp}) = \mathrm{Rg}(U)$ gilt. Weil U in $U^{\top\perp}$ enthalten ist, ist daher $U = U^{\top\perp}$, q. e. d.

Ist X ein Linksvektorraum vom Rang 3 über K, so kann man analog I.1.5 Inzidenzstrukturen $\Pi(K, X)$ definieren, die wegen $\mathrm{Rg}(X) = 3$ ebenfalls projektive Ebenen sind, da die Rangformel ja auch für Linksvektorräume gilt. Ist nun V ein Rechtsvektorraum vom Rang 3 über K, so ist V^* ein Linksvektorraum über K, und es ist nach all dem, was wir bisher gemacht haben, nicht schwer zu zeigen, daß $\Pi(K, V^*)$ zu $\Pi(V, K)^{\mathrm{d}}$, der zu $\Pi(V, K)$ dualen Ebene, isomorph ist. Wenn es aber richtig ist, daß alle desarguesschen Ebenen von der Form $\Pi(V, K)$ sind, so muß auch $\Pi(K, V^*)$ von dieser Form sein. Wir suchen also einen Körper K' und einen Rechtsvektorraum V' über K' mit $\Pi(K, V^*) \cong \Pi(V', K')$. Dies gelingt mit Hilfe der nun folgenden Konstruktion.

Es sei $(K, +, \cdot)$ ein Körper. Wir definieren auf K eine Multiplikation $\circ$ durch $a \circ b = ba$ für alle $a, b \in K$. Dann ist auch $(K, +, \circ)$ ein Körper, den wir mit K° bezeichnen. Ist $i = id_K$, so gilt

$$(a + b)^i = a + b = a^i + b^i$$

und

$$(a \circ b)^i = a \circ b = ba = b^i a^i$$

für alle $a, b \in K$. Somit ist i eine Antiisomorphismus von K auf K°. Ist nun V ein K-Linksvektorraum, so machen wir V zu einem K°-Rechtsvektorraum durch die Vorschrift $v \circ k = kv$ für alle $v \in V$ und alle $k \in K$. Banale Rechnungen zeigen, daß V auf diese Weise wirklich zu einem K°-Rechtsvektorraum wird, den wir mit V° bezeichnen. Es gilt ganz offenbar $\mathrm{Rg}(V) = \mathrm{Rg}(V^\circ)$ und $L(V) = L(V^\circ)$. Daher ist der folgende Satz nicht mehr überraschend.

4.10. Satz. Ist V ein Vektorraum vom Range 3 über K, so ist $\Pi(V, K)^{\mathrm{d}}$ zu $\Pi(V^{*\circ}, K^\circ)$ isomorph.

Beweis. Ist X ein Punkt oder eine Gerade von $\Pi(V, K)^{\mathrm{d}}$, so setzen wir $X^\sigma = X^\perp$. Wegen $L(V^*) = L(V^{*\circ})$ ist dann $X^\sigma \in L(V^{*\circ})$. Ist nun X ein Punkt von $\Pi(V, K)^{\mathrm{d}}$, so ist X eine Gerade von $\Pi(V, K)$, so daß $\mathrm{Rg}(X) = 2$ ist. Also ist

$$1 = \mathrm{Rg}(X^\perp) = \mathrm{Rg}(X^\sigma),$$

so daß X^σ ein Punkt von $\Pi(V^{*\circ}, K^\circ)$ ist. Ebenso folgt, daß X^σ eine Gerade von $\Pi(V^{*\circ}, K^\circ)$ ist, falls X eine Gerade von $\Pi(V, K)^{\mathrm{d}}$, dh. ein Punkt von $\Pi(V, K)$ ist. Somit induziert σ nach 4.9 eine Bijektion der Punktmenge von $\Pi(V, K)^{\mathrm{d}}$ auf die Punktmenge von $\Pi(V^{*\circ}, K^\circ)^{\mathrm{d}}$ und eine Bijektion der Geradenmenge von $\Pi(V, K)^{\mathrm{d}}$

auf die Punktmenge von $\Pi(V^{*\circ}, K^\circ)$. Bezeichnet man die Inzidenz in $\Pi(V^{*\circ}, K^\circ)$ mit I°, so folgt weiter: Ist P ein Punkt und G eine Gerade von $\Pi(V, K)^{\mathrm{d}}$, so gilt:

$$P\,\mathrm{I}^{\,\mathrm{d}}G \text{ genau dann, wenn } G\,\mathrm{I}\,P,$$

$$G\,\mathrm{I}\,P \text{ genau dann, wenn } G \subseteq P,$$

$$G \subseteq P \text{ genau dann, wenn } P^\sigma \subseteq G^\sigma,$$

$$P^\sigma \subseteq G^\sigma \text{ genau dann, wenn } P^\sigma\,\mathrm{I}^\circ G^\sigma.$$

Also ist σ ein Isomorphismus von $\Pi(V, K)^{\mathrm{d}}$ auf $\Pi(V^{*\circ}, K^\circ)$, q. e. d.

Damit haben wir nun die gewünschte algebraische Beschreibung von $\Pi(V, K)^{\mathrm{d}}$ gefunden.

Ist K kommutativ, so ist $(K, +, \cdot) = (K, +, \circ)$, so daß zumindest in diesem Falle $\Pi(V, K)$ und $\Pi(V, K)^{\mathrm{d}}$ isomorph sind. Genaueres darüber im nächsten Abschnitt.

5. Die Struktursätze für desarguessche Ebenen. Nun können wir endlich die Früchte unserer Mühen ernten und den schon mehrfach erwähnten Satz beweisen, daß die desarguesschen Ebenen gerade die Ebenen $\Pi(V, K)$ sind, sowie den Satz, daß jede Kollineation einer desarguesschen Ebene durch eine semilineare Abbildung induziert wird. Ferner werden wir eine Antwort auf die Frage erhalten, wann eine desarguessche Ebene selbstdual ist.

5.1. Definition. Es sei $\mathrm{A} = \Pi_{g_\infty}$ eine affine Ebene. Wir nennen A *desarguessch*, falls in Π das desarguessche (P, g_∞)-Postulat für alle Punkte P von Π erfüllt ist.

5.2. Satz. Ist Δ eine projektive Ebene, so sind die folgenden Aussagen äquivalent:

a) Δ ist desarguessch.

b) Es gibt eine Gerade g von Δ, so daß die affine Ebene Δ_g desarguessch ist.

c) Es gibt einen und bis auf Isomorphie auch nur einen Körper K und einen Vektorraum V vom Rang 3 über K, so daß Δ und $\Pi(V, K)$ isomorph sind.

Beweis. Daß b) eine Folge von a) ist, darüber braucht man kein Wort zu verlieren. Daß a) aus c) folgt, ist Inhalt des Satzes 3.5. Es bleibt zu zeigen, daß c) aus b) folgt.

Es sei g eine Gerade von Δ, so daß Δ_g desarguessch ist. Mittels I.5.5 folgt dann insbesondere, daß Δ_g eine Translationsebene ist. Setze $\pi = \{\Gamma(P, g) \mid P\,\mathrm{I}\,g\}$. Dann ist π nach 1.4 eine Kongruenz von $\mathrm{E}(g)$ und Δ_g ist nach 1.10 zu $\pi(\mathrm{E}(g))$ isomorph. Weil Δ_g desarguessch ist, ist daher auch $\pi(\mathrm{E}(g))$ desarguessch, so daß $\pi(\mathrm{E}(g))$ insbesondere $(1, g_\infty)$-transitiv ist, wenn g_∞ die uneigentliche Gerade von $\pi(\mathrm{E}(g))$ ist. Ist K der Kern von $\pi(\mathrm{E}(g))$, so impliziert dies nach 2.2 und 2.3, daß $\mathrm{E}(g)$ ein Vektorraum vom Rang 2 über K ist, und daß π gerade aus den Unterräumen des Ranges 1 des K-Vektorraumes $\mathrm{E}(g)$ besteht.

Es sei nun V ein Rechtsvektorraum des Ranges 3 über K, zum Beispiel $V = K \oplus K \oplus K$. Dann ist $\Pi(V, K)$ eine projektive Ebene. Es sei G eine Gerade von $\Pi(V, K)$. Ferner sei $\rho = \{\Gamma(P, G) \mid P\,\mathrm{I}\,G\}$. Dann ist ρ eine Kongruenz von $\mathrm{E}(G)$ und $\Pi(V, K)_G$ ist zu $\rho(\mathrm{E}(G))$ isomorph. Ist L der Kern von $\rho(\mathrm{E}(G))$, so folgt mit

3.6, daß L zu K isomorph ist, daß $E(G)$ ein Vektorraum vom Rang 2 über L und daß ρ gerade aus den sämtlichen Unterräumen des Ranges 1 von $E(G)$ besteht. Wegen $\mathrm{Rg}_K(E(g)) = 2 = \mathrm{Rg}_L(E(G))$ und $K \cong L$ gibt es eine bijektive semilineare Abbildung α des K-Vektorraumes $E(g)$ auf den L-Vektorraum $E(G)$. Weil π die Menge der Unterräume des Ranges 1 von $E(g)$ und ρ die Menge der Unterräume des Ranges 1 von $E(G)$ ist, folgt, daß auch Δ_g zu $\Pi(V,K)_G$ isomorph ist. Mittels I.2.3 folgt hieraus schließlich, daß auch Δ und $\Pi(V,K)$ isomorph sind.

Um die Eindeutigkeit zu beweisen, nehmen wir an, daß α ein Isomorphismus von $\Pi(V,K)$ auf $\Pi(V',K')$ ist. Es sei G eine Gerade von $\Pi(V,K)$ und $G' = G^\alpha$. Dann wird durch $\tau(g)^\beta = \alpha^{-1}\tau(g)\alpha$ ein Isomorphismus β von $E(G)$ auf $E(G')$ definiert. Es sei a aus dem Kern L von $\Pi(V,K)_G$. Setzt man dann $a^\gamma = \beta^{-1}a\beta$, so rechnet man leicht nach, daß γ ein Isomorphismus von L auf den Kern L' von $\Pi(V',K')_{G'}$ ist, da ja

$$\tau(g')^{a^\gamma} = \tau(g)^{\beta a^\gamma} = \tau(g)^{a\beta}$$

ist, wobei g ein von $g' \in G'$ abhängiges Element von G ist. Weil $\tau(g)$ und $\tau(g)^a$ das gleiche Zentrum haben, haben auch $\tau(g)^\beta$ und $\tau(g)^{a\beta}$ und damit auch $\tau(g')$ und $\tau(g')^{a^\gamma}$ das gleiche Zentrum, so daß $a^\gamma \in L'$ ist. Der Rest des Beweises besteht nun nur noch aus Routinerechnungen. Somit sind L und L' und wegen 3.6 daher auch K und K' isomorph. Wegen $\mathrm{Rg}_K(V) = 3 = \mathrm{Rg}_{K'}(V')$ gibt es also eine bijektive semilineare Abbildung des K-Vektorraumes V auf den K'-Vektorraum V', womit alles bewiesen ist.

5.3. Definition. Ist Δ eine desarguessche projektive Ebene, so gibt es also bis auf Isomorphie genau einen Körper K und einen Vektorraum V vom Rang 3 über K, so daß Δ und $\Pi(V,K)$ isomorph sind. Wir nennen K den *Koordinatenkörper* von Δ und V den Δ zugrunde liegenden Vektorraum.

5.4. Korollar. Sind Δ und Δ' zwei desarguessche projektive Ebenen, so sind Δ und Δ' genau dann isomorph, wenn ihre Koordinatenkörper isomorph sind.

Beweis. Dies folgt unmittelbar aus 5.2.

5.5. Korollar. Es sei $1 \neq q \in \mathbf{N}$. Genau dann gibt es eine und bis auf Isomorphie dann auch nur eine endliche desarguessche projektive Ebene der Ordnung q, wenn q Potenz einer Primzahl ist.

Beweis. Es sei Δ eine desarguessche Ebene der Ordnung q und K sei der Koordinatenkörper von Δ. Es gibt dann eine Primzahl p und eine natürliche Zahl r mit $|K| = p^r$. Ist (P,g) ein nicht inzidentes Punkt-Geradenpaar von Δ, so zeigen unsere Entwicklungen, daß K^* zu $\Gamma(P,g)$ isomorph ist. Daher ist

$$p^r - 1 = |K^*| = |\Gamma(P,g)| = q - 1,$$

so daß $q = p^r$ ist.

Es sei umgekehrt $q = p^r$ mit einer Primzahl p. Es gibt dann einen Körper K mit q Elementen, nämlich $\mathrm{GF}(q)$. Ist V ein Vektorraum vom Rang 3 über K, so ist $\Pi(V,K)$ wegen $q - 1 = |K^*| = |\Gamma(P,g)|$ eine desarguessche Ebene der Ordnung q.

Sind schließlich Δ und Δ' desarguessche Ebenen der Ordnung q und sind K bzw. K' ihre Koordinatenkörper, so ist also $|K| = q = |K'|$. Nun ist nach einem Satz von Wedderburn jeder endliche Körper kommutativ, während nach einem Satz von Moore je zwei endliche Körper gleicher Elementeanzahl, falls sie kommutativ sind, isomorph sind. Daher sind K und K' isomorph, so daß nach 5.4 auch Δ und Δ' isomorph sind, q. e. d.

5.6. Korollar. Ist Δ eine desarguessche projektive Ebene, so ist Δ genau dann selbstdual, wenn der Koordinatenkörper von Δ einen Antiautomorphismus besitzt.

Beweis. Es sei K der Koordinatenkörper von Δ. Nach 5.2 und 4.10 ist dann K° der Koordinatenkörper von Δ^d. Nach 5.4 sind nun Δ und Δ^d genau dann isomorph, wenn es einen Isomorphismus α von K° auf K gibt. Ist α ein solcher Isomorphismus, so ist $(a + b)^\alpha = a^\alpha + b^\alpha$ und $(ab)^\alpha = (b \circ a)^\alpha = b^\alpha a^\alpha$, so daß α ein Antiautomorphismus von K ist. Ist umgekehrt α ein Antiautomorphismus von K, so ist natürlich $(a + b)^\alpha = a^\alpha + b^\alpha$ für alle a, $b \in K$. Ferner ist

$$(a \circ b)^\alpha = (ba)^\alpha = a^\alpha b^\alpha,$$

so daß α ein Isomorphismus von K° auf K ist, q. e. d.

Aus 5.6 folgt, wie auch schon an anderer Stelle bemerkt, daß alle desarguesschen projektiven Ebenen, deren Koordinatenkörper kommutativ ist, selbstdual sind, da ja jeder Automorphismus eines kommutativen Körpers, insbesondere also auch die Identität, gleichzeitig ein Antiautomorphismus dieses Körpers ist. Folglich sind auf Grund des Wedderburnschen Satzes über endliche Körper alle endlichen desarguesschen Ebenen selbstdual, was natürlich auch aus der Einzigkeitsaussage von 5.5 folgt. Andererseits sind nicht alle desarguesschen Ebenen selbstdual. Ist nämlich n eine natürliche Zahl und ist K ein Körper von Range n^2 über seinem Zentrum (der Rang eines Körpers über seinem Zentrum ist immer ein Quadrat, falls er nur endlich ist), so zeigt die Theorie der einfachen Algebren, daß K höchstens dann einen Antiautomorphismus besitzt, wenn n eine Potenz von 2 ist. Andererseits gibt es zu jeder natürlichen Zahl n einen Körper K, so daß n^2 der Rang von K über seinem Zentrum ist. Es gibt also Körper, die keinen Antiautomorphismus besitzen. Näheres darüber finden Sie in M. Deuring, Algebren, 2. Aufl., Springer Verlag, Berlin-Heidelberg-New York 1968, insbesondere Satz 11, S. 45, und Satz 2, S. 59, wobei diese Sätze mittels des sie umgebenden Textes interpretiert werden müssen.

5.7. Satz. Ist Δ eine desarguessche projektive Ebene, so ist die von allen Elationen erzeugte Kollineationsgruppe G auf der Menge der nicht-inzidenten Punkt-Geradenpaare von Δ transitiv.

Der Beweis ist eine einfache Übungsaufgabe.

5.8. Satz. Es sei V ein Rechtsvektorraum vom Rang 3 über dem Körper K und V' sei ein Rechtsvektorraum vom Range 3 über dem Körper K'. Ist dann α ein Isomorphismus von $\Pi(V, K)$ auf $\Pi(V', K')$, so gibt es eine bijektive semilineare

Abbildung σ von V auf V' mit $P^\alpha = P^\sigma$ und $G^\alpha = G^\sigma$ für alle Punkte P und alle Geraden G von $\Pi(V, K)$.

Beweis. Weil $\Pi(V, K)$ und $\Pi(V', K')$ isomorph sind, gibt es nach 5.2 eine bijektive semilineare Abbildung von V' auf V. Da diese Abbildung natürlich eine Isomorphismus von $\Pi(V', K')$ auf $\Pi(V, K)$ induziert, dürfen wir annehmen, daß $K = K'$ und $V = V'$ ist.

Es sei nun P ein Punkt und G eine Gerade von $\Pi(V, K)$ mit $V = P \oplus G$. Nach 5.7 gibt es dann eine Kollineation ρ, die Produkt von Elationen ist, mit $P^{\alpha\rho} = P$ und $G^{\alpha\rho} = G$. Weil Elationen von Transvektionen induziert werden, wird ρ durch eine lineare Abbildung induziert. Wir dürfen daher auch noch annehmen, daß $P^\alpha = P$ und $G^\alpha = G$ ist. Wegen $G^\alpha = G$ ist

$$\alpha^{-1}\mathrm{E}(G)\alpha = \mathrm{E}(G^\alpha) = \mathrm{E}(G).$$

Es gibt also eine Bijektion λ von G auf sich mit $\tau(g^\lambda) = \alpha^{-1}\tau(g)\alpha$ für alle $g \in G$. Es folgt

$$\tau((g + h)^\lambda) = \alpha^{-1}\tau(g + h)\alpha = \alpha^{-1}\tau(g)\tau(h)\alpha = \alpha^{-1}\tau(g)\alpha\alpha^{-1}\tau(h)\alpha$$
$$= \tau(g^\lambda)\tau(h^\lambda) = \tau(g^\lambda + h^\lambda).$$

Wegen der Injektivität von τ ist also $(g + h)^\lambda = g^\lambda + h^\lambda$ für alle $g,\ h \in G$.

Ist Q ein Punkt auf G, so ist

$$\alpha^{-1}\Gamma(Q, G)\alpha = \Gamma(Q^\alpha, G^\alpha) = \Gamma(Q^\alpha, G).$$

Ist $0 \neq g \in G$ und $0 \neq k \in K$, so haben also $\alpha^{-1}\tau(g)\alpha$ und $\alpha^{-1}\tau(gk)\alpha$ das gleiche Zentrum, da ja $\tau(g)$ und $\tau(gk)$ das gleiche Zentrum haben. Es gibt daher eine Bijektion μ von K^* auf sich mit $\tau((gk)^\lambda) = \tau(g^\lambda k^\mu)$ für alle $g \in G$ und alle $k \in K$. Es folgt

$$g^\lambda(k + l)^\mu = (g(k + l))^\lambda = (gk + gl)^\lambda = (gk)^\lambda + (gl)^\lambda$$
$$= g^\lambda k^\mu + g^\lambda l^\mu = g^\lambda(k^\mu + l^\mu).$$

Hieraus folgt $(k + l)^\mu = k^\mu + l^\mu$ für alle $k,\ l \in K$.

Weiter folgt

$$g^\lambda(kl)^\mu = (g(kl))^\lambda = ((gk)l)^\lambda = (gk)^\lambda l^\mu = g^\lambda k^\mu l^\mu$$

und daher $(kl)^\mu = k^\mu l^\mu$ für alle $k,\ l \in K$, so daß μ ein Automorphismus von K ist.

Es sei nun $P = pK$. Wir definieren σ durch

$$(pk + g)^\sigma = pk^\mu + g^\lambda.$$

Dann ist σ eine bijektive semilineare Abbildung von V auf sich, deren Begleitautomorphismus μ ist. Nun ist $p^\sigma = p$ und daher

$$p^{\sigma^{-1}\tau(g)\sigma} = p^{\tau(g)\sigma} = (p + g)^\sigma = p + g^\lambda = p^{\tau(g^\lambda)}.$$

Also ist

$$\sigma^{-1}\tau(g)\sigma = \tau(g^\lambda) = \alpha^{-1}\tau(g)\alpha.$$

Folglich gilt $\alpha\sigma^{-1}\gamma = \gamma\alpha\sigma^{-1}$ für alle $\gamma \in \mathrm{E}(G)$. Hieraus folgt

$$P^{\gamma\alpha\sigma^{-1}} = P^{\alpha\sigma^{-1}\gamma} = P^\gamma$$

für alle $\gamma \in \mathrm{E}(G)$. Dies besagt, daß $\alpha\sigma^{-1}$ alle Punkte von $\Pi(V,K)_G$ festläßt, da $\mathrm{E}(G)$ auf der Menge dieser Punkte transitiv operiert. Mit I.2.3 folgt daher $\alpha\sigma^{-1} = 1$, dh. $\alpha = \sigma$, q. e. d.

Bei diesem Beweis bezeichnete $\tau(g)$ sowohl die Transvektion als auch die von ihr induzierte Translation, so wie auch σ einmal als semilineare Abbildung von V auf sich, wie ein andermal als die von σ induzierte Kollineation aufgefaßt wurde. Es hat Sie hoffentlich nicht verwirrt.

Mit Hilfe des Satzes 5.8 gewinnen wir schließlich noch eine algebraische Beschreibung der Korrelationen einer desarguesschen Ebene.

5.9. Definition. Es sei V ein K-Rechtsvektorraum, f sei eine Abbildung von $V \times V$ in K und α sei ein Antiautomorphismus von K. Wir nennen f eine α-*Semibilinearform* von V, falls gilt:

(a) Es ist $f(u + v, w) = f(u, w) + f(v, w)$ für alle $u,\, v,\, w \in V$.

(b) Es ist $f(u, v + w) = f(u, v) + f(u, w)$ für alle $u,\, v,\, w \in V$.

(c) Es ist $f(uk, v) = k^\alpha f(u, v)$ für alle $u,\, v \in V$ und alle $k \in K$.

(d) Es ist $f(u, vk) = f(u, v)k$ für alle $u,\, v \in V$ und alle $k \in K$.

5.10. Definition. Es sei V ein Rechtsvektorraum vom Rang 3 über dem Körper K. Ferner sei f eine α-Semibilinearform von V und κ sei eine Korrelation von $\Pi(V, K)$ (Definition I.2.1). Wir sagen, daß κ durch die α-Semibilinearform f *dargestellt* wird, falls für alle $X \in \mathcal{U}_1(V) \cup \mathcal{U}_2(V)$ gilt, daß

$$X^\kappa = \{v \mid v \in V, f(x, v) = 0 \text{ für alle } x \in X\}$$

ist. (Es sei daran erinnert, daß $\mathcal{U}_i(V)$ die Menge der Unterräume des Ranges i von V ist.)

5.11. Satz Ist κ eine Korrelation der desarguesschen Ebene $\Pi(V, K)$, so wird κ durch eine α-Semibilinearform von V dargestellt.

Beweis. Es bezeichne σ den im Beweis von 4.10 konstruierten Isomorphismus von $\Pi(V, K)^\mathrm{d}$ auf $\Pi(V^{*\circ}, K^\circ)$. Weil κ als Korrelation von $\Pi(V, K)$ nach I.2.1 ein Isomorphismus von $\Pi(V, K)$ auf $\Pi(V, K)^\mathrm{d}$ ist, ist dann $\kappa\sigma$ ein Isomorphismus von $\Pi(V, K)$ auf $\Pi(V^{*\circ}, K^\circ)$. Nach 5.8 wird $\kappa\sigma$ von einer bijektiven semilinearen Abbildung ρ des K-Rechtsvektorraumes V auf den K°-Rechtsvektorraum $V^{*\circ}$ induziert. Es sei α der Begleitisomorphismus von ρ. Wir definieren nun $f : V \times V \to K$ durch $f(u, v) = u^\rho v$. Dies ist sinnvoll, da u^ρ als Element von $V^{*\circ}$ ja eine lineare Abbildung von V in K ist. Wir zeigen nun zuerst, daß f eine α-Semibilinearform ist.

Als Isomorphismus von K auf K° ist α eine Antiautomorphismus von K, wie wir früher schon einmal feststellten. Es seien u, v, $w \in V$. Dann ist

$$f(u + v, w) = (u + v)^\rho w = (u^\rho + v^\rho)w = u^\rho w + v^\rho w = f(u, w) + f(v, w)$$

und

$$f(u, v + w) = u^\rho(v + w) = u^\rho v + u^\rho w = f(u, v) + f(u, w).$$

Ist $k \in K$ und sind u, $v \in V$, so folgt

$$f(uk, v) = (uk)^\rho v = (u^\rho \circ k^\alpha)v = (k^\alpha u^\rho)v = k^\alpha(u^\rho v) = k^\alpha f(u, v)$$

und

$$f(u, vk) = u^\rho(vk) = (u^\rho v)k.$$

Dies zeigt, daß f eine α-Semibilinearform ist.

Es bleibt zu zeigen, daß κ durch f dargestellt wird. Dazu sei $X \in \mathcal{U}_1 \cup \mathcal{U}_2$. Dann ist

$$X^{\kappa\perp} = X^{\kappa\sigma} = X^\rho,$$

da $\kappa\sigma$ ja von ρ induziert wird. Ist $v \in X^\kappa$ und $x \in X$, so ist

$$f(x, v) = x^\rho v = 0,$$

da ja $x^\rho \in X^\rho = X^{\kappa\perp}$ ist. Also ist

$$X^\kappa \subseteq \{v \mid v \in V, f(x, v) = 0 \text{ für alle } x \in X\}.$$

Es sei umgekehrt $f(x, v) = 0$ für alle $x \in X$. Dann ist also $x^\rho v = 0$ für alle $x \in X$. Somit ist

$$v \in X^{\rho\top} = X^{\kappa\perp\top} = X^\kappa$$

nach 4.3. Folglich ist

$$X^\kappa = \{v \mid v \in V, f(x, v) = 0 \text{ für alle } x \in X\},$$

q. e. d.

Es bleibt schließlich noch die Frage, welche α-Semibilinearformen Korrelationen darstellen. Dazu die folgende

5.12. Definition. Ist f eine α-Semibilinearform von V, so heißt f *nicht ausgeartet*, falls aus $f(u, v) = 0$ für alle $u \in V$ folgt, daß $v = 0$ ist.

5.13. Satz. Es sei V ein Vektorraum vom Rang 3 über dem Körper K. Genau dann stellt die α-Bilineraform f von V eine Korrelation von $\Pi(V, K)$ dar, wenn f nicht ausgeartet ist.

Beweis. Es stelle f die Korrelation κ dar und es sei $f(u,v) = 0$ für alle $u \in V$. Ist dann P irgendein Punkt von $\Pi(V,K)$, so ist also $v \in P^\kappa$. Somit liegt v im Durchschnitt über alle Geraden von $\Pi(V,K)$, da κ ja eine Bijektion der Punktmenge von $\Pi(V,K)$ auf die Geradenmenge von $\Pi(V,K)$ ist. Hieraus folgt $v = 0$, so daß f nicht ausgeartet ist.

Es sei also f nicht ausgeartet. Ist $v \in V$, so definieren wir eine Abbildung f_v von V in K durch $f_v x = f(x,v)^{\alpha^{-1}}$ für alle $x \in V$. Weil α ein Antiautomorphismus ist, ist auch α^{-1} ein Antiautomorphismus von K. Daher folgt, daß f_v eine lineare Abbildung von V in K, dh., daß $f_v \in V^*$ ist. Man verifiziert mühelos, daß das Paar $v \to f_v$, $k \to k^{\alpha^{-1}}$ eine semilineare Abbildung von V in $V^{*\circ}$ ist. Weil f nicht ausgeartet ist, ist genau dann $f_v = 0$, wenn $v = 0$ ist. Also ist die Abbildung $v \to f_v$ injektiv und als semilineare Abbildung wegen $\mathrm{Rg}(V) = \mathrm{Rg}(V^{*\circ}) = 3$ dann auch surjektiv.

Ist U ein Unterraum von V, so setzen wir

$$U^\kappa = \{v \mid v \in V, f(u,v) = 0 \text{ für alle } u \in U\}.$$

Dann ist U^κ ein Unterraum von V, wie man mühelos verifiziert. Wir zeigen, daß κ injektiv ist. Dazu seien U und W Unterräume von V mit $U^\kappa = W^\kappa$. Ist $U \neq W$, so ist $U - W \neq \emptyset$ oder $W - U \neq \emptyset$. Wir können daher annehmen, daß $W - U \neq \emptyset$ ist. Es sei nun $w \in W - U$. Es gibt dann ein $g \in V^*$ mit $gw = 1$ und $U \subseteq \mathrm{Kern}(g)$. Nach unserer Vorbemerkung gibt es ein $v \in V$ mit $f_v = g$. Daher ist

$$0 = gu = f_v u = f(u,v)^{\alpha^{-1}}$$

für alle $u \in U$. Hieraus folgt $f(u,v) = 0$ für alle $u \in U$. Somit ist $v \in U^\kappa = W^\kappa$ und daher $f(w,v) = 0$. Andererseits ist

$$1 = (gw)^\alpha = (f_v w)^\alpha = f(w,v).$$

Dieser Widerspruch zeigt, daß doch $U = W$ ist. Damit ist die Injektivität von κ gezeigt.

Als nächstes zeigen wir, daß für zwei Teilräume U und W von V genau dann $U \subseteq W$ gilt, wenn $W^\kappa \subseteq U^\kappa$ ist. Dabei ist unmittelbar einzusehen, daß $W^\kappa \subseteq U^\kappa$ aus $U \subseteq W$ folgt. Es sei also $W^\kappa \subseteq U^\kappa$. Wegen $W \subseteq U + W$ ist dann $(U + W)^\kappa \subseteq W^\kappa$. Ist $x \in W^\kappa$, so ist $f(w,x) = 0$ für alle $w \in W$. Wegen $W^\kappa \subseteq U^\kappa$ ist aber auch $f(u,x) = 0$ für alle $u \in U$. Somit ist

$$f(u+w,x) = f(u,x) + f(w,x) = 0$$

für alle $u \in U$ und alle $w \in W$. Folglich ist $x \in (U + W)^\kappa$, dh., es ist $W^\kappa \subseteq (U + W)^\kappa \subseteq W^\kappa$, so daß $W^\kappa = (U + W)^\kappa$ ist. Aus der Injektivität von κ folgt $W = U + W$ und damit $U \subseteq W$.

Ist nun P ein Punkt von $\Pi(V,K)$, so gibt es eine Gerade G mit $P \subset G$, wobei wir mit $\subset$ die echte Inklusion bezeichnen, dh. die Gleichheit der beiden Mengen aussschließen. Es folgt $\{0\} \subset P \subset G \subset V$ und daher $V^\kappa \subset G^\kappa \subset P^\kappa \subset \{0\}^\kappa$. Wegen $\mathrm{Rg}(V) = 3$ folgt $\mathrm{Rg}(P^\kappa) = 2$. Somit ist die Einschränkung κ_1 von κ auf $\mathcal{U}_1(V)$ eine injektive Abbildung von $\mathcal{U}_1(V)$ in $\mathcal{U}_2(V)$. Ebenso einfach sieht man, daß die Einschränkung κ_2 von κ auf $\mathcal{U}_2(V)$ eine injektive Aabbildung von $\mathcal{U}_2(V)$ in $\mathcal{U}_1(V)$ ist. Es ist nur noch zu zeigen, daß κ_1 und κ_2 surjektiv sind.

Es sei $G \in \mathcal{U}_2(V)$. Es gibt dann eine Basis b, c von G. Weil f_b und f_c lineare Abbildungen von V in K sind, ist $\mathrm{Rg}(\mathrm{Kern}(f_b)) \geq 2$ und $\mathrm{Rg}(\mathrm{Kern}(f_c)) \geq 2$, da ja $\mathrm{Rg}(V) = 3$ und $\mathrm{Rg}(K) = 1$ ist. Hieraus folgt $\mathrm{Kern}(f_b) \cap \mathrm{Kern}(f_c) \neq \{0\}$. Es gibt also ein von 0 verschiedenes a im Schnitt der beiden Kerne. Dann ist $0 = f(a,b) = f(a,c)$, so daß

$$G = bK + cK \subseteq (aK)^\kappa = P^\kappa$$

ist. Weil $P = aK$ wegen $a \neq 0$ ein Punkt ist, ist P^κ eine Gerade und folglich $G = P^\kappa$, so daß κ_1 surjektiv ist.

Es sei $P \in \mathcal{U}_1(V)$. Es gibt dann ein $v \in P$ mit $P = vK$. Dann ist $\mathrm{Rg}(\mathrm{Kern}(f_v)) \geq 2$. Es seien a, $b \in \mathrm{Kern}(f_v)$ linear unabhängig und $G = aK + bK$. Dann ist $P \subseteq G^\kappa$, da ja $f(a,v) = 0 = f(b,v)$ ist. Weil G^κ ein Punkt ist, ist also $P = G^\kappa$, so daß auch κ_2 surjektiv ist. Damit ist alles bewiesen.

III

Pappossche Ebenen

Die euklidische Ebene, die bei all unseren Untersuchungen, wenn auch bislang kaum sichtbar, im Hintergrund steht, hat viele Eigenschaften, die sie mit anderen Inzidenzstrukturen teilt. So ist sie z. B. eine affine Ebene und affine Ebenen sind nichts anderes als projektive Ebenen, in denen eine Gerade ausgezeichnet wurde. Entsprechend sind unsere Untersuchungen über die euklidische Ebene in Untersuchungen über die umfassendere Klasse der projektiven Ebenen eingebettet. Die euklidische Ebene ist desarguessch, wiederum eine Eigenschaft, die sie mit vielen anderen Ebenen teilt. Daher liefern Kenntnisse über desarguessche Ebenen Kenntnisse über die euklidische Ebene. Der Koordinatenkörper der euklidischen Ebene ist der Körper der reellen Zahlen und dieser Körper ist kommutativ, so daß wir auch in diesem Kapitel, in dem wir die desarguesschen Ebenen mit kommutativem Koordinatenkörper studieren werden, einiges über die euklidische Ebene an Wissen hinzuerwerben. Es wird sich zeigen, daß jene Ebenen gerade die papposschen Ebenen sind, die wir weiter unten definieren werden. Um diese Charakterisierung der papposschen Ebenen als der desarguesschen Ebenen mit kommutativem Koordinatenkörper zu beweisen, benötigen wir den berühmten Satz von Hessenberg, daß pappossche Ebenen stets desarguessch sind. Für diesen Satz, der auch zu den Höhepunkten unserer Untersuchungen zählt, gibt es viele Beweise. Der hier wiedergegebene von A. Herzer ist der schönste von allen.

Unsere Sätze zeigen immer wieder, daß die Automorphismengruppe des Koordinatenkörpers in die Untersuchungen einbezogen werden muß im Gegensatz zur Linearen Algebra, wo sie immer außerhalb der Betrachtungen bleibt. Daher habe ich im Anhang zu diesem Kapitel auf einige Beispiele von Körpern mit interessanten Automorphismengruppen hingewiesen. Dies auch um zu zeigen, daß die Geometrie letztlich von der Algebra lebt.

1. Der Satz von Hessenberg. Wir beginnen mit der Definition der papposschen Ebenen.

1.1. Definition. Die projektive Ebene Π heißt *pappossch*, falls gilt: Sind a und b zwei verschiedene Geraden von Π, sind A_1, A_2, A_3 drei verschiedene Punkte auf a und B_1, B_2, B_3 drei verschiedene Punkte auf b und gilt A_i, $B_i \neq a \cap b$ für alle i, so sind die Punkte $(A_1 + B_2) \cap (B_1 + A_2)$, $(A_2 + B_3) \cap (B_2 + A_3)$, $(A_3 + B_1) \cap (B_3 + A_1)$ kollinear.

Fig. 20 zeigt die gegenseitige Lage der Punkte und Geraden der papposschen Konfiguration.

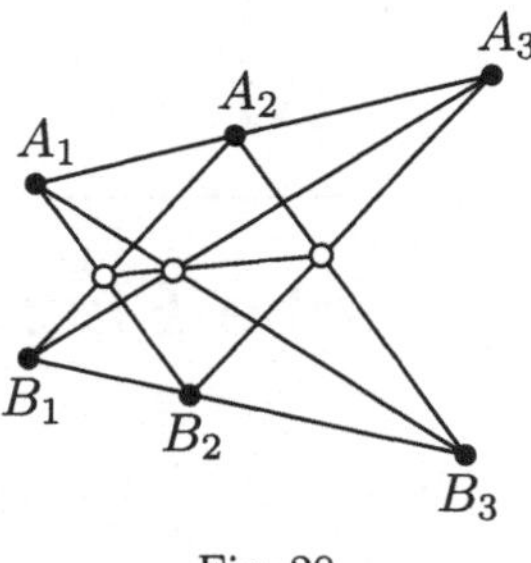

Fig. 20

Die Definition der papposschen Ebenen wird nachträglich motiviert durch den Beweis des nun folgenden Satzes.

1.2. Satz. Ist Δ eine desarguessche projektive Ebene, so sind die folgenden Bedingungen äquivalent:

a) Der Koordinatenkörper von Δ ist kommutativ.

b) Es gibt ein nicht inzidentes Punkt-Geradenpaar (Q, h) in Δ, so daß $\Gamma(Q, h)$ abelsch ist.

c) Es ist $\Gamma(P, g)$ abelsch für alle Punkt-Geradenpaare (P, g) von Δ.

d) Δ ist pappossch.

Beweis. a) impliziert b): Ist K der Koordinatenkörper von Δ, so folgt mit II.5.2, II.3.6 und II.2.3, daß es ein nicht inzidentes Punkt-Geradenpaar (Q, h) von Δ gibt mit $\Gamma(Q, h) \cong K^*$. Also folgt b) aus a).

b) impliziert c): Ist $P \, I \, g$, so ist $\Gamma(P, g)$ abelsch, da Δ_g auf Grund von II.5.2 und II.3.3 eine Translationsebene ist. $\Gamma(P, g)$ ist in diesem Falle also stets abelsch, gleichgültig, ob b) gilt oder nicht. Es sei $P \, \cancel{I} \, g$. Nach II.5.7 gibt es eine Kollineation κ von Δ mit $Q^\kappa = P$ und $h^\kappa = g$. Nach I.4.8 ist dann $\kappa^{-1}\Gamma(Q, h)\kappa = \Gamma(P, g)$, so daß $\Gamma(P, g)$ abelsch ist.

c) impliziert a): Wie kurz zuvor schon bemerkt, gibt es ein nicht inzidentes Punkt-Geradenpaar (P, g) von Δ mit $\Gamma(P, g) \cong K^*$, so daß K kommutativ ist, da $\Gamma(P, g)$ ja abelsch ist.

c) impliziert d): Es seien a und b zwei verschiedene Geraden von Δ. Ferner

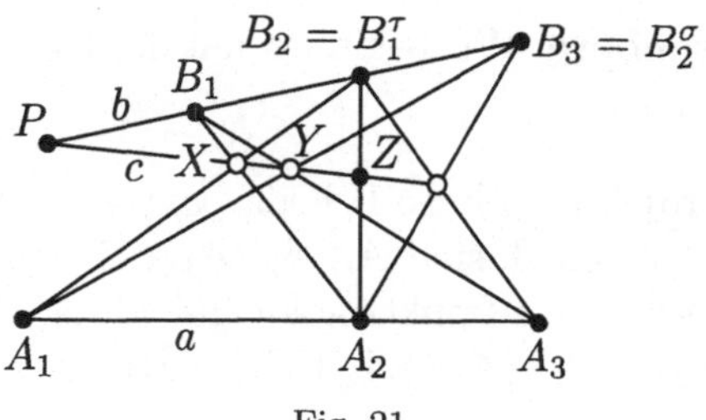

Fig. 21

seien A_1, A_2, A_3 drei verschiedene Punkte auf a und B_1, B_2, B_3 drei verschiedene Punkte auf b und es gelte A_i, $B_i \neq a \cap b$. Setze (Fig. 21)

$$Y := (A_1 + B_3) \cap (B_1 + A_3)$$
$$X := (A_2 + B_1) \cap (B_2 + A_1)$$
$$c := X + Y$$
$$P := b \cap c$$
$$Z := c \cap (A_2 + B_2).$$

Es gibt dann $\sigma, \tau \in \Gamma(P, a)$ mit $X^\sigma = Y$ und $X^\tau = Z$. Wegen $X^\sigma = Y$ ist $B_2^\sigma = B_3$ und wegen $X^\tau = Z$ ist $B_1^\tau = B_2$. Es folgt, daß

$$X^{\tau\sigma} = Z^\sigma = (A_2 + B_3) \cap c$$

und

$$X^{\sigma\tau} = Y^\tau = (A_3 + B_2) \cap c$$

ist. Nun ist aber $\sigma\tau = \tau\sigma$ und folglich

$$(A_2 + B_3) \cap c = (A_3 + B_2) \cap c,$$

so daß $(A_2 + B_3) \cap (B_2 + A_3)$ I c gilt. Folglich sind die Punkte $(A_1 + B_2) \cap (B_1 + A_2)$, $(A_2 + B_3) \cap (B_2 + A_3)$ und $(A_3 + B_1) \cap (B_3 + A_1)$ kollinear, so daß Δ pappossch ist.

d) impliziert c): Es seien σ, $\tau \in \Gamma(P, a)$. Ferner seien b und c verschiedene Geraden durch P, die beide von a verschieden seien. Es sei X ein beliebiger Punkt auf c, der nur von P und $c \cap a$ verschieden ist. Wähle A_2 auf a verschieden von $a \cap c$ und P. (Diese letzte Annahme ist nur eine Vorsichtsmaßnahme für den Fall, daß P auf a liegen sollte.) Setze

$$B_1 := (X + A_2) \cap b$$
$$B_2 := (X^\tau + A_2) \cap b$$
$$B_3 := (X^{\tau\sigma} + A_2) \cap b$$
$$A_1 := (B_3 + X^\tau) \cap a$$
$$A_3 := (B_1 + X^\sigma) \cap a.$$

Weil Δ pappossch ist, ist dann $(A_2 + B_3) \cap (B_2 + A_3)$ ein Punkt auf c, so daß

$$(A_2 + B_3) \cap c = (B_2 + A_3) \cap c$$

ist. Nun ist B_3 I $X^{\tau\sigma} + A_2$ und $B_3 \neq A_2$, so daß $A_2 + B_3 = X^{\tau\sigma} + A_2$ ist. Daher ist

$$(A_2 + B_3) \cap c = X^{\tau\sigma}.$$

Andererseits ist

$$B_2 + A_3 = B_1^\tau + A_3 = (B_1 + A_3)^\tau.$$

Wegen $A_3 = (B_1 + X^\sigma) \cap a$ ist $X^\sigma \, \mathrm{I} \, B_1 + A_3$ und folglich

$$X^{\sigma\tau} \, \mathrm{I} \, (B_1 + A_3)^\tau = B_2 + A_3.$$

Also ist

$$(B_2 + A_3) \cap c = X^{\sigma\tau},$$

so daß wir schließlich $X^{\sigma\tau} = X^{\tau\sigma}$ erhalten. Hieraus folgt $\sigma\tau = \tau\sigma$, q. e. d.

Satz 1.2 ergibt zusammen mit dem Satz von Hessenberg einen vollständigen Überblick über alle papposschen Ebenen: Es sind dies gerade die desarguesschen Ebenen, deren Koordinatenkörper kommutativ sind. Beeilen wir uns also, den Satz von Hessenberg zu beweisen. Zunächst sei jedoch noch daran erinnert, daß ein Element ρ einer Gruppe G *involutorisch* heißt, falls $\rho^2 = 1 \neq \rho$ ist.

1.3. Satz. Es sei Π eine projektive Ebene und g sei eine Gerade von Π. Sind ρ und σ involutorische Homologien von Π mit der Achse g und sind die Zentren P und Q von ρ bzw. σ voneinander verschieden, so ist $\rho\sigma$ eine von 1 verschiedene Elation mit der Achse g und dem Zentrum $(P + Q) \cap g$.

Beweis. Weil g von $\rho\sigma$ punktweise festgelassen wird, besitzt $\rho\sigma$ nach I.4.4 ein Zentrum C. Weil P das Zentrum von ρ und Q das Zentrum von σ ist, ist

$$(P + Q)^\rho = P + Q = (P + Q)^\sigma$$

und daher $(P + Q)^{\rho\sigma} = P + Q$. Ferner ist $\rho\sigma \neq 1$, da wegen $P \neq Q$ gewiß $\sigma \neq \rho^{-1}$ ist. Nach I.4.6 ist daher $C \, \mathrm{I} \, P + Q$, weil weder P noch Q auf g liegen und folglich $P + Q \neq g$ ist. Es bleibt zu zeigen, daß $C \, \mathrm{I} \, g$ ist.

Wegen $C^{\rho\sigma} = C$ ist $C^\rho = C^{\rho\sigma^2} = C^\sigma$ und folglich

$$(C^\rho)^{\rho\sigma} = C^{\rho^2\sigma} = C^\sigma = C^\rho.$$

Wäre $C^\rho \, \mathrm{\cancel{I}} \, g$, so folgte $C^\rho = C$ nach I.4.6, was wiederum nach I.4.6 die Gleichung $C = P$ zur Folge hätte. Dies implizierte

$$P = C = C^{\rho\sigma} = P^{\rho\sigma} = P^\sigma,$$

was seinerseits $P = Q$ nach sich zöge. Dieser Widerspuch zeigt, daß doch $C^\rho \, \mathrm{I} \, g$ ist. Hieraus folgt schließlich

$$C = C^{\rho^2} \, \mathrm{I} \, g^\rho = g,$$

q. e. d.

1.4. Satz. Es sei Π eine projektive Ebene, g sei eine Gerade von Π und P und Q seien zwei verschiedene Punkte von Π_g. Ist Π sowohl (P,g)- als auch (Q,g)-transitiv, so ist Π auch (X,g)-transitiv für alle $X \mathrel{\mathrm{I}} P + Q$.

Beweis. Beim Beweise dieses Satzes muß man den Fall, daß Π eine projektive Ebene der Ordnung 2 ist, gesondert behandeln. Dies sei Ihnen als Übungsaufgabe überlassen.

Es trage also jede Gerade von Π mindestens vier Punkte. Aus der (P,g)-Transitivität folgt zusammen mit I.4.8, daß Π auch (X,g)-transitiv ist für alle $X \mathrel{\mathrm{I}} P + Q$ mit $X \neq (P+Q) \cap g$. Wir betrachten die Gruppe Σ, die von allen $\Gamma(X,g)$ mit $X \mathrel{\mathrm{I}} P + Q$ erzeugt wird.

j) Die Gruppe Σ operiert scharf zweifach transitiv auf der Menge Ω der von $(P+Q) \cap g$ verschiedenen Punkte auf $P + Q$:

Es seien X, Y, X', $Y' \in \Omega$ und es sei $X \neq Y$ sowie $X' \neq Y'$. Weil auf jeder Geraden von Π mindestens vier Punkte liegen, enthält Ω mindestens drei Punkte. Es gibt also einen Punkt $Z \in \Omega - \{X, X'\}$. Weil $\Gamma(Z,g)$ auf $\Omega - \{Z\}$ transitiv operiert, wie wir zu Beginn feststellten, gibt es ein $\gamma \in \Gamma(Z,g)$ mit $X^\gamma = X'$. Dann ist $Y^\gamma \neq X^\gamma = X'$ und $Y' \neq X'$. Es gibt also ein $\delta \in \Gamma(X',g)$ mit $Y^{\gamma\delta} = Y'$. Setzt man $\sigma = \gamma\delta$, so ist $\sigma \in \Sigma$ und

$$X^\sigma = X^{\gamma\delta} = X'^{\delta} = X'$$

und $Y^\sigma = Y'$. Folglich ist Σ zweifach transitiv.

Es sei $\tau \in \Sigma$ und $X^\tau = X'$ und $Y^\tau = Y'$. Dann ist $X^{\sigma\tau^{-1}} = X$ und $Y^{\sigma\tau^{-1}} = Y$. Mit I.4.6 folgt $\sigma\tau^{-1} = 1$ und damit $\sigma = \tau$, so daß Σ scharf zweifach transitiv ist.

ij) Es ist $\Gamma((P+Q) \cap g, g) \neq \{1\}$:

Es seien A, $B \in \Omega$ und $A \neq B$. Nach j) gibt es ein $\sigma \in \Sigma$ mit $A^\sigma = B$ und $B^\sigma = A$. Es folgt $A^{\sigma^2} = A$ und $B^{\sigma^2} = B$. Mit j) folgt $\sigma^2 = 1 \neq \sigma$, da ja $A \neq B$ und da Σ scharf zweifach transitiv ist. Ist $\sigma \in \Gamma((P+Q) \cap g, g)$, so sind wir fertig. Es sei also $\sigma \notin \Gamma((P+Q) \cap g, g)$. Weil die Gruppen $\Gamma(X,g)$ mit $X \in \Omega$ wegen j) und I.4.8 allesamt unter Σ konjugiert sind, enthalten sie alle eine Involution, so daß in diesem Falle mit 1.3 folgt, daß $\Gamma((P+Q) \cap g, g) \neq \{1\}$ ist.

Und nun zum Beweisabschluß. Es seien X, $Y \in \Omega$. Um zu zeigen, daß es ein $\tau \in \Gamma((P+Q) \cap g, g)$ gibt mit $X^\tau = Y$, dürfen wir annehmen, daß $X \neq Y$ ist. Nach ij) gibt es ein $\rho \in \Gamma((P+Q) \cap g, g)$ mit $\rho \neq 1$. Mit I.4.6 gilt $X^\rho \neq X$, so daß es ein $\alpha \in \Gamma(X,g)$ gibt mit $X^{\rho\alpha} = Y$. Setzt man $\tau = \alpha^{-1}\rho\alpha$, so ist

$$\tau \in \alpha^{-1}\Gamma((P+Q) \cap g, g)\alpha = \Gamma((P+Q) \cap g, g)$$

und $X^\tau = X^{\alpha^{-1}\rho\alpha} = X^{\rho\alpha} = Y$, q. e. d.

Wie wir früher schon einmal sagten und wie unserer wenigen Erfahrungen bereits bestätigen, sind Kollineationen mit vielen Fixpunkten besonders leicht in den Griff zu bekommen. Korrelationen haben von Natur aus keine Fixpunkte, da sie

Punkte ja auf Geraden abbilden. Dennoch gibt es auch hier geometrisch besonders interessante Punkte, nämlich die, die auf ihren Bildgeraden liegen. Diese Punkte erhalten in der folgenden Definition einen Namen.

1.5. Definition. Es sei κ eine Korrelation der projektiven Ebene Π. Der Punkt P von Π heißt *absoluter Punkt* von κ, falls $P \, \mathrm{I} \, P^\kappa$ gilt. Dual dazu heißt die Gerade g von Π *absolute Gerade* von κ, falls $g^\kappa \, \mathrm{I} \, g$ ist.

1.6. Satz. Es sei κ eine Korrelation der projektiven Ebene Π. Sind P und Q zwei verschiedene absolute Punkte von κ und gilt $Q \, \mathrm{I} \, P^\kappa$, so sind P und Q die einzigen absoluten Punkte auf P^κ. Überdies ist $P^{\kappa^2} = Q$ und $\kappa^2 \neq 1$.

Beweis. Setze $P^\kappa = g$. Die Menge der Geraden durch P wird von κ bijektiv auf die Menge der Punkte auf g abgebildet. Da g mindestens zwei absolute Punkte trägt, gibt es also eine von g verschiedene Gerade h durch P, so daß h^κ ein absoluter Punkt auf g ist. Weil h^κ absolut ist, folgt $h^\kappa \, \mathrm{I} \, (h^\kappa)^\kappa$. Hieraus folgt weiter

$$h^\kappa = h^{\kappa^2 \kappa^{-1}} \, \mathrm{I} \, h^{\kappa \kappa^{-1}} = h.$$

Also ist

$$h^\kappa = h \cap g = P,$$

so daß es genau eine von g verschiedene Gerade durch P gibt, deren Bild unter κ ein absoluter Punkt ist, nämlich h. Weil Q ein von P verschiedener absoluter Punkt auf g ist, folgt $g^\kappa = Q$, so daß $P^{\kappa^2} = Q \neq P$ ist. Hieraus folgt schließlich noch $\kappa^2 \neq 1$, q. e. d.

1.7. Definition. Es seien g und h zwei verschiedene Geraden der projektiven Ebene Π. Die Korrelation κ von Π heißt (g, h)-*Korrelation*, falls die Punkte auf g und h allesamt absolute Punkte von κ sind.

Die (g, h)-Korrelationen haben ähnlich schöne Eigenschaften wie die Zentralkollineationen. Mit ihrer Hilfe gelingt es uns, die papposschen Ebenen zu charakterisieren, wie auch den Hessenbergschen Satz zu beweisen.

1.8. Satz (A. Herzer). Es seien g und h zwei verschiedene Geraden der projektiven Ebene Π und κ sei eine (g, h)-Korrelation von Π. Es seien P und Q die beiden verschiedenen Punkte von Π mit $P^\kappa = g$ und $Q^\kappa = h$. Schließlich sei $S = g \cap h$ und $v = P + Q$. Dann gilt:

a) Es ist $P \, \cancel{\mathrm{I}} \, g$ und $Q \, \cancel{\mathrm{I}} \, h$.

b) Ist x eine Gerade durch P, so ist x absolut und $x^\kappa = x \cap g$.

c) Ist X ein Punkt von Π_v, so ist

$$X^\kappa = [(X + P) \cap g] + [(X + Q) \cap h].$$

d) Es ist $S \, \mathrm{I} \, v$.

e) Es ist $g^\kappa = Q$ und $h^\kappa = P$.

f) Es ist $S^\kappa = v$ und $v^\kappa = S$.

g) Ist x eine Gerade mit $S \mathbin{\cancel{I}} x$, so ist

$$x^\kappa = [(x \cap g) + Q] \cap [(x \cap h) + P].$$

h) Die Korrelation κ ist durch P, Q, g und h eindeutig bestimmt.

i) Ist A ein absoluter Punkt von κ, so ist $A \mathbin{I} g$ oder $A \mathbin{I} h$. Ist a eine absolute Gerade von κ, so ist $P \mathbin{I} a$ oder $Q \mathbin{I} a$.

Beweis. — a) Weil g nach I.1.10 mindestens drei Punkte trägt und weil jeder Punkt von g ein absoluter Punkt von κ ist, folgt wegen $P^\kappa = g$ nach 1.6, daß $P \mathbin{\cancel{I}} g$ ist. Ebenso folgt $Q \mathbin{\cancel{I}} h$.

b) Es sei $P \mathbin{I} x$. Dann ist $x^\kappa \mathbin{I} P^\kappa = g$, so daß x^κ ein absoluter Punkt ist. Also ist $x^\kappa \mathbin{I} (x^\kappa)^\kappa$ und folglich $x^\kappa \mathbin{I} x$, so daß x absolut ist. Wegen $x^\kappa \mathbin{I} g$ und $x^\kappa \mathbin{I} x$ folgt weiter $x^\kappa = x \cap g$. Ebenso folgt $y^\kappa = y \cap h$ für alle Geraden y durch Q.

c) Wegen $X \mathbin{\cancel{I}} v = P + Q$ ist $X = (X + P) \cap (X + Q)$. Mit b) folgt daher

$$X^\kappa = (X + P)^\kappa + (X + Q)^\kappa = [(X + P) \cap g] + [(X + Q) \cap h].$$

d) Wäre $S \mathbin{\cancel{I}} v$, so folgte mit c) der Widerspruch

$$S^\kappa = [(S + P) \cap g] + [(S + Q) \cap h] = S + S.$$

e) Es sei $X \mathbin{I} g$ und $X \neq S$. Nach d) ist dann $X \mathbin{\cancel{I}} v$ und nach c) folglich

$$X^\kappa = [(X + P) \cap g] + [(X + Q) \cap h] = X + [(X + Q) \cap h].$$

Nun sind X und $(X + Q) \cap h$ zwei verschiedene Punkte auf $X + Q$, so daß $X^\kappa = X + Q$ ist. Ist Y ein von X und S verschiedener Punkt auf g, so folgt zunächst $Y^\kappa = Y + Q$ und daher

$$g^\kappa = (X + Y)^\kappa = X^\kappa \cap Y^\kappa = (X + Q) \cap (Y + Q) = Q.$$

Ebenso folgt $h^\kappa = P$.

f) Es ist
$$S^\kappa = (g \cap h)^\kappa = g^\kappa + h^\kappa = Q + P = v$$

und

$$v^\kappa = (P + Q)^\kappa = P^\kappa \cap Q^\kappa = g \cap h = S.$$

g) Wegen $S \mathbin{\cancel{I}} x$ ist $x = (x \cap g) + (x \cap h)$. Daher ist

$$x^\kappa = (x \cap g)^\kappa \cap (x \cap h)^\kappa = [(x \cap g) + Q] \cap [(x \cap g) + P].$$

h) Es sei λ eine weitere (g, h)-Korrelation mit $P^\lambda = g$ und $Q^\lambda = h$. Dann gilt nach c) die Gleichung $X^\kappa = X^\lambda$ für alle Punkte X von Π_v. Daher ist $k\lambda^{-1}$ eine

Kollineation von Π, die alle Punkte von Π_v einzeln festläßt. Nach I.2.3 ist daher $\kappa\lambda^{-1} = 1$, so daß $\kappa = \lambda$ ist.

i) Es sei A ein absoluter Punkt von Π. Ist $A\,\mathrm{I}\,v$, so ist $S = v^\kappa\,\mathrm{I}\,A^\kappa$. Wegen $A\,\mathrm{I}\,A^\kappa$ folgt $A = A^\kappa \cap v = S$, falls $A^\kappa \neq v$ ist. Dies ist aber ein Widerspruch, da $S^\kappa = v$ ist. Also ist $A^\kappa = v = S^\kappa$, so daß $A = S$ ist. Wir dürfen daher $A\,\cancel{\mathrm{I}}\,v$ annehmen. Dann ist

$$A\,\mathrm{I}\,A^\kappa = [(A + P) \cap g] + [(A + Q) \cap h].$$

Liegt A nicht auf g, so folgt, daß A und $(A + P) \cap g$ zwei verschiedene Punkte auf A^κ sind. In diesem Falle ist also

$$A^\kappa = A + [(A + P) \cap g] = A + P.$$

Es folgt, daß $R = (A + Q) \cap h$ auf $A + P$ liegt, da ja

$$A + P = [(A + P) \cap g] + [(A + Q) \cap h]$$

ist, wie wir gesehen haben. Wegen $R\,\mathrm{I}\,A + P$ und $R\,\mathrm{I}\,A + Q$ folgt schließlich

$$R = (A + P) \cap (A + Q) = A,$$

so daß A auf h liegt.

Die zweite Aussage ist dual zur ersten. Damit ist alles bewiesen.

Die älteren Beweise für den Hessenbergschen Satz sind allesamt recht kompliziert und manchmal sogar lückenhaft, wie z. B. der ursprüngliche Beweis von Hessenberg selbst. Da die Situation als unbefriedigend empfunden wurde, suchte man immer wieder nach neuen Beweisen, wobei man danach trachtete, möglichst Beweise algebraischer Natur zu finden. Dabei schwebte einem immer Satz I.5.5 vor Augen, der für desarguessche Ebenen die Existenz von vielen Zentralkollineationen sicherstellt, mit deren Hilfe es dann nicht mehr schwer ist, die desarguesschen Ebenen in den Griff zu bekommen. Einen ersten Beweis dieser Art fand ich im Jahre 68. Es gelang mir nämlich zu zeigen, daß es in papposschen Ebenen viele involutorische Zentralkollineationen gibt, mittels derer ich dann zeigen konnte, daß diese Ebenen desarguessch sind. Dieser Beweis ist in meinen „Lectures on Projective Planes", die im Literaturverzeichnis angeführt sind, abgedruckt. Ein direktes Analogon von I.5.5 wurde dann im Jahre 72 von A. Herzer publiziert (Math. Zeitschrift 129, 235–257 (1972)). Der folgende Satz ist eine vergröberte, für unsere Zwecke aber völlig ausreichende Fassung dieses Analogons.

1.9. Satz (A. Herzer). Ist Π eine projektive Ebene, so sind die beiden folgenden Aussagen äquivalent:

a) Π ist pappossch.

b) Sind g und h zwei verschiedene Geraden und P und Q zwei verschiedene Punkte von Π mit $P, Q \not\!\!I\, g, h$ und sind die Punkte P, Q und $g \cap h$ kollinear, so gibt es eine (g, h)-Korrelation κ von Π mit $P^\kappa = g$ und $Q^\kappa = h$.

Beweis.— a) impliziert b): Es seien P, Q, g, h zwei Punkte und zwei Geraden von Π, die die Voraussetzungen von b) erfüllen. Setze $v = P + Q$ und $S = g \cap h$. Satz 1.8 zeigt, wie wir vorzugehen haben. Wir werden vermöge 1.8.c) zueinander inverse Bijektionen der Punktmenge von Π_v auf die Punktmenge von $(\Pi^{\mathrm d})_S$ bzw. der Punktmenge von $(\Pi^{\mathrm d})_S$ auf die von Π_v konstruieren, von denen wir mit Hilfe des Satzes von Pappos, der ja gelten soll, zeigen werden, daß sie zueinander inverse Isomorphismen von Π_v auf $(\Pi^{\mathrm d})_S$ sind. Mit I.2.3 wird dann schließlich b) folgen.

Ist also X ein Punkt von Π_v, so setzen wir

$$X^\delta = [(X + P) \cap g] + [(X + Q) \cap h].$$

Ist y ein Punkt von $(\Pi^{\mathrm d})_S$, dh. eine nicht durch S gehende Gerade von Π, so setzen wir

$$y^\eta = [(y \cap g) + P] + [(y \cap h) + Q].$$

Ist X ein Punkt von Π_v, so folgt $X^\delta \cap g = (X + P) \cap g$ und $X^\delta \cap h = (X + Q) \cap h$. Hieraus folgt

$$(X^\delta \cap g) + P = ((X + P) \cap g) + P = X + P,$$

da ja $(X + P) \cap g$ und P zwei verschiedene Punkte auf $X + P$ sind. Ebenso folgt $(X^\delta \cap h) + Q = X + Q$. Daher ist

$$X^{\delta\eta} = (X + P) \cap (X + Q) = X,$$

so daß $\delta\eta = 1$ ist.

Es ist $y^\eta + P = (y \cap g) + P$, da die Gerade $(y \cap g) + P$ sowohl P als auch

$$[(y \cap g) + P] \cap [(y \cap h) + Q] = y^\eta$$

trägt. Ebenso ist $y^\eta + Q = (y \cap h) + Q$. Also ist

$$(y^\eta + P) \cap g = ((y \cap g) + P) \cap g = y \cap g$$

und $(y^\eta + Q) \cap h = y \cap h$. Folglich ist

$$y^{\eta\delta} = (y \cap g) + (y \cap h) = y,$$

so daß auch $\eta\delta = 1$ ist. Somit sind η und δ bijektiv.

Ist X ein Punkt auf g, so ist

$$X^\delta = [(X + P) \cap g] + [(X + Q) \cap h] = X + [(X + Q) \cap h] = X + Q.$$

Entsprechend folgt $X^\delta = X+P$ für alle X auf h. Um nachzuweisen, daß δ kollineare Punkte von Π_v auf kollineare Punkte von $(\Pi^d)_S$ abbildet, können wir daher annehmen, daß X, Y, Z drei kollineare Punkte von Π_v sind, von denen wenigstens einer weder auf g noch auf h liegt. Denkt man einen Augenblick lang nach (eine Zeichnung hilft), so sieht man, daß man darüberhinaus noch annehmen kann, daß von den restlichen zwei Punkten einer auf g und der andere auf h liegt. Es sei also $X \, \mathrm{I} \, g$, $Y \, \mathrm{I} \, h$ und $Z \, \cancel{\mathrm{I}} \, g, h$. Ferner seien X, Y, Z kollinear. Sind X, Y, Z mit einem der Punkte P, Q, etwa P kollinear, so folgt

$$X^\delta = X + Q$$
$$Y^\delta = Y + P = X + P$$
$$Z^\delta = [(Z + P) \cap g] + [(Z + Q) \cap h] = X + [(Z + Q) \cap h].$$

Somit inzidieren X^δ, Y^δ, Z^δ mit X, dh., X^δ, Y^δ, Z^δ sind kollineare Punkte von $(\Pi^d)_S$. Wir dürfen daher auch noch P, $Q \, \cancel{\mathrm{I}} \, X + Y$ annehmen.

Weil Π pappossch ist, sind dann die Punkte $(X+S)\cap(Z+P)$, $(Y+S)\cap(Z+Q)$

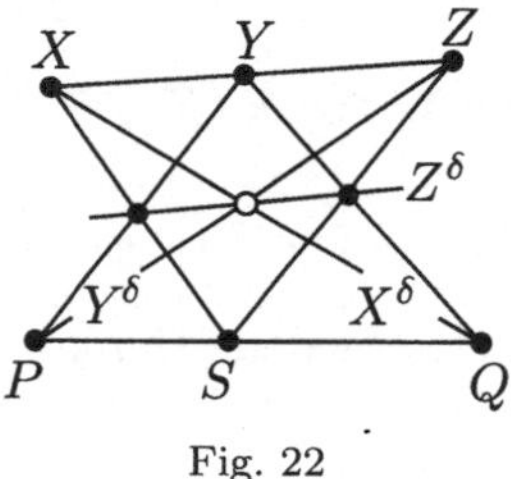

Fig. 22

und $(X + Q) \cap (Y + P)$ kollinear, dh., der Punkt $(X + Q) \cap (Y + P) = X^\delta \cap Y^\delta$ liegt auf der Geraden

$$[(X + S) \cap (Z + P)] + [(Y + S) \cap (Z + Q)] = [(Z + P) \cap g] + [(Z + Q) \cap h] = Z^\delta.$$

Folglich sind X^δ, Y^δ, Z^δ kollineare Punkte von $(\Pi^d)_S$.

Die Definition der papposschen Ebene ist nicht selbstdual, so daß wir bei diesem Beweis das Dualitätsprinzip nicht so ohne weiteres anwenden können. Bei der

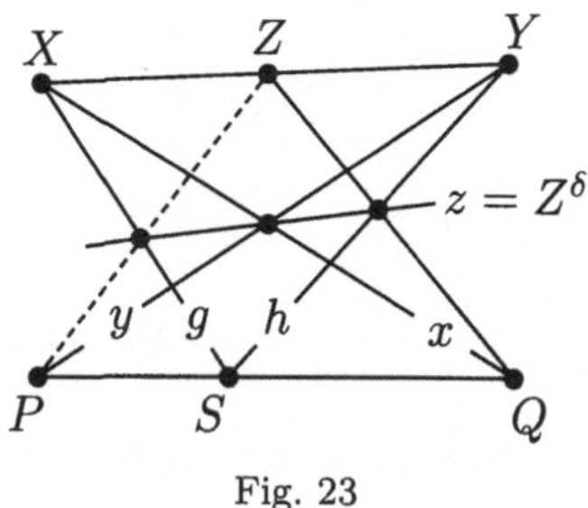

Fig. 23

Betrachtung der Entartungsfälle spielte das pappossche Postulat jedoch keine Rolle. Um zu zeigen, daß auch η kollineare Punkte auf kollineare Punkte abbildet, können wir daher annehmen, daß x, y, z drei kollineare Punkte von $(\Pi^d)_S$ sind mit $P\,\mathrm{I}\,y$, $Q\,\mathrm{I}\,x$ und $x \cap y\,\mathrm{\not{I}}\,g$, h. Setzt man dann $X = x \cap g$, $Y = y \cap h$ und $Z = (X+Y)\cap((z\cap h)+Q)$, so sind die Punkte $(X+S)\cap(P+Z)$, $(X+Q)\cap(Y+P)$ und $(Z+Q)\cap(Y+S)$ kollinear. Daher ist $X^\delta = x$, $Y^\delta = y$ und $Z^\delta = z$, so daß aus der Kollinearität von x, y und z in $(\Pi^d)_S$ die Kollinearität von $x^\eta = X^{\delta\eta} = X$, $y^\eta = Y^{\delta\eta} = Y$ und $z^\eta = Z^{\delta\eta} = Z$ in Π_v folgt. Nach I.2.5 ist δ ein Isomorphismus von Π_v auf $(\Pi^d)_S$, so daß sich δ nach I.2.3 zu einem Isomorphismus von Π auf Π^d fortsetzen läßt. δ ist also eine Korrelation von Π.

Auf Grund der Konstruktion von δ ist $v^\delta = S$. Ist z eine von v verschiedene Gerade durch P und ist $z \cap g = X$ und $z \cap h = Y$, so ist

$$z^\delta = (X+Y)^\delta = X^\delta \cap Y^\delta = (X+Q) \cap (Y+P) = (X+Q) \cap z.$$

Also ist $z^\delta\,\mathrm{I}\,z$. Folglich sind alle Geraden durch P absolut. Ebenso sieht man, daß alle Geraden durch Q absolut sind. Es ist also δ eine (P,Q)-Korrelation von Π^d mit $g^\delta = Q$ und $h^\delta = P$. Nach 1.8 sind daher alle Punkte von g und h absolut. Somit ist b) eine Folge von a).

Sie werden fragen: „Wieso so kompliziert? Haben wir nicht längst gesehen, daß $X^\delta = X + Q$ bzw. $X + P$ ist, je nachdem $X\,\mathrm{I}\,g$ bzw. $X\,\mathrm{I}\,h$ ist?" Ja, das haben wir gesehen, aber nur für $X \neq S$. Es ist der Punkt S, der die Schwierigkeiten macht.

b) impliziert a): Der einfache Beweis dieser Implikation sei Ihnen als Aufgabe überlassen.

Und nun der schon sooft erwähnte Satz von Hessenberg.

1.10. Satz (G. Hessenberg). Ist Π eine pappossche projektive Ebene, so ist Π desarguessch.

Beweis. Es sei (P,h) ein nicht inzidentes Punkt-Geradenpaar von Π. Ferner sei v eine Gerade durch P und g sei eine von v und h verschiedene Gerade durch $S = v \cap h$. Sind nun X und Y zwei Punkte auf v, die von P und S verschieden sind, so gibt es nach 1.9 zwei (g,h)-Korrelationen κ und λ mit $P^\kappa = P^\lambda = g$ und $X^\kappa = h = Y^\lambda$. Setze $\sigma = \kappa\lambda^{-1}$. Dann ist $X^\sigma = Y$ und $P^\sigma = P$. Ist $Z\,\mathrm{I}\,h$, so folgt

$$Z^\sigma = Z^{\kappa\lambda^{-1}} = (Z+P)^{\lambda^{-1}} = Z.$$

Folglich ist $\sigma \in \Gamma(P,h)$, so daß Π eine (P,h)-transitive Ebene ist für alle nicht inzidenten Punkt-Geradenpaare (P,h). Mit 1.4 folgt, daß Π eine (P,h)-transitive Ebene ist für alle Punkt-Geradenpaare (P,h). Somit ist Π desarguessch, q. e. d.

1.11. Korollar. Ist Π eine projektive Ebene, so sind äquivalent:

a) Π ist pappossch.

b) Π ist desarguessch und der Koordinatenkörper von Π ist kommutativ.

Dieses Korollar folgt unmittelbar aus den Sätzen 1.2 und 1.10.

Da alle endlichen Körper kommutativ sind, gilt auch noch

1.12. Korollar. Ist Π eine endliche projektive Ebene, so ist Π genau dann pappossch, wenn Π desarguessch ist.

Mit Hilfe des Satzes von Pappos kann man eine Lösung für das Problem angeben, welches in dem Gedicht zu Beginn des Vorworts gestellt wurde. Dabei ist zu beachten, daß *score* zwanzig bedeutet, *half a score* also zehn ist.

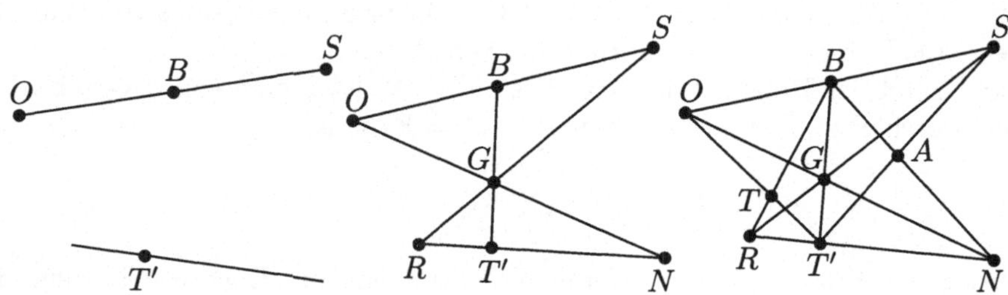

Figg. 24, 25, 26

Man beginnt mit zwei Geraden g und h und drei Punkten O, B, S auf g und einem Punkt T' auf h. Dann verbindet man B mit T' und wählt auf der Verbindungsgeraden einen dritten Punkt G. Dann verbindet man G mit O und S und schneidet diese Geraden mit h (Fig. 25). Dann pflanze man die noch fehlenden Bäume T und A, wie Fig. 26 zeigt. Der Satz von Pappos sagt dann, daß die Bäume T, G, A zwischen g und h auf einer Geraden liegen. Zählt man nun die kollinearen Tripel, so erhält man zehn, wie verlangt.

Eine Lösung, die von metrischen Eigenschaften der euklidischen Ebene Gebrauch macht, ist die folgende:

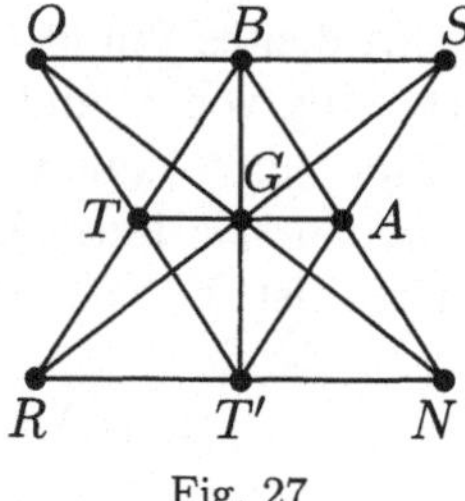

Fig. 27

2. Die Gruppe der projektiven Kollineationen. Wie wir wissen, wird jede Kollineation der projektiven Ebene $\Pi(V, K)$ durch eine semilineare Abbildung von V auf sich induziert. Zu den semilinearen Abbildungen von V, die in $\Pi(V, K)$ Kollineationen induzieren, gehören auch die linearen Abbildungen von V auf sich. Frage: Kann man die durch lineare Abbildungen induzierten Kollineationen geometrisch von den übrigen Kollineationen unterscheiden? Ja, lautet die Antwort, es sind genau diejenigen Kollineationen, die in der von den Streckungen und Elationen erzeugten Gruppe liegen. Zugegeben, dies klingt nicht sehr überzeugend.

Es ist aber trotzdem nützlich zu wissen, wie sich herausstellen wird. Wir werden diesen Satz jedoch nicht in dieser Allgemeinheit beweisen, sondern uns damit begnügen, seine Gültigkeit für pappossche Ebenen zu zeigen, da dies für unsere Zwecke ausreicht.

2.1. Definition. Es sei V ein K-Rechtsvektorraum und $\mathcal{U}_1(V)$ sei die Menge der Unterräume des Ranges 1 von V. Ist $2 \leq n = \mathrm{Rg}(V) < \infty$ und ist P eine injektive Abbildung von $\{1, 2, \ldots, n+1\}$ in $\mathcal{U}_1(V)$, so heißt P ein *Rahmen* von V, falls die Summe je n der $P_1, \ldots, P_{n+1}$ gleich V ist.

Ein Rahmen von V ist also nichts anderes als eine Menge von $n+1$ mit Indizes 1, 2, $\ldots$, $n+1$ versehenen Elementen aus $\mathcal{U}_1(V)$, so daß je n von ihnen V aufspannen. Ist $P_1, \ldots, P_{n+1}$ ein Rahmen, ist $Q_1 = P_2$, $Q_2 = P_1$ und $Q_i = P_i$ für alle $i \geq 3$, so ist auch Q ein Rahmen, der jedoch wegen der unterschiedlichen Indizierung von P verschieden ist.

Ist n gleich 2, so ist ein Rahmen nichts anderes als ein Tripel paarweise verschiedener Punkte. Ist $n = 3$, so ist ein Rahmen eine Menge P_1, P_2, P_3, P_4 von Punkten von $\Pi(V, K)$, von denen keine drei kollinear sind. Diese Interpretation zeigt, daß man generell von Rahmen in einer projektiven Ebene sprechen kann als von vier indizierten Punkten P_1, P_2, P_3, P_4, von denen keine drei kollinear sind.

Die Anzahl der Rahmen in einer endlichen projektiven Ebene der Ordnung q ist

$$q^3(q^2 + q + 1)(q^2 - 1)(q - 1),$$

wie man sich leicht überlegt.

2.2. Hilfssatz. Ist $P_1, \ldots, P_{n+1}$ ein Rahmen des K-Vektorraumes V, so gibt es Vektoren $u_1, \ldots, u_n$ mit $P_i = u_i K$ für $i = 1, \ldots, n$ und $P_{n+1} = (\sum_{i=1}^{n} u_i)K$.

Beweis. Es gibt Vektoren $v_1, \ldots, v_{n+1}$ mit $P_i = v_i K$ für alle i. Weil $P_1, \ldots, P_{n+1}$ ein Rahmen ist, ist $V = \sum_{i=1}^{n} P_i$, so daß die Vektoren $v_1, \ldots, v_n$ wegen $\mathrm{Rg}(V) = n$ eine Basis von V bilden. Es gibt daher $k_1, \ldots, k_n \in K$ mit $v_{n+1} = \sum_{i=1}^{n} v_i k_i$. Wir zeigen, daß die k_i alle ungleich Null sind. Wäre etwa $k_j = 0$, so folgte

$$v_{n+1} \in P_1 + \ldots + P_{j-1} + P_{j+1} + \ldots + P_n$$

und damit

$$V = P_1 + \ldots + P_{j-1} + P_{j+1} + \ldots + P_n + P_{n+1}$$
$$= P_1 + \ldots + P_{j-1} + P_{j+1} + \ldots + P_n$$

im Widerspruch zu $\mathrm{Rg}(V) = n$. Also ist doch $k_i \neq 0$ für alle i. Setzt man nun $u_i = v_i k_i$ für $i = 1, \ldots, n$, so folgt $u_i \neq 0$ und damit $P_i = u_i K$ für $i = 1, \ldots, n$. Ferner ist

$$P_{n+1} = v_{n+1} K = \left(\sum_{i=1}^{n} u_i\right) K,$$

q. e. d.

2.3. Hilfssatz. Ist V ein Vektorraum vom Rang $n < \infty$, ist $n \geq 2$ und ist $\sigma \in \mathrm{GL}(V, K)$ eine lineare Abbildung von V auf sich, die auf der Menge der Rahmen von V die Identität induziert, so gibt es ein k in der multiplikativen Gruppe des Zentrums

$$\mathcal{Z}(K) = \{x \mid x \in K, xy = yx \text{ für alle } y \in K\}$$

von K mit $v^\sigma = vk$ für alle $v \in V$.

Beweis. Es sei $0 \neq v_1 \in V$. Es gibt dann Vektoren $v_2, \ldots, v_n \in V$, so daß $v_1, \ldots, v_n$ eine Basis von V ist. Setze $P_i = v_i K$ für $i = 1, \ldots, n$ und $P_{n+1} = (\sum_{i=1}^n v_i)K$. Dann ist P ein Rahmen und folglich $P_i^\sigma = P_i$ für $i = 1, \ldots, n + 1$. Hieraus folgt insbesondere die Existenz eines $k_1 \in K^*$ mit $v_1^\sigma = v_1 k_1$. Da v_1 ein beliebiger Vektor von $V - \{0\}$ ist, gibt es also zu jedem $v \in V - \{0\}$ ein $k_v \in K^*$ mit $v^\sigma = vk_v$. Wegen $\mathrm{Rg}(V) \geq 2$ folgt dann mit den aus der Linearen Algebra her bekannten Tricks, daß $k_v = k_w$ gilt für alle $v,\, w \in V - \{0\}$. Es gibt also ein $k \in K^*$ mit $v^\sigma = vk$ für alle $v \in V$. Es sei nun $l \in K$. Dann ist

$$vkl = v^\sigma l = (vl)^\sigma = vlk$$

für alle $v \in V$. Hieraus folgt $kl = lk$. Daher ist $k \in \mathcal{Z}(K)^*$, q. e. d.

2.4. Satz. Es sei V ein Rechtsvektorraum über K mit $2 \leq \mathrm{Rg}(V) < \infty$. Genau dann ist die von der Gruppe $\mathrm{GL}(V, K)$ aller linearen Abbildungen von V auf sich auf der Menge der Rahmen von V induzierte Permutationsgruppe scharf transitiv, wenn K kommutativ ist.

Beweis. Die Gruppe $\mathrm{GL}(V, K)$ operiert auf der Menge der Rahmen von V stets transitiv, gleichgültig ob K kommutativ ist oder nicht. Sind nämlich $P_1, \ldots, P_{n+1}$ und $Q_1, \ldots, Q_{n+1}$ zwei Rahmen von V, so gibt es nach 2.2 Vektoren $u_1, \ldots, u_{n+1}, v_1, \ldots, v_{n+1}$ mit $P_i = u_i K$, $Q_i = v_i K$ für alle i und $u_{n+1} = \sum_{i=1}^n u_i$ und $v_{n+1} = \sum_{i=1}^n v_i$. Weil $u_1, \ldots, u_n$ eine Basis von V ist, gibt es eine lineare Abbildung λ mit $u_i^\lambda = v_i$. Weil auch $v_1, \ldots, v_n$ eine Basis ist, ist $\lambda \in \mathrm{GL}(V, K)$. Ferner ist

$$u_{n+1}^\lambda = \sum_{i=1}^n u_i^\lambda = \sum_{i=1}^n v_i = v_{n+1}.$$

Also ist $P_i^\lambda = Q_i$ für alle i, so daß $\mathrm{GL}(V, K)$ auf der Menge der Rahmen transitiv operiert.

Es sei K nun kommutativ und $P_1, \ldots, P_{n+1}$ sei ein Rahmen. Nach 2.2 gibt es dann $u_1, \ldots, u_n$ mit $P_i = u_i K$ für $i = 1, \ldots, n$ und $P_{n+1} = (\sum_{i=1}^n u_i)K$. Es sei weiter $\sigma \in \mathrm{GL}(V, K)$ und $P_i^\sigma = P_i$ für $i = 1, \ldots, n + 1$. Es gibt dann $k_1, \ldots, k_{n+1} \in K^*$ mit $u_i^\sigma = u_i k_i$. Daher ist

$$\sum_{i=1}^n u_i k_{n+1} = u_{n+1} k_{n+1} = u_{n+1}^\sigma = \sum_{i=1}^n u_i^\sigma = \sum_{i=1}^n u_i k_i.$$

Weil $P_1, \ldots, P_{n+1}$ ein Rahmen ist, ist $u_1, \ldots, u_n$ eine Basis von V. Aus der vorstehenden Gleichung folgt daher $k_1 = \ldots = k_n = k_{n+1}$. Setze $k = k_1$. Ist nun $v \in V$, so ist $v = \sum_{i=1}^{n} u_i l_i$ mit $l_i \in K$. Aus der Kommutativität von K folgt daher

$$v^\sigma = \sum_{i=1}^{n} u_i^\sigma l_i = \sum_{i=1}^{n} u_i k l_i = \sum_{i=1}^{n} u_i l_i k = vk.$$

Es folgt weiter $P^\sigma = P$ für alle $P \in \mathcal{U}_1(V)$. Somit induziert σ auch auf der Menge der Rahmen die Identität. Weil also die Identität die einzige Abbildung in der von $\mathrm{GL}(V, K)$ auf der Menge der Rahmen induzierten Permutationsgruppe ist, die einen Rahmen festläßt, folgt aus unserer eingangs gemachten Bemerkung, daß die Gruppe scharf transitiv ist.

Die fragliche Gruppe sei nun scharf transitiv. Ferner sei $P_1, \ldots, P_{n+1}$ ein Rahmen und $k \in K^*$. Nach 2.2 gibt es dann Vektoren $u_1, \ldots, u_n$ mit $P_i = u_i K$ für $i = 1, \ldots, n$ und $P_{n+1} = (\sum_{i=1}^{n} u_i)K$. Weil $u_1, \ldots, u_n$ und $u_1 k, \ldots, u_n k$ Basen von V sind, gibt es ein $\sigma \in \mathrm{GL}(V, K)$ mit $u_i^\sigma = u_i k$ für $i = 1, \ldots, n$. Es folgt $P_i^\sigma = P_i$ für $i = 1, \ldots, n+1$, so daß σ auf der Menge der Rahmen nach Voraussetzung die Identität induziert. Nach 2.3 gibt es folglich ein $l \in \mathcal{Z}(K)^*$ mit $v^\sigma = vl$ für alle $v \in V$. Somit ist

$$u_1 l = u_1^\sigma = u_1 k,$$

so daß $k = l$ ist. Dies bedeutet $k \in \mathcal{Z}(K)$, dh. $K = \mathcal{Z}(K)$, so daß K kommutativ ist, q. e. d.

2.5. Definition. Es sei V ein Vektorraum vom Rang 3 über K. Mit $\mathrm{PGL}(V, K)$ bezeichnen wir die von $\mathrm{GL}(V, K)$ auf $\Pi(V, K)$ induzierte Kollineationsgruppe. Die Kollineationen aus $\mathrm{PGL}(V, K)$ und nur diese nennen wir *projektiv*. (Beachten Sie, daß wir bei dieser Definition nicht voraussetzen, daß K kommutativ ist.)

Ist V ein Vektorraum vom Rang 3 über $\mathrm{GF}(q)$, so ist nach 2.5 die Ordnung von $\mathrm{GL}(V, \mathrm{GF}(q))$ gleich der Anzahl der Rahmen von $\Pi(V, \mathrm{GF}(q))$. Es ist also

$$|\mathrm{PGL}(V, \mathrm{GF}(q))| = q^3(q^2 + q + 1)(q^2 - 1)(q - 1).$$

2.6. Satz. Ist K ein kommutativer Körper und ist V ein Vektorraum vom Rang 3 über K, so ist $\mathrm{PGL}(V, K)$ gleich der von allen Streckungen und Elationen von $\Pi(V, K)$ erzeugten Gruppe.

Beweis. Es sei G die von allen Streckungen und Elationen erzeugte Gruppe. Weil Homothetien und Transvektionen lineare Abbildungen sind, folgt mit II.3.3 und II.3.5, daß G in $\mathrm{PGL}(V, K)$ enthalten ist. Wir zeigen nun, daß G auf der Menge der Rahmen von $\Pi(V, K)$ transitiv operiert. Dazu seien P, Q, R, S und P', Q', R', S' zwei Rahmen von $\Pi(V, K)$. Nach II.5.7 gibt es ein $\gamma \in G$ mit $P^\gamma = P'$ und $(Q + R)^\gamma = Q' + R'$. Ist $X \,\mathrm{I}\, Q' + R'$, so ist $\Pi(V, K)$ als desarguessche Ebene $(X, X + P')$-transitiv. Hieraus folgt, daß der Stabilisator $G_{P', Q'+R'}$ des Punkt-Geradenpaares $(P', Q' + R')$ auf $\mathcal{U}_1(Q' + R')$ zweifach transitiv operiert. Es gibt also ein $\delta \in G_{P', Q'+R'}$ mit $Q^{\gamma\delta} = Q'$ und $R^{\gamma\delta} = R'$. Wegen $P^{\gamma\delta} = P'^\delta = P'$

ist dann P', Q', R', $S^{\gamma\delta}$ ein Rahmen. Folglich sind $Q' + S'$ und $P' + S^{\gamma\delta}$ zwei verschiedene Geraden. Setze

$$T = (Q' + S') \cap (P' + S^{\gamma\delta}).$$

Es gibt dann ein $\epsilon \in \Gamma(P', R' + Q')$ mit $S^{\gamma\delta\epsilon} = T$ und ein $\zeta \in \Gamma(Q', P' + R')$ mit $T^{\zeta} = S'$. Es folgt $P^{\gamma\delta\epsilon\zeta} = P'$, $Q^{\gamma\delta\epsilon\zeta} = Q'$, $R^{\gamma\delta\epsilon\zeta} = R'$ und $S^{\gamma\delta\epsilon\zeta} = S'$. Dies zeigt, daß G auf der Menge der Rahmen transitiv operiert. Weil G in $\mathrm{PGL}(V, K)$ enthalten ist und weil $\mathrm{PGL}(V, K)$ nach 2.4 auf der Menge der Rahmen scharf transitiv operiert, folgt, daß $G = \mathrm{PGL}(V, K)$ ist, q. e. d.

Bemerkung: Mit 2.6 und 1.4 folgt, daß die von allen Streckungen erzeugte Gruppe im Falle $|K| \geq 3$ bereits gleich $\mathrm{PGL}(V, K)$ ist.

3. Die Gruppe der Projektivitäten einer Geraden auf sich. Neben den Kollineationen und Korrelationen gibt es noch weitere Abbildungen, die mit projektiven Ebenen verknüpft sind. Solche Abbildungen sind uns schon beim Beweise von I.1.12 begegnet, ohne daß wir ihnen besondere Aufmerksamkeit schenkten. Diese Abbildungen wollen wir jetzt etwas eingehender studieren.

3.1. Definition. Sind g und h zwei Geraden der projektiven Ebene Π und ist P ein Punkt von Π, der weder auf g noch auf h liegt, so heißt die durch $X \to (X + P) \cap h$ definierte Abbildung der Punktmenge von g auf die Punktmenge von h eine *Perspektivität* von g auf h. Jede Abbildung von g auf h, die Produkt von Perspektivitäten ist, heißt *Projektivität* von g auf h. Die dual definierten Abbildungen der Menge der Geraden durch den Punkt P auf die Menge der Geraden durch den Punkt Q heißen ebenfalls Perspektivitäten bzw. Projektivitäten.

Den Namen Perspektivität haben wir schon einmal vergeben (Definition I.4.5) und zwar an die axialen Kollineationen. Daß es sich letztlich um das gleiche Konzept handelt, sieht man, wenn man räumliche Geometrie betreibt. Sind nämlich E und E' zwei Ebenen und A und A' zwei Punkte, die weder auf E noch auf E' liegen (machen Sie sich eine Skizze), ist π die Projektion von E auf E' aus dem Augpunkt A und π' die Projektion von E' auf E aus dem Augpunkt A', so ist $\pi\pi'$ eine Perspektivität von E im Sinne von I.4.5 mit der Achse $g = E \cap E'$ und dem Zentrum $(A + A') \cap E$. Bringt diese Bemerkung Sie auf eine Idee? Gewinnt man aus ihr vielleicht eine Aussage über projektive Räume? Auch ohne präzise zu wissen, was ein projektiver Raum ist? Schauen Sie sich noch einmal I.5.5 an. Was vermuten Sie? *Projektive Räume sind desarguessch!?* Ja, sie sind es, vorausgesetzt, ihre Dimension ist mindestens 3. Einen Beweis dieser Tatsache wollen wir hier skizzieren. Dazu sei Π ein projektiver Raum der Dimension mindestens 3, dh., daß es in Π vier Punkte gibt, die nicht in einer Ebene liegen. Ferner sei E eine Ebene von Π und (P, g) sei ein Punkt-Geradenpaar von E. Schließlich seien X und Y zwei von P verschiedene Punkte von E, die nicht auf g liegen, mit $X + P = Y + P$.

Wähle eine von E verschiedene Ebene E', die g enthält, sowie einen Punkt W auf E', der nicht auf g liegt. Schließlich sei A ein von X und W verschiedener

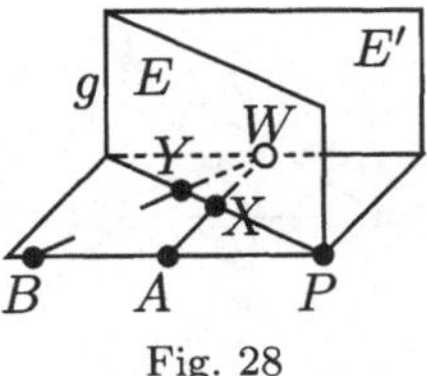

Fig. 28

Punkt auf $W + X$. Nach dem Veblen-Young Axiom gibt es einen Punkt B mit $B = (A + P) \cap (Y + W)$. Ist nun Z ein Punkt von E, so setzen wir

$$Z^\delta = (((Z + A) \cap E') + B) \cap E.$$

Dann ist δ eine Perspektivität von E mit der Achse g und dem Zentrum P. Wegen $X^\delta = Y$ ist E also (P, g)-transitiv, so daß E nach I.5.5 desarguessch ist.

Daß projektive Räume desarguessch sind, hat zur Konsequenz, daß für sie auch die Struktursätze gelten, die wir für desarguessche Ebenen bewiesen haben, daß nämlich ihr Unterraumverband isomorph ist dem Unterraumverband eines Vektorraumes, daß Isomorphismen durch semilineare Abbildungen induziert werden und Korrelationen durch Semibilinearformen dargestellt werden. Mehr darüber erfahren Sie in dem Buch von R. Baer, Linear Algebra and Projective Geoemtry.

Doch zurück zu der anderen Sorte von Perspektivitäten. Es gibt nur eine Perspektivität der Geraden g auf sich: die Identität. Es gibt jedoch viele Projektivitäten von g auf sich. Bezeichnet man die Menge der Projektivitäten von g auf sich mit D_g, so ist D_g eine Gruppe, wie unmittelbar zu sehen ist, wenn man nur beachtet, daß die Inverse einer Perspektivität wieder eine Perspektivität ist (Beweis von I.1.15). Daß D_g, wie oben behauptet, wirklich viele Elemente umfaßt, zeigt der folgende Satz.

3.2. Satz. Ist Π eine projektive Ebene, so gilt:

a) Ist g eine Gerade von Π und sind A, B, C bzw. A', B', C' je drei paarweise verschiedene Punkte auf g, so gibt es eine Projektivität $\sigma \in D_g$, die Produkt höchstens dreier Perspektivitäten ist und für die $A^\sigma = A'$, $B^\sigma = B'$ und $C^\sigma = C'$ gilt. D_g ist insbesondere also dreifach transitiv auf g.

b) Sind g und h Geraden von Π und ist ρ eine Projektivität von g auf h, so ist $\rho^{-1} D_g \rho = D_h$. Die Gruppen D_g und D_h sind demnach ähnlich.

Beweis. — a) Es sei h eine Gerade, die nicht durch A geht. Eine solche Gerade gibt es natürlich, so daß unsere folgenden Argumente Hand und Fuß haben. Nach I.1.12 gibt es einen Punkt P mit $P \mathbin{\rlap{/}{I}} g, h$. Für $X \mathbin{I} g$ setzen wir $X^\pi = (X + P) \cap h$. Dann ist π eine Perspektivität von g auf h. Setze $A'^\pi = A''$, $B'^\pi = B''$, $C'^\pi = C''$. Weil h nicht durch A geht, ist $A \ne A''$ und $A + A''$ ist eine von h verschiedene

Gerade durch A''. Nach I.1.10 gibt es einen von A und A'' verschiedenen Punkt Q
auf $A + A''$ und eine von h und $A + A''$ verschiedene Gerade j durch A''. Es

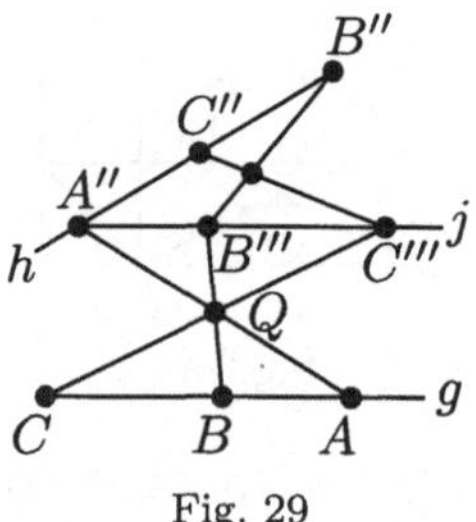

Fig. 29

sei nun α die mittels Q definierte Perspektivität von g auf j. Dann ist $A^\alpha = A''$.
Setze $B^\alpha = B'''$ und $C^\alpha = C''''$. Es folgt, daß

$$(B'' + B''') \cap (C'' + C''') = R$$

ein Punkt ist, der weder auf j noch auf h liegt, so daß durch R eine Perspektivität
β von j auf h definiert wird. Offenbar ist $A''^\beta = A''$, $B'''^\beta = B''$ und $C''''^\beta = C''$.
Setzt man $\sigma = \alpha\beta\alpha^{-1}$, so ist σ ein Produkt von drei Perspektivitäten mit $A^\sigma = A'$,
$B^\sigma = B'$ und $C^\sigma = C'$. Damit ist a) bewiesen.

b) ist trivial.

Satz 3.2 ist alles, was man über die Projektivitätengruppe einer projektiven
Ebene sagen kann, wenn man nichts weiter über die Ebene voraussetzt, deren
Projektivitätengruppe man betrachtet. Für desarguessche Ebenen gilt jedoch ein
wichtiger Satz, den wir nun formulieren werden.

3.3. Satz. Es seien g und h Geraden einer desarguesschen Ebene Δ. Sind g und h
Geraden von Δ und ist π eine Projektivität von g auf h, so gibt es eine projektive
Kollineation κ von Δ mit $X^\kappa = X^\pi$ für alle $X \,\mathrm{I}\, g$.

Beweis. Es genügt, diesen Satz für Perspektivitäten zu beweisen. Es sei also π
eine Perspektivität von g auf h. Es gibt dann einen Punkt $P \,\mathrm{I}\!\!\!/\, g, h$ mit $X^\pi = (X + P) \cap h$ für alle $X \,\mathrm{I}\, g$. Ist $g = h$, so ist $\pi = 1$ und es ist nichts zu beweisen. Es

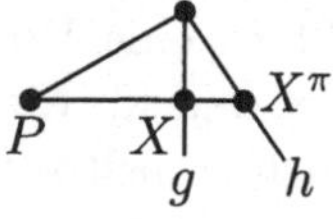

Fig. 30

sei also $g \neq h$. Setze $a = P + (g \cap h)$. Es gibt ein $\tau \in \Gamma(P, a)$ mit $g^\tau = h$. Ist nun
$X \,\mathrm{I}\, g$, so ist $X = (X + P) \cap g$ und daher

$$X^\tau = (X + P)^\tau \cap g^\tau = (X + P) \cap h = X^\pi,$$

q. e. d.

Wenn Sie aufmerksam gelesen haben, werden Sie bemerkt haben, daß wir mehr bewiesen haben, als im Satz formuliert wurde.

Mit Hilfe der Projektivitätengruppe lassen sich die papposschen Ebenen sehr schön charakterisieren, wie der nächste Satz zeigt.

3.4. Satz. Ist Π eine projektive Ebene, so sind die folgenden Aussagen äquivalent:

a) Π ist pappossch.

b) Ist g eine Gerade von Π, so ist D_g scharf dreifach transitiv auf der Menge der mit g inzidierenden Punkte.

c) Sind π und π' Projektivitäten von g auf h und gilt $A_i^\pi = A_i^{\pi'}$ für drei verschiedene Punkte A_1, A_2, A_3 auf g, so ist $\pi = \pi'$.

d) Sind g und h zwei verschiedene Geraden von Π und ist π eine Projektivität von g auf h mit $(g \cap h)^\pi = g \cap h$, so ist π eine Perspektivität.

e) Ist g eine Gerade und hat $\pi \in D_g$ einen Fixpunkt, so ist π Produkt von zwei Perspektivitäten.

Beweis. — a) impliziert b): Zunächst bemerken wir, daß Π nach dem Satz von Hessenberg desarguessch ist. Ist $\delta \in D_g$, so gibt es also nach 3.3 eine projektive Kollineation κ von Π mit $X^\kappa = X^\delta$ für alle $X \mathrel{I} g$. Es folgt $g^\kappa = g$. Ist Λ die Gruppe der projektiven Kollineationen von Π und ist Λ_g^* die Einschränkung des Stabilisators Λ_g von g in Λ auf die Menge der mit g inzidierenden Punkte, so ist also $D_g \subseteq \Lambda_g^*$. Weil Π desarguessch ist, ist Π von der Form $\Pi(V, K)$, so daß g ein Vektorraum vom Range 2 über K ist. Ein Punktetripel von g ist also nichts anderes als ein Rahmen von g, so daß nach 2.4 einzig die Identität aus Λ_g^* ein Tripel von Punkten von g festläßt, da K nach 1.2 ja kommutativ ist. Weil D_g schließlich nach 3.2 auf der Menge der mit g inzidierenden Punkte dreifach transitiv operiert, folgt, $D_g = \Lambda_g^*$. Somit ist b) eine Folge von a).

b) impliziert c): Setze $\sigma = \pi'\pi^{-1}$. Dann ist $\sigma \in D_g$ und $A_i^\sigma = A_i$ für $i = 1, 2,$ 3. Es folgt $\sigma = 1$, dh., $\pi = \pi'$.

c) impliziert d): (Machen Sie sich Ihre eigene Skizze.) Es sei $A = g \cap h$ und B und C seien zwei verschiedene Punkte auf g, die beide auch von A verschieden seien. Dann sind B^π und C^π Punkte auf h mit $A \neq B^\pi \neq C^\pi \neq A$. Es folgt, daß $B + B^\pi$ und $C + C^\pi$ zwei verschiedene Geraden sind, die sich in einem Punkte P schneiden, der weder auf g noch auf h liegt. Für $X \mathrel{I} g$ sei $X^\rho = (X + P) \cap h$. Dann ist ρ eine Perspektivität von g auf h mit $A^\rho = A = A^\pi$, $B^\rho = B^\pi$ und $C^\rho = C^\pi$. Wegen der Gültigkeit von c) ist also $\rho = \pi$, so daß π eine Perspektivität ist.

d) impliziert a): Es seien a und b zwei verschiedene Geraden von Π und $a \cap b = S$. Ferner seien A_1, A_2, A_3 drei verschiedene Punkte auf a und B_1, B_2, B_3 seien drei verschiedene Punkte auf b. Außerdem seien A_i, $B_i \neq S$ für alle i. Wir definieren eine Perspektivität von $B_1 + A_2$ auf b vermöge $X^\pi = (X + A_1) \cap b$ sowie eine

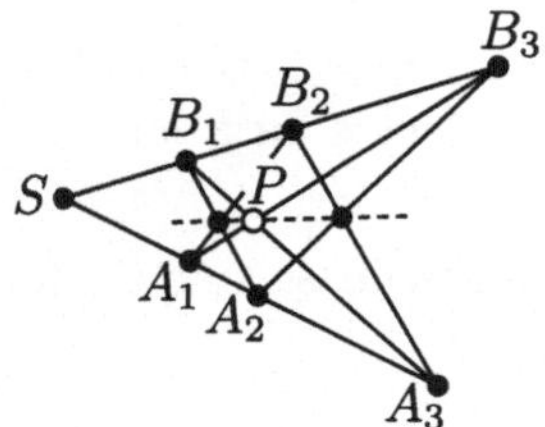

Fig. 31

Perspektivität ρ von b auf $A_2 + B_3$ vermöge $Y^\rho = (Y + A_3) \cap (A_2 + B_3)$. Dann ist

$$A_2^{\pi\rho} = [(A_2 + A_1) \cap b]^\rho = S^\rho = (S + A_3) \cap (A_2 + B_3) = A_2,$$

da ja $S + A_3 = a$ ist. Wegen der Gültigkeit von d) ist $\sigma = \pi\rho$ folglich eine Perspektivität. Es gibt also einen Punkt P mit $X^\sigma = (X + P) \cap (A_2 + B_3)$ für alle $X \, \mathrm{I} \, B_1 + A_2$. Nun ist

$$[(A_1 + B_3) \cap (B_1 + A_2)] + A_1 = A_1 + B_3.$$

Daher ist

$$[(A_1 + B_3) \cap (B_1 + A_2)]^{\pi\rho} = [(A_1 + B_3) \cap b]^\rho = B_3^\rho = B_3.$$

Also liegt P auf der Geraden

$$[(A_1 + B_3) \cap (B_1 + A_2)] + B_3 = A_1 + B_3.$$

Ferner ist $B_1^{\pi\rho} = B_1^\rho = (B_1 + A_3) \cap (A_2 + B_3)$, so daß P auch auf der Geraden

$$[(B_1 + A_3) \cap (A_2 + B_3)] + A_3 = B_1 + A_3$$

liegt. Folglich ist $P = (A_1 + B_2) \cap (B_1 + A_3)$, was Sie an Hand der Zeichnung schon längst festgestellt haben. Nun ist

$$[(A_1 + B_2) \cap (B_1 + A_2)] + A_1 = A_1 + B_2$$

und folglich

$$\begin{aligned}[(A_1 + B_2) \cap (B_1 + A_2)]^{\pi\rho} &= [(A_1 + B_2) \cap b]^\rho \\ &= B_2^\rho \\ &= (B_2 + A_3) \cap (A_2 + B_3).\end{aligned}$$

Also liegt $P = (A_1 + B_3) \cap (B_1 + A_3)$ auf der Geraden

$$[(A_1 + B_2) \cap (B_1 + A_2)] + [(B_2 + A_3) \cap (A_2 + B_3)].$$

Damit ist a) aus d) hergeleitet.

c) impliziert e): Es sei $P \mathrm{I} g$ und $P^\pi = P$. Ferner seien A und B zwei verschiedene Punkte auf g, die auch von P verschieden sind. Schließlich sei h eine von g verschiedene Gerade durch P. Es gibt dann einen Punkt Q mit $Q \not{\mathrm{I}} g, h$. Setze $X^\rho = (X + Q) \cap h$ für alle $X \mathrm{I} g$. Dann ist $R = (A^\rho + A^\pi) \cap (B^\rho + B^\pi)$ ein Punkt, der weder auf g noch auf h liegt. Setze $Y^\sigma = (Y + R) \cap g$ für alle $Y \mathrm{I} h$. Dann ist $P^{\rho\sigma} = P$, $A^{\rho\sigma} = A^\pi$ und $B^{\rho\sigma} = B^\pi$. Wegen c) ist daher $\rho\sigma = \pi$.

e) impliziert b): Es sei $\pi \in D_g$ und A, B, C seien drei verschiedene Punkte auf g mit $A^\pi = A$, $B^\pi = B$ und $C^\pi = C$. Es gibt dann eine Gerade h und zwei Punkte P und Q mit $P, Q \not{\mathrm{I}} g, h$, so daß

$$X^\pi = (((X + P) \cap h) + Q) \cap g$$

für alle $X \mathrm{I} g$ ist. Ist $g = h$, so ist natürlich $\pi = 1$. Es sei also $g \neq h$. Von den drei Punkten A, B, C liegt dann höchstens einer auf h. Wir dürfen daher $A, B \not{\mathrm{I}} h$ annehmen. Nun ist

$$A = (((A + P) \cap h) + Q) \cap g$$

und somit

$$A + Q = ((A + P) \cap h) + Q.$$

Weil $h \neq g$ ist, ist $(A + P) \cap h \neq A$. Somit sind A und $(A + P) \cap h$ zwei verschiedene Punkte auf der Geraden $((A + P) \cap h) + Q$. Also ist

$$A + Q = A + ((A + P) \cap h).$$

Weil A und $(A + P) \cap h$ zwei verschiedene Punkte auf $A + P$ sind, folgt weiter $A + P = A + Q$. Ebenso folgt $B + P = B + Q$. Wegen $A \neq B$ und $P, Q \not{\mathrm{I}} g$ folgt

$$P = (A + P) \cap (B + P) = (A + Q) \cap (B + Q) = Q.$$

Hieraus folgt $\pi = 1$.

Damit ist 3.4 vollständig bewiesen.

Der Beweis von 3.4 liefert mehr als im Satz formuliert. Beim Nachweis, daß b) aus a) folgt, haben wir nämlich auch noch das folgende Korollar bewiesen.

3.5. Korollar. Ist Π eine pappossche projektive Ebene, ist Λ die Gruppe aller projektiven Kollineationen von Π und bezeichnet Λ_g^* die Einschränkung des Stabilisators Λ_g der Geraden g in Λ auf die Menge der mit g inzidierenden Punkte, so ist $\Lambda_g^* = D_g$.

Diese Korollar ist sehr nützlich, da es nämlich eine algebraische Beschreibung von D_g liefert. Als pappossche Ebene ist Π nämlich desarguessch und folglich von der Form $\Pi(V, K)$, wobei K ein kommutativer Körper ist. Ferner ist g ein Unterraum vom Range 2. Das Korollar besagt nun unter anderem, daß D_g gerade die von $\mathrm{GL}(g, K)$ auf $\mathcal{U}_1(g)$ induzierte Permutationsgruppe ist. Damit hat man die Wirkung von D_g auf $\mathcal{U}_1(g)$ völlig in der Hand.

Schließlich beweisen wir in diesem Abschnitt noch

3.6. Korollar. Ist Π eine pappossche Ebene und ist κ eine projektive Kollineation von Π, so gilt:

a) Ist g eine Gerade von Π, so ist die Einschränkung von κ auf die Menge der mit g inzidierenden Punkte eine Projektivität von g auf g^κ.

b) Ist P ein Punkt von Π, so ist die Einschränkung von κ auf die Menge der Geraden durch P eine Projektivität von P auf P^κ.

Beweis. Da pappossche Ebenen nach 1.9 selbstdual sind, gilt für die Klasse der papposschen Ebenen das Dualitätsprinzip. Es genügt daher, a) zu beweisen.

Es seien also A_1, A_2 und A_3 drei verschiedene Punkte auf g. Es gibt dann eine Projektivität π von g auf g^κ mit $A_i^\pi = A_i^\kappa$. Weil pappossche Ebenen desarguessch sind, gibt es nach 3.3 eine projektive Kollineation λ von Π mit $X^\lambda = X^\pi$ für alle $X \,\mathrm{I}\, g$. Es folgt $\kappa\lambda^{-1} \in \Lambda_g$ und $A_i^{\kappa\lambda^{-1}} = A_i$ für $i = 1, 2, 3$. Nach 3.5 ist daher $X^{\kappa\lambda^{-1}} = X$ für alle $X \,\mathrm{I}\, g$. Somit ist $X^\kappa = X^\lambda = X^\pi$ für alle $X \,\mathrm{I}\, g$, so daß die Einschränkung von κ auf die Menge der mit g inzidierenden Punkte mit π übereinstimmt. Damit ist auch dieses Korollar bewiesen.

4. Das Doppelverhältnis. Das Doppelverhältnis von vier kollinearen Punkten, welches wir jetzt einführen werden, spielt in der Zeichenpraxis eine gewisse Rolle und im größeren Rahmen der projektiven Geometrie kann man es sich gelegentlich bei theoretischen Untersuchungen zu Nutze machen. Wir beziehen es in unsere Untersuchungen ein, weil es uns gestattet, die Gruppe D_g in der Gruppe aller bijektiven Abbildungen der Punktmenge von g auf sich zu charakterisieren und weil es zu reizvollen algebraischen Fragen führt. Wir werden das Doppelverhältnis hier nur für pappossche Ebenen definieren. Wer wissen möchte, wie man Doppelverhältnisse in beliebigen desarguesschen Ebenen definiert, sei auf das im Literaturverzeichnis angegebene Buch von R. Baer verwiesen. Um Ihnen die Suche in diesem Buch zu erleichtern, sei erwähnt, daß das Doppelverhältnis auf Englisch *cross ratio* heißt.

Wir betrachten in diesem Abschnitt abgesehen von Satz 4.8 nur pappossche Ebenen, dh. also Ebenen der Form $\Pi(V, K)$ mit kommutativem Körper K.

4.1. Definition. Es seien A, B, C, D vier verschiedene kollineare Punkte von $\Pi(V, K)$. Ist $k \in K$, so nennen wir k *Doppelverhältnis* der Punkte A, B, C, D, in Zeichen $DV(A, B, C, D) = k$, falls es Vektoren a und b gibt mit $A = aK$, $B = bK$, $C = (a + b)K$ und $D = (a + bk)K$.

Zwei Bemerkungen sind zu machen. Die erste, weil einfachere, ist die, daß $k \neq 0$, 1 ist, da ja $D \neq A$, C ist. Die zweite ist die, daß k nicht von der Auswahl von a und b abhängt. Ist nämlich $A = a'K$, $B = b'K$, $C = (a' + b')K$ und $D = (a' + b'k')K$, so gibt es $\alpha, \beta, \gamma, \delta \in K$ mit $a = a'\alpha$, $b = b'\beta$, $a+b = (a'+b')\gamma$ und $a+bk = (a'+b'k')\delta$.

Es folgt

$$a'\alpha + b'\beta = a'\gamma + b'\gamma$$

und

$$a\alpha + b'\beta k = a'\delta + b'k'\delta.$$

Also ist $\alpha = \beta = \gamma$ und $\alpha = \delta$ sowie $\beta k = k'\delta$. Es folgt $\alpha k = k'\alpha$. Wegen $0 \neq a = a'\alpha$ ist $\alpha \neq 0$, so daß aufgrund der Kommutativität von K und der Gleichung $\alpha k = k'\alpha$ auch die Gleichung $k = k'$ gilt.

4.2. Satz. Ist $\Pi(V, K)$ eine pappossche Ebene, so gilt:

a) Sind A, B, C, D vier verschiedene kollineare Punkte von $\Pi(V, K)$, so existiert $DV(A, B, C, D)$.

b) Ist $0, 1 \neq k \in K$ und sind A, B, C drei verschiedene kollineare Punkte von $\Pi(V, K)$, so gibt es genau einen Punkt X, der dann auch von A, B, C verschieden ist, auf $A + B$ mit $DV(A, B, C, X) = k$.

Beweis. — a) nach 2.2 gibt es Vektoren a und b mit $A = aK$, $B = bK$ und $C = (a + b)K$. Nun ist $B + D = A + D$, so daß $a \in B + D$ gilt. Es gibt also ein $k \in K$ und ein $d \in D$ mit

$$a = b(-k) + d = -bk + d.$$

Wegen $B \neq A$ ist $d \neq 0$. Also ist $d = a + bk$ und

$$D = dK = (a + bk)K,$$

so daß $DV(A, B, C, D) = k$ ist.

b) Wiederum nach 2.2 gibt es a und b mit $A = aK$, $B = bK$ und $C = (a + b)K$. Setze $X = (a + bk)K$. Dann ist X ein Punkt mit $X \neq A$, B, C, da $k \neq 0, 1$ ist. Ferner sind A, B, C, X kollinear und es gilt $DV(A, B, C, X) = k$.

Es sei Y ein weiterer Punkt auf $A + B$ mit $DV(A, B, C, Y) = k$. Es gibt dann Vektoren a' und b' mit $A = a'K$, $B = b'K$, $C = (a' + b')K$ und $Y = (a' + b'k)K$. Es folgt $a = a'\alpha$, $b = b'\beta$, $a + b = (a' + b')\gamma$ mit α, β, $\gamma \in K^*$. Es folgt weiter $\alpha = \beta = \gamma$ und daher

$$a + bk = a'\alpha + b'\alpha k = (a' + b'k)\alpha,$$

so daß $X = Y$ ist, q. e. d.

4.3. Satz. Sind A, B, C, D vier verschiedene kollineare Punkte der papposschen Ebene $\Pi(V, K)$, so gilt:

a) $DV(B, A, C, D) = DV(A, B, C, D)^{-1}$.

b) $DV(D, A, B, C) = 1 - DV(A, B, C, D)$.

Beweis. Es sei $DV(A, B, C, D) = k$. Es gibt dann Vektoren a und b mit $A = aK$, $B = bK$, $C = (a + b)K$ und $D = (a + bk)K$.

a) Wegen $k \neq 0$ ist $D = (b+ak^{-1})K$. Ferner ist $B = bK$, $A = aK$, $C = (b+a)K$. Also ist $DV(B, A, C, D) = k^{-1}$.

b) Es ist

$$b \in B + A = D + A = (a + bk)K + aK.$$

Es gibt also α, $\beta \in K$ mit $b = (a + bk)\alpha + a\beta$. Es folgt $\alpha + \beta = 0$ und $k\alpha = 1$. Also ist $\alpha = k^{-1}$ und $\beta = -k^{-1}$. Somit ist $D = (ak^{-1} + b)K$, $A = (-ak^{-1})K$ und $B = [(ak^{-1} + b) + (-ak^{-1})]K$. Ferner ist

$$a + b = ak^{-1} + b + (-ak^{-1})(1 - k),$$

so daß

$$C = [(ak^{-1} + b) + (-ak^{-1})(1 - k)]K$$

ist. Hieraus folgt $DV(D, A, B, C) = 1 - k$, q. e. d.

Weil ein 4-Zyklus und eine Transposition bereits die symmetrische Gruppe vom Grade 4 erzeugen, gestattet 4.3 die Berechnung von $DV(U, X, Y, Z)$ für alle $\{U, X, Y, Z\}$ mit $\{U, X, Y, Z\} = \{A, B, C, D\}$ auf einfachste Weise. Ausgehend von $DV(A, B, C, D) = k$ erhält man sukzessive

$$
\begin{array}{ll}
DV(A, B, C, D) = k & \qquad DV(B, C, A, D) = (1 - k)^{-1} \\[4pt]
DV(D, A, B, C) = 1 - k & \qquad DV(D, B, C, A) = k(k - 1)^{-1} \\[4pt]
DV(C, D, A, B) = k & \qquad DV(B, D, C, A) = 1 - k^{-1} \\[4pt]
DV(B, C, D, A) = 1 - k. & \qquad DV(A, B, D, C) = k^{-1} \\[4pt]
DV(B, A, C, D) = k^{-1} & \qquad DV(C, A, B, D) = 1 - k^{-1} \\[4pt]
DV(A, D, B, C) = (1 - k)^{-1} & \qquad DV(C, B, A, D) = 1 - k \\[4pt]
DV(D, C, A, B) = k^{-1} & \qquad DV(D, C, B, A) = k \\[4pt]
DV(C, B, D, A) = (1 - k)^{-1} & \qquad DV(A, D, C, B) = 1 - k \\[4pt]
DV(D, B, A, C) = 1 - k^{-1} & \qquad DV(B, A, D, C) = k \\[4pt]
DV(C, D, B, A) = k^{-1} & \qquad DV(D, A, C, B) = (1 - k)^{-1} \\[4pt]
DV(A, C, D, B) = 1 - k^{-1}. & \qquad DV(B, D, A, C) = k(k - 1)^{-1} \\[4pt]
DV(C, A, D, B) = k(k - 1)^{-1} & \qquad DV(A, C, B, D) = k(k - 1)^{-1}.
\end{array}
$$

Diese Tabelle zeigt, daß die 24 Permutationen der Punkte A, B, C, D nur sechs Werte für das Doppelverhältnis ergeben, nämlich k, k^{-1}, $k(k - 1)^{-1}$, $1 - k^{-1}$, $(1 - k)^{-1}$ und $1 - k$. Von diesen Werten können durchaus einige gleich sein. So erhält man z. B. für $k = -1$ nur die Werte -1, $\frac{1}{2}$ und 2.

4.4. Definition. Sind A, B, C, D vier verschiedene kollineare Punkte einer papposschen Ebene, so nennt man A, B, C, D ein *harmonisches Punktequadrupel*, falls $DV(A, B, C, D) = -1$ ist. Ferner sagen wir, daß D der *vierte harmonische Punkt* zu A, B, C ist.

Harmonische Punktequadrupel gibt es nur, falls die Charakteristik des Koordinatenkörpers ungleich 2 ist, falls also $-1 \neq 1$ gilt. Ein wenig später werden wir mehr über harmonische Punktequadrupel erfahren.

Die Gruppe D_g ist in papposschen Ebenen auf der Punktmenge von g scharf dreifach transitiv. Der nächste Satz sagt unter anderem, wie sie die Punktequadrupel permutiert.

4.5. Satz. Es seien G und H Geraden der papposschen Ebene $\Pi(V, K)$. Ferner seien A, B, C, D vier verschiedene Punkte auf G und A', B', C', D' vier verschiedene Punkte auf H. Genau dann gibt es eine Projektivität π von G auf H mit $A^\pi = A'$, $B^\pi = B'$, $C^\pi = C'$ und $D^\pi = D'$, wenn $DV(A, B, C, D) = DV(A', B', C', D')$ ist.

Beweis. Es sei π eine Projektivität von G auf H mit $A^\pi = A'$ etc. Nach 3.3 gibt es eine projektive Kollineation κ von $\Pi(V, K)$, deren Einschränkung auf $\mathcal{U}_1(G)$ mit π übereinstimmt. Weil κ als projektive Kollineation von einer linearen Abbildung von V auf sich induziert wird, gibt es eine lineare Abbildung λ von G auf H mit $X^\lambda = X^\pi$ für alle $X \in \mathcal{U}_1(G)$. Es sei nun $k = DV(A, B, C, D)$. Es gibt dann Vektoren a, $b \in G$ mit $A = aK$, $B = bK$, $C = (a + b)K$ und $D = (a + bk)K$. Es folgt $A' = A^\lambda = a^\lambda K$, $B' = b^\lambda K$, $C' = (a^\lambda + b^\lambda)K$ und $D' = (a^\lambda + b^\lambda k)K$. Somit ist

$$DV(A', B', C', D') = k = DV(A, B, C, D).$$

Es sei umgekehrt $DV(A, B, C, D) = DV(A', B', C', D') = k$. Es gibt dann Vektoren a, $b \in G$ und a', $b' \in H$ mit $A = aK$, $B = bK$, $C = (a + b)K$, $D = (a + bk)K$, $A' = a'K$, $B' = b'K$, $C' = (a' + b')K$, und $D' = (a' + b'k)K$. Es gibt ferner eine lineare Abbildung λ von G auf H mit $a^\lambda = a'$ und $b^\lambda = b'$. Es folgt $A^\lambda = A'$, $B^\lambda = B'$, $C^\lambda = C'$ und $D^\lambda = D'$. Weil a und b eine Basis von G ist, was wir bereits ausnutzten, und weil a', b' eine Basis von H ist, ist λ bijektiv. Wie wir wissen, gibt es einen Punkt $P = pK$, der weder auf G noch auf H liegt. Wir können daher λ zu einer Bijektion von V auf sich fortsetzen durch die Vorschrift $p^\lambda = p$. Dann induziert λ eine projektive Kollineation κ in $\Pi(V, K)$ mit $A^\kappa = A'$. $B^\kappa = B'$, $C^\kappa = C'$ und $D^\kappa = D'$. Mittels 3.6 folgt dann die Existenz einer Projektivität π von G auf H mit $A^\pi = A'$, $B^\pi = B'$, $C^\pi = C'$ und $D^\pi = D'$, q. e. d.

Als nächstes beweisen wir die versprochene Kennzeichnung der Projektivitätengruppe.

4.6. Satz. Es sei $\Pi(V, K)$ eine pappossche Ebene. Ferner sei G eine Gerade von $\Pi(V, K)$ und σ sei eine Permutation von $\mathcal{U}_1(G)$. Genau dann gilt $\sigma \in D_G$, wenn für alle A, B, C, $D \in \mathcal{U}_1(G)$, die paarweise verschieden sind, gilt, daß

$$DV(A^\sigma, B^\sigma, C^\sigma, D^\sigma) = DV(A, B, C, D)$$

ist.

Beweis. Ist $\alpha \in D_G$, so gilt $DV(A^\sigma, B^\sigma, C^\sigma, D^\sigma) = DV(A, B, C, D)$ nach 4.5. Es sei also umgekehrt σ eine Permutation von $\mathcal{U}_1(G)$, die das Doppelverhältnis respektiert. Ferner seien A, B, C drei verschiedene Punkte auf G. Weil D_G auf $\mathcal{U}_1(G)$ nach 3.2 dreifach transitiv operiert, gibt es ein $\tau \in D_G$ mit $A^{\sigma\tau} = A$, $B^{\sigma\tau} = B$ und $C^{\sigma\tau} = C$. Setze $\rho = \sigma\tau$. Weil auch τ das Doppelverhältnis von vier Punkten invariant läßt, ist ρ eine Permutation von $\mathcal{U}_1(G)$, die das Doppelverhältnis von vier Punkten respektiert. Es ist also

$$DV(A, B, C, X) = DV(A^\rho, B^\rho, C^\rho, X^\rho) = DV(A, B, C, X^\rho)$$

für alle von A, B, C verschiedenen Punkte X auf G. Nach 4.2b) ist daher $X = X^\rho$, so daß $\rho = 1$ ist. Also ist $\sigma = \tau^{-1} \in D_G$, q. e. d.

Da es harmonische Punktequadrupel nur in Ebenen über Körpern der Charakteristik ungleich 2 gibt, beweisen wir zunächst einen Satz, der die Ebenen über solchen Körpern kennzeichnet. Dazu eine Definition.

4.7. Definition. Eine Menge von vier Punkten der projektiven Ebene Π heißt *Viereck* von Π, falls keine drei von ihnen kollinear sind. Ist A, B, C, D ein Viereck von Π, so heißen die Punkte $(A{+}B)\cap(C{+}D)$, $(A{+}C)\cap(B{+}D)$ und $(A{+}D)\cap(B{+}C)$ die *Diagonalpunkte* des Vierecks.

Wie das Beispiel der Ebene der Ordnung 2 zeigt, können die Diagonalpunkte eines Vierecks durchaus auch kollinear sein.

4.8. Satz. Ist Δ eine desarguessche projektive Ebene, so sind die folgenden Bedingungen äquivalent:

a) Der Koordinatenkörper von Δ hat die Charakteristik 2.

b) Alle von 1 verschiedenen Elationen von Δ haben die Ordnung 2.

c) Alle Vierecke von Δ haben kollineare Diagonalpunkte.

d) Es gibt ein Viereck mit kollinearen Diagonalpunkten in Δ.

e) Es gibt eine Elation der Ordnung 2 von Δ.

Beweis. — a) impliziert b): Es sei τ eine von 1 verschiedene Elation von Δ und g sei die Achse von τ. Die Gruppe $E(g)$ ist dann, wie wir wissen, ein Vektorraum über einem zum Koordinatenkörper von Δ isomorphen Körper. Es folgt $\tau^2 = \tau^0 = 1$. Wegen $\tau \neq 1$ ist daher $o(\tau) = 2$.

b) impliziert c): Es sei A, B, C, D ein Viereck von Δ. Es gibt dann eine Elation mit der Achse $A + D$ und dem Zentrum $(A + D) \cap (B + C)$ und mit $B^\tau = C$. Es folgt $C^\tau = B^{\tau^2} = B$. Daher ist

$$[(A + B) \cap (C + D)]^\tau = (A^\tau + B^\tau) \cap (C^\tau + D^\tau) = (A + C) \cap (B + D)$$

Weil $(A + D) \cap (B + C)$ das Zentrum von τ ist, folgt, daß die Diagonalpunkte kollinear sind.

c) impliziert d): Trivial.

d) impliziert e): Es sei A, B, C, D ein Viereck mit kollinearen Diagonalpunkten. Setze $S = (A+B) \cap (C+D)$, $T = (A+C) \cap (B+D)$ und $U = (A+D) \cap (B+C)$. Es gibt dann ein $\tau \in \Gamma(U, A+D)$ mit $B^\tau = C$. Wegen $S+U = T+U$ ist dann

$$S^\tau = [(A+B) \cap (S+U)]^\tau = (A^\tau + B^\tau) \cap (S+U)^\tau$$
$$= (A+C) \cap (S+U) = (A+C) \cap (T+U)$$
$$= T.$$

Es folgt

$$T^\tau = [(U+T) \cap (B+T)]^\tau = (U+T)^\tau \cap (B+T)^\tau$$
$$= (U+T) \cap (S+C) = (U+S) \cap (S+C)$$
$$= S.$$

Also ist $S^{\tau^2} = T^\tau = S$, so daß $\tau^2 = 1$ ist. Nun ist $\tau \neq 1$, so daß $o(\tau) = 2$ ist.

e) impliziert a): Es sei τ eine Elation der Ordnung 2 und g sei die Achse von τ. Weil $\mathrm{E}(g)$ ein Vektorraum über einem Körper L ist, der zum Koordinatenkörper von Δ isomorph ist, folgt aus $1 = \tau^2$, daß L und damit der Koordinatenkörper von Δ die Charakteristik 2 hat, q. e. d.

4.9. Definition. Ist Δ eine desarguessche projektive Ebene und hat der Koordinatenkörper von Δ die Charakteristik c, so nennen wir Δ *Ebene der Charakteristik c*.

4.10. Satz. Ist Δ eine pappossche Ebene der Charakteristik ungleich 2 und sind A, B, C, D vier verschiedene kollineare Punkte von Δ, so sind äquivalent:

a) A, B, C, D ist ein harmonisches Punktequadrupel.

b) Ist g eine von $A+B$ verschiedene Gerade durch C, ist ferner $\gamma \in \Gamma(D, g)$ und $A^\gamma = B$, so ist $\gamma^2 = 1$.

c) Es gibt eine von $A+B$ verschiedene Gerade g durch C und eine Involution $\gamma \in \Gamma(D, g)$ mit $A^\gamma = B$.

Beweis. — a) impliziert b): Wegen 4.6 und 3.6 ist

$$-1 = DV(A, B, C, D) = DV(A^\gamma, B^\gamma, C^\gamma, D^\gamma) = DV(B, B^\gamma, C, D).$$

Mit 4.3a) folgt
$$DV(B^\gamma, B, C, D) = (-1)^{-1} = -1.$$

Dreimalige Anwendung von 4.3b) liefert

$$DV(B, C, D, A) = DV(B, C, D, B^\gamma),$$

so daß nach 4.2b) folgt, daß $A = B^\gamma$ ist. Also ist $A^{\gamma^2} = B^\gamma = A$ und somit $\gamma^2 = 1$.

c) folgt unmittelbar aus b).

c) impliziert a): Es ist $A = A^{\gamma^2} = B^\gamma$ und daher

$$DV(A, B, C, D) = DV(A^\gamma, B^\gamma, C^\gamma, D^\gamma) = DV(B, A, C, D).$$

Ist $DV(A, B, C, D) = k$, so folgt mit 4.3a), daß $k = k^{-1}$ ist. Wegen $k \neq 1$ ist also $k = -1$, q. e. d.

Dieser Satz gibt uns nun eine Möglichkeit in die Hand, zu drei kollinearen Punkten A, B, C den vierten harmonischen Punkt zu konstruieren.

4.11. Satz. Es sei Δ eine pappossche Ebene der Charakteristik ungleich 2 und A, B, C seien drei verschiedene kollineare Punkte von Δ. Ist dann g eine von $A + B$ verschiedene Gerade durch C und sind S und T zwei verschiedene Punkte auf g mit $S, T \neq C$, so ist

$$D = ([[(A + S) \cap (B + T)] + [(B + S) \cap (A + T)]]) \cap (A + B)$$

der vierte harmonische Punkt zu A, B, C.

Der Beweis sei dem Leser als Übungsaufgabe überlassen.

Sind A und B zwei verschiedene Punkte der euklidischen Ebene und ist $C = (A + B) \cap g_\infty$, so ist der Mittelpunkt M der Strecke AB der vierte harmonische Punkt zu A, B, C, wie man mit Hilfe von 4.11 unmittelbar an der folgenden Skizze abliest. Harmonische Lage ist also nichts anderes als die projektive Deutung der Mittelpunktsrelation.

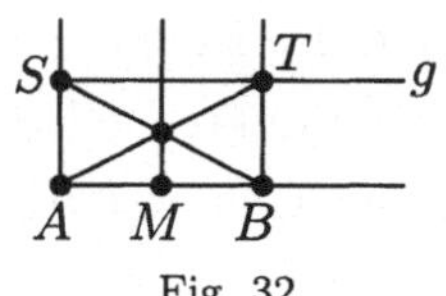

Fig. 32

Der nächste Satz hat vor allem historisches Interesse, führt aber andererseits auf die reizvolle algebraische Frage nach Körpern, deren Automorphismengruppe trivial ist. Er geht auf Untersuchungen von Staudts über die Gruppe der Projektivitäten der reellen projektiven Ebene zurück und ist weitgehender Verallgemeinerungen fähig. Näheres findet sich in dem schon mehrfach erwähnten Buch von R. Baer.

4.12. Satz. Es sei $\Pi(V, K)$ eine pappossche Ebene mit von 2 verschiedener Charakteristik. Ist G eine Gerade von $\Pi(V, K)$, so ist D_G genau denn die Menge aller Permutationen σ von $\mathcal{U}_1(G)$, die die Eigenschaft haben, daß $DV(A^\sigma, B^\sigma, C^\sigma, D^\sigma) = -1$ genau dann gilt, wenn $DV(A, B, C, D) = -1$ ist, wenn $\mathrm{Aut}(K) = \{1\}$ ist.

Beweis. Es sei D_G^* die Menge der fraglichen Permutationen von $\mathcal{U}_1(G)$. Nach 4.6 ist dann D_G in D_G^* enthalten. Es sei daher $\sigma \in D_G^*$. Wir zeigen, daß σ von einer semilinearen Abbildung des K-Vektorraumes G induziert wird. Weil D_G in D_G^* enthalten ist, können wir dazu annehmen, daß σ drei verschiedene Fixpunkte A,

B, C auf G hat. Es gibt dann a, $b \in G$ mit $A = aK$, $B = bK$ und $C = (a + b)K$. Ist $X \in \mathcal{U}_1(G)$ und $X \neq B$, so gibt es ein eindeutig bestimmtes $x \in K$ mit $X = (a + bx)K$. Wir definieren x^α durch

$$X^\sigma = (a + bx^\alpha)K.$$

Dann ist α eine Permutation von K mit $0^\alpha = 0$ und $1^\alpha = 1$. Für x, $y \in K$ mit $x \neq y$ ist

$$-1 = DV((a + bx)K, (a + by)K, (2a + b(x + y))K, (b(x - y))K)$$
$$= DV((a + bx)K, (a + by)K, (a + b2^{-1}(x + y))K, bK).$$

Somit ist

$$DV((a + bx^\alpha)K, (a + by^\alpha)K, (a + b(2^{-1}(x + y))^\alpha)K, bK) = -1.$$

Andererseits ist

$$DV((a + bx^\alpha)K, (a + by^\alpha)K, (2a + b(x^\alpha + y^\alpha))K, bK) = -1.$$

Mit 4.3b) und 4.2b) folgt

$$(a + b(2^{-1}(x + y))^\alpha)K = (2a + b(x^\alpha + y^\alpha))K.$$

Somit ist
$$2(2^{-1}(x + y))^\alpha = x^\alpha + y^\alpha.$$

Mit $y = 0$ folgt hieraus $2(2^{-1}x)^\alpha = x^\alpha$ für alle x. Daher ist

$$(x + y)^\alpha = x^\alpha + y^\alpha$$

für alle x, $y \in K$ mit $x \neq y$. Andererseits ist

$$(2x)^\alpha = 2(2^{-1}2x)^\alpha = 2x^\alpha,$$

so daß $(x + y)^\alpha = x^\alpha + y^\alpha$ für alle x, $y \in K$ gilt.

Es sei $x \neq 0$, 1, -1. Dann ist

$$(a + bx)2^{-1}(1 + x^{-1}) + (a - bx)2^{-1}(1 - x^{-1}) = a + b$$

und
$$(a + bx)2^{-1}(1 + x^{-1}) - (a - bx)2^{-1}(1 - x^{-1}) = ax^{-1} + bx$$
$$= (a + bx^2)x^{-1}.$$

Somit ist

$$DV((a + bx)K, (a - bx)K, (a + b)K, (a + bx^2)K) = -1.$$

Also ist

$$DV((a + bx^\alpha)K, (a + b(-x)^\alpha)K, (a + b)K, (a + b(x^2)^\alpha)K) = -1.$$

Ferner ist $0^\alpha = 0$, $1^\alpha = 1$ und $(-1)^\alpha = -1$. Letzteres, weil α additiv ist. Aus $x \neq 0$, 1, -1 folgt also $x^\alpha \neq 0$, 1, -1, so daß wir in unserem obigen Argument x durch x^α ersetzen können. Daher ist auch

$$DV((a + bx^\alpha)K, (a - bx^\alpha)K, (a + b)K, (a + b(x^\alpha)^2)K) = -1.$$

Weil α additiv ist, ist $-x^\alpha = (-x)^\alpha$. Mittels 4.2b) folgt daher $(x^2)^\alpha = (x^\alpha)^2$ für alle $x \in K^2$ und damit für alle $x \in K$. Somit ist

$$\begin{aligned}
(x^\alpha)^2 + 2x^\alpha y^\alpha + (y^\alpha)^2 &= (x^\alpha + y^\alpha)^2 \\
&= ((x + y)^\alpha)^2 \\
&= ((x + y)^2)^\alpha \\
&= (x^2 + 2xy + y^2)^\alpha \\
&= (x^2)^\alpha + 2(xy)^\alpha + (y^2)^\alpha \\
&= (x^\alpha)^2 + 2(xy)^\alpha + (y^\alpha)^2.
\end{aligned}$$

Folglich ist $x^\alpha y^\alpha = (xy)^\alpha$ für alle x, $y \in K$, so daß $\alpha \in \mathrm{Aut}(K)$ gilt.

Es sei nun $\mathrm{Aut}(K) = \{1\}$. Dann ist $\alpha = 1$ und folglich $\sigma = 1$, so daß $D_G = D_G^*$ ist. Es sei umgekehrt $D_G = D_G^*$. Ferner sei $\beta \in \mathrm{Aut}(K)$. Wir definieren die semilineare Abbildung τ von G durch

$$(ak + bl)^\tau = ak^\beta + bl^\beta.$$

Wegen $(x + y)^\tau = x^\tau + y^\tau$ und $(x - y)^\tau = x^\tau - y^\tau$ folgt, daß die von τ auf $\mathcal{U}_1(G)$ induzierte Permutation ρ zu $D_G^* = D_G$ gehört. Nun ist $(aK)^\rho = a^\tau K = aK$, $(bK)^\rho = b^\tau K = bK$ und $((a + b)K)^\rho = (a + b)^\tau K = (a + b)K$. Daher ist $\rho = 1$ und folglich $\beta = 1$. Somit ist $\mathrm{Aut}(K) = \{1\}$, q. e. d.

Dieser Satz zeigt einmal mehr, daß es für die projektive Geometrie von Interesse ist, über die Automorphismengruppe des Koordinatenkörpers Bescheid zu wissen. Über einige interessante Beispiele werden wir im Anhang zu diesem Kapitel berichten.

Was schließlich die Anwendungen des Doppelverhältnisses in der Darstellenden Geometrie anbelangt, so sei etwa auf F. Rehbock, Darstellende Geometrie, 3. Aufl., S. 192 verwiesen.

5. Anhang. Im zweiten Kapitel sahen wir, daß die Kollineationen von $\Pi(V, K)$ genau die Permutationen von $\mathcal{U}_1(V)$ sind, die durch semilineare Abbildungen von V auf sich induziert werden. Damit sahen wir zum ersten Mal, daß die Automorphismen von K beim Studium der projektiven Geometrie nicht außer acht gelassen werden können. Ferner gilt, was eine einfache Übungsaufgabe ist, daß die Gruppe der projektiven Kollineationen genau dann die volle Kollineationsgruppe von $\Pi(V, K)$ ist, wenn alle Automorphismen von K innere Automorphismen sind. Dies ist sicherlich dann der Fall, wenn $\mathrm{Aut}(K) = \{1\}$ ist. Solche Körper spielten wiederum bei Satz 4.12 eine prominente Rolle. Zu diesen Körpern gehören natürlich die Primkörper. Es gibt aber noch weitere Körper mit trivialer Automorphismengruppe. Das für uns interessanteste Beispiel ist der Körper der reellen Zahlen. Daß $\mathrm{Aut}(\mathbf{R}) = \{1\}$ ist, liegt letztlich daran, daß die Menge der nicht negativen reellen Zahlen mit der Menge der Quadrate von $\mathbf{R}$ übereinstimmt und daß $\mathbf{Q}$ in $\mathbf{R}$ dicht liegt.

Wir zeigen nun rasch, daß $\mathrm{Aut}(\mathbf{R}) = \{1\}$ ist. Dazu sei $\varphi \in \mathrm{Aut}(\mathbf{R})$. Dann ist $\varphi(r) = r$ für alle rationalen Zahlen r, da ein Automorphismus eines Körpers K auf dem in K enthaltenen Primkörper stets die Identität induziert. Ist nun $y \in \mathbf{R}$ und $y > 0$, so gibt es ein $x \in \mathbf{R}$ mit $x^2 = y$. Es folgt

$$\varphi(y) = \varphi(x^2) = \varphi(x)^2 > 0.$$

Sind $x, y \in \mathbf{R}$ und ist $x > y$, so ist $x - y > 0$ und daher

$$\varphi(x) - \varphi(y) = \varphi(x - y) > 0,$$

so daß $\varphi(x) > \varphi(y)$ ist. Es sei nun $w \in \mathbf{R}$ und $\varphi(w) \neq w$. Ist $\varphi(w) < w$, so gibt es eine rationale Zahl r mit $\varphi(w) < r < w$. Nach den soeben gemachten Bemerkungen ist

$$\varphi(w) < r = \varphi(r) < \varphi(w),$$

ein Widerspruch. Ist $w < \varphi(w)$, so gibt es eine rationale Zahl s mit $w < s < \varphi(w)$. Hieraus folgt ebenfalls ein Widerspruch, nämlich

$$\varphi(w) < \varphi(s) = s < \varphi(w).$$

Also ist doch $\varphi(x) = x$ für alle $x \in \mathbf{R}$. Damit ist $\mathrm{Aut}(\mathbf{R}) = \{1\}$ gezeigt.

Ist $\mathbf{Q}_p$ der Körper der Henselschen p-adischen Zahlen, so ist ebenfalls $\mathrm{Aut}(\mathbf{Q}_p) = \{1\}$. Dies zu zeigen, ist weit schwieriger als nachzuweisen, daß $\mathrm{Aut}(\mathbf{R}) = \{1\}$ ist. Einen Beweis finden Sie in H. Salzmann, Zahlbereiche II, S. 421.

$\mathrm{Aut}(\mathbf{R}) = \{1\}$, bzw. $\mathrm{Aut}(\mathbf{Q}_p) = \{1\}$ hat nach dem Satz von Skolem-Noether zur Folge, daß ein Quaternionenschiefkörper, dessen Zentrum zu $\mathbf{R}$ bzw. $\mathbf{Q}_p$ isomorph ist, nur innere Automorphismen besitzt. Wie man solche Quaternionenschiefkörper konstruieren kann, finden Sie z. B. in meiner Einführung in die Algebra, S. 205–211. Den Satz von Skolem-Noether finden Sie etwa in I. N. Herstein, Non-Commutative Rings, S. 99.

Ist L_n das Laguerrepolynom vom Grade n, so ist der Zerfällungskörper Z_n von L_n über $\mathbf{Q}$ vom Grade $n!$ und die Galoissche Gruppe von Z_n ist die symmetrische Gruppe S_n vom Grade n (I. Schur, Werke Bd. 3, S. 191). Weil die Wurzeln von L_n allesamt reell sind, ist Z_n in $\mathbf{R}$ enthalten. Der Stabilisator S einer Ziffer in S_n ist eine zur S_{n-1} isomorphe, maximale Untergruppe vom Index n. Weil der Normalisator von S in S_n gleich S ist, liefert die Galoissche Theorie, daß der Fixkörper Fix(S) von S eine Erweiterung vom Grade n von $\mathbf{Q}$ ist, dessen Automorphismengruppe gleich 1 ist. L_n hat also eine große, Fix(S) eine kleine Automorphismengruppe. Weil Fix(S) in $\mathbf{R}$ enthalten ist, besitzt Fix(S) eine Anordnung, so daß es einen Quaternionenschiefkörper gibt, dessen Zentrum Fix(S) ist. Dieser Quaternionenschiefkörper besitzt dann wiederum nur innere Automorphismen.

In der Funktionentheorie spielen nur zwei Automorphismen von C eine Rolle, nämlich die Identität und das Konjugieren. Dies liegt daran, daß dies die einzigen stetigen Automorphismen von C sind. Die Mächtigkeit von Aut(C) ist aber gleich $2^{2^{\omega}}$. Dies kann man wiederum bei Salzmann, Zahlbereiche III, nachlesen.

GF(p^r) hat eine zyklische Automorphismengruppe der Ordnung r. Die Automorphismengruppe des algebraischen Abschlusses A_p von GF(p^r) ist wiederum riesengroß. Sie ist isomorph zur additiven Gruppe des Ringes, den man erhält, wenn man das cartesische Produkt über alle Ringe von ganzen Henselschen q-adischen Zahlen bildet. Dies findet sich in meinem Buch Galoisfelder, Kreisteilungskörper und Schieberegisterfolgen.

IV

Polaritäten und Kegelschnitte

In diesem Kapitel wenden wir uns einem Gegenstand zu, der seit mehr als zweitausend Jahren die Aufmerksamkeit der Geometer immer wieder auf sich gezogen hat und der durch die astronomischen Untersuchungen Keplers auch für die Astronomie und die Physik interessant geworden ist. Es sind die Kegelschnitte, die uns hier beschäftigen werden.

Da die ursprüngliche Definition der Kegelschnitte bei den Alten mit Hilfe des Drehkegels geschah, also von metrischen Eigenschaften der räumlichen Geometrie Gebrauch machte, wir aber keine räumliche Geometrie betreiben und eine Metrik noch nicht zu sehen, ja in der Allgemeinheit, in der wir Kegelschnitte behandeln wollen, nicht einmal zu haben ist, müssen wir uns nach einer anderen Definition umsehen. Da kommt uns zu Hilfe, daß v. Staudt im vorigen Jahrhundert bemerkte, daß ein Kegelschnitt der reellen projektiven Ebene nichts anderes ist als die Menge der absoluten Punkte einer Polarität. Wir werden daher hier die Kegelschnitte auf diesem Wege definieren. Dies ist ein Vorgang, der immer wieder in der Mathematik zu beobachten ist, daß ein Satz zu einer Definition wird. Man denke nur an den Satz von Heine-Borel, der zur Definition der kompakten topologischen Räume führte.

In diesem Kapitel werden uns ausschließlich die projektiven Eigenschaften der Kegelschnitte interessieren, so daß Namen wie Parabel, Hyperbel, Ellipse, Achsen, Brennpunkte, etc. hier nicht auftreten werden, da sie projektiv nicht zu erfassen sind. Diesen Dingen werden wir vielmehr in Kapitel VI nachgehen, nachdem wir insbesondere noch die Orthogonalitätsrelationen in affinen Ebenen untersucht haben, die wir bei den affinen Untersuchungen der Kegelschnitte benötigen.

Höhepunkte dieses Kapitels sind der Satz von Pascal, die Steinersche Erzeugung der Kegelschnitte, die die projektive Fassung des uralten Satzes von Thales ist, daß nämlich der Durchmesser eines Kreises von jedem Punkt der Peripherie aus unter einem rechten Winkel gesehen wird, sowie der Satz von Segre über Ovale in endlichen desarguesschen Ebenen ungerader Ordnung. Interessant auch der Satz, daß jede projektive Polarität einer endlichen desarguesschen Ebene ungerader Ordnung einen Kegelschnitt definiert, was in Ebenen über angeordneten Körpern, wie etwa auch in den Ebenen über den Henselschen p-adischen Zahlen nicht richtig ist.

Bevor wir uns jedoch an die Untersuchung der Kegelschnitte begeben, müssen wir die Polaritäten projektiver Ebenen genauer studieren, da wir ja über sie einen Zugang zu den Kegelschnitten finden wollen. Dies wird in den ersten beiden Abschnitten geschehen. Dabei wird sich herausstellen, daß sich Polaritäten in Ebenen der Charakteristik 2 völlig anders verhalten als Polaritäten in Ebenen mit von 2 verschiedener Charakteristik, so daß wir die Ebenen der Charakteristik 2 im weiteren Verlauf aus unseren Betrachtungen ausschließen werden. Es sei jedoch ausdrücklich gesagt, daß dies nur der Bequemlichkeit halber geschieht, da man z. B. über die Steinersche Erzeugung auch zu Kegelschnitten in Ebenen der Charakteristik 2 gelangen kann.

1. Polaritäten endlicher projektiver Ebenen. Wir beginnen unser Studium der Polaritäten mit einem Satz von R. Baer, der besagt, daß jede Polarität einer endlichen projektiven Ebene einen absoluten Punkt besitzt. Zuvor müssen wir jedoch noch sagen, was wir unter einer Polarität einer beliebigen, dh. nicht notwendig endlichen projektiven Ebene verstehen.

1.1. Definition. Ist κ eine Korrelation der projektiven Ebene Π, so heißt κ *Polarität* von Π, falls $\kappa^2 = 1$ ist. Ist P ein Punkt von Π, so heißt P^κ *Polare* von P, und ist g eine Gerade von Π, so heißt g^κ *Pol* von g.

1.2. Satz. Ist κ eine Polarität der projektiven Ebene Π und ist P ein Punkt von Π und $g = P^\kappa$ seine Polare, so ist P genau dann ein absoluter Punkt von κ, wenn g eine absolute Gerade von κ ist. Jede absolute Gerade von κ trägt genau einen absoluten Punkt und jeder absolute Punkt liegt auf genau einer absoluten Geraden. Es gibt einen nicht absoluten Punkt in Π.

Zum Beweis benutze man III.1.6.

Eigenwerte und Eigenvektoren von Matrizen zu bestimmen, ist im allgemeinen recht schwierig. Manchmal hat man jedoch Glück, so wie im Falle des nächsten Hilfssatzes, der uns bei der Untersuchung der Polaritäten endlicher projektiver Ebenen gute Dienste leisten wird.

1.3. Hilfssatz. Es sei E die $(v \times v)$-Einheitsmatrix und J sei die $(v \times v)$-Matrix, deren Koeffizienten alle 1 sind. Sind dann n und λ reelle Zahlen, so ist $n + \lambda v$ ein Eigenwert mit der Vielfachheit 1 und n ein Eigenwert mit der Vielfachheit $v - 1$ der Matrix $nE + \lambda J$.

Beweis. Es sei $e_i = (e_{ij})^t$ mit $e_{1j} = 1$ für $j = 1, \ldots, v$ und

$$e_{ij} = \begin{cases} 0, & \text{falls } j \neq i - 1, i, \\ 1, & \text{falls } j = i - 1, \\ -1, & \text{falls } j = i, \end{cases}$$

für $i = 2, \ldots, v$. Dann ist

$$(nE + \lambda J)e_1 = nEe_1 + Je_1 = ne_1 + \lambda v e_1 = (n + \lambda v)e_1$$

und

$$(nE + \lambda J)e_i = nEe_i + \lambda J e_i = ne_i$$

für $i = 2, \ldots, v$. Sind nun $k_1, \ldots, k_v$ reelle Zahlen mit $\sum_{i=1}^{v} k_i e_i = 0$, so folgt

$$0 = J\left(\sum_{i=1}^{v} k_i e_i\right) = \sum_{i=1}^{v} k_i(Je_i) = k_1 v e_1.$$

Hieraus folgt $k_1 = 0$ und damit

$$\sum_{i=2}^{v} k_i e_i = 0.$$

Dies hat schließlich $k_2 = \ldots = k_v = 0$ zur Folge, wie man unmittelbar sieht. Somit sind die $e_1, \ldots, e_v$ linear unabhängig, so daß 1.3 bewiesen ist.

1.4. Definition. Es sei $\mathcal{I} = (\mathcal{P}, \mathcal{G}, \mathrm{I})$ eine endliche Inzidenzstruktur mit $|\mathcal{P}| = v$ und $|\mathcal{G}| = b$. Ferner sei $A = (a_{ij})$ eine $(v \times b)$-Matrix mit $a_{ij} \in \{0, 1\}$. Die Matrix A heißt *Inzidenzmatrix* von $\mathcal{I}$, falls es eine Numerierung $P_1, \ldots, P_v$ der Punkte und eine Numerierung $g_1, \ldots, g_b$ der Geraden von $\mathcal{I}$ gibt, so daß genau dann $P_i \,\mathrm{I}\, g_j$ gilt, wenn $a_{ij} = 1$ ist.

Diesem Konzept der Inzidenzmatrix sind wir bei Beispiel I.1.4 schon einmal begegnet.

Jede endliche Inzidenzstruktur hat natürlich eine Inzidenzmatrix, da jede Numerierung von $\mathcal{P}$ und $\mathcal{G}$ eine solche liefert. Dies ist die erste Bemerkung über Inzidenzmatrizen. Die zweite ist die, daß die zu A transponierte Matrix A^t eine Inzidenzmatrix von $\mathcal{I}^{\mathrm{d}}$ ist.

1.5. Satz. Ist A eine Inzidenzmatrix der endlichen projektiven Ebene Π, ist n die Ordnung von Π und $v = n^2 + n + 1$, so ist

$$AA^t = A^t A = nE + J,$$

wenn E die $(v \times v)$-Einheitsmatrix und J die $(v \times v)$-Matrix ist, deren Koeffizienten alle 1 sind.

Beweis. Weil A^t Inzidenzmatrix von Π^{d} ist, genügt es wegen $A^{t^2} = A$ zu zeigen, daß $AA^t = nE + J$ ist. Diese Gleichung folgt aber daraus, daß durch jeden Punkt von Π genau $n + 1$ Geraden gehen und daß zwei verschiedene Punkte mit genau einer Geraden inzidieren (Satz I.1.15).

1.6. Satz (Baer). Ist Π eine endliche projektive Ebene und ist κ eine Polarität von Π, so besitzt κ einen absoluten Punkt.

Beweis. Es sei $P_1, \ldots, P_v$ eine beliebige Numerierung der Punkte von Π. Wir numerieren die Geraden dann durch die Vorschrift $g_i = P_i^\kappa$ für alle i. Ist dann $A = (a_{ij})$ die zugehörigen Inzidenzmatrix von Π, so gilt $a_{ij} = 1$ genau dann, wenn $P_i \,\mathrm{I}\, g_j$ ist. Dies ist wiederum genau dann der Fall, wenn

$$P_j = P_j^{\kappa^2} = g_j^\kappa \,\mathrm{I}\, P_i^\kappa = g_i$$

ist. Dies ist aber genau dann der Fall, wenn $a_{ji} = 1$ ist. Somit ist $A = A^t$ und daher gilt nach 1.5 die Gleichung $A^2 = nE + J$, falls n die Ordnung von P ist. Andererseits gilt $a_{ii} = 1$ genau dann, wenn

$$P_i \,\mathrm{I}\, g_i = P_i^\kappa$$

ist. Somit ist $\mathrm{Spur}(A)$ die Anzahl der absoluten Punkte von κ. Nach 1.3 hat A^2 den Eigenwert $n + n^2 + n + 1 = (n+1)^2$ mit der Vielfachheit 1 und den Eigenwert n mit der Vielfachheit $n^2 + n$. Weil A als symmetrische Matrix diagonalisierbar ist, sind die Quadrate der Eigenwerte von A gerade die Eigenwerte von A^2. Einer der Eigenwerte von A ist aber $n + 1$ (zum Eigenvektor $(1, 1, \ldots, 1)^t$), da die Zeilensummen von A alle gleich $n + 1$ sind. Weil alle Eigenwerte einer symmetrischen Matrix reell sind, folgt, daß die restlichen Eigenwerte von A gleich $\sqrt{n}$ oder $-\sqrt{n}$ sind. Es sei a die Vielfachheit von $\sqrt{n}$ als Eigenwert von A und b sei die Vielfachheit von $-\sqrt{n}$. Dann ist

$$\mathrm{Spur}(A) = n + 1 + (a - b)\sqrt{n}.$$

Es sei nun $\mathrm{Spur}(A) = 0$. Dann ist $\sqrt{n}$ eine rationale Zahl und daher $\sqrt{n} = k \in \mathbf{N}$. Es folgt

$$0 = k^2 + 1 + (a - b)k \equiv 1 \bmod k,$$

was wegen $k = \sqrt{n} \geq \sqrt{2} > 1$ ein Widerspruch ist. Also ist $\mathrm{Spur}(A) \neq 0$. Weil $\mathrm{Spur}(A)$ als Anzahl der absoluten Punkte von κ eine nicht negative ganze Zahl ist, folgt $\mathrm{Spur}(A) \geq 1$, q. e. d.

Satz und Beweis kann man in mancherlei Weise verallgemeinern. So liefert die Normalität von A zusammen mit ein wenig Kenntnis über ganze algebraische Zahlen, daß jede Korrelation einer endlichen projektiven Ebene wenigstens einen absoluten Punkt hat. Überdies zeigt der hier vorgeführte Beweis, daß jede Polarität von Π genau $n + 1$ absolute Punkte hat, falls n kein Quadrat ist. Man kann darüberhinaus zeigen, daß stets $a - b \geq 0$ gilt, so daß jede Polarität mindestens $n + 1$ absolute Punkte hat. Damit sind immer noch nicht alle Verallgemeinerungen und Verfeinerungen erschöpft. Näheres finden Sie in P. Dembowski, Finite Geometries.

2. Darstellung von Polaritäten durch symmetrische Formen. In diesem Abschnitt werden wir unser algebraisches Rüstzeug etwas weiter entwickeln und insbesondere zeigen, daß die Polaritäten genau diejenigen Korrelationen sind, die sich durch symmetrische α-Semibilinearformen darstellen lassen. Dazu definieren wir zunächst den Begriff der symmetrischen α-Semibilinearform.

2.1. Definition. Es sei f eine α-Semibilinearform des K-Vektorraumes V. Wir nennen f *symmetrisch*, falls $\alpha^2 = 1$ ist und falls für alle x, $y \in V$ die Gleichung $f(x, y) = f(y, x)^\alpha$ gilt. Beachten Sie, daß wir NICHT verlangen, daß $\alpha \neq 1$ ist.

Als erstes zeigen wir

2.2. Satz. Es sei V ein Vektorraum vom Rang 3 über K. Ist f eine nicht ausgeartete, symmetrische α-Semibilinearform auf V, so ist die durch f dargestellte Korrelation κ von $\Pi(V, K)$ eine Polarität von $\Pi(V, K)$.

Beweis. Es sei P ein Punkt von $\Pi(V, K)$. Dann ist

$$P^\kappa = \{y \mid y \in V, f(x, y) = 0 \text{ für alle } x \in P\}$$

(Definition II.5.10). Ferner ist

$$P^{\kappa^2} = \{z \mid z \in V, f(y,z) = 0 \text{ für alle } y \in P^\kappa\}.$$

Ist $x \in P$, so ist $f(x,y) = 0$ für alle $y \in P^\kappa$. Weil f symmetrisch ist, folgt $f(y,x)^\alpha = 0$ und damit $f(y,x) = 0$ für alle $y \in P^\kappa$. Somit ist $P \subseteq P^{\kappa^2}$ und daher $P = P^{\kappa^2}$, da ja P^{κ^2} ein Punkt ist. Hieraus folgt schließlich $\kappa^2 = 1$, da κ^2 eine Kollineation ist, die alle Punkte von $\Pi(V,K)$ festläßt, q. e. d.

2.3. Satz. Es sei V ein Vektorraum vom Rang 3 über K. Ist κ eine Polarität von $\Pi(V,K)$, so gibt es eine symmetrische α-Semibilinearform auf V, die κ darstellt.

Beweis. Nach II.5.11 gibt es eine β-Semibilinearform g, die κ darstellt. Nach 1.2 gibt es einen Punkt $P = wK$, der nicht absolut ist. Es folgt $k = g(w,w) \neq 0$. Wir definieren α durch

$$l^\alpha = k^{-1}l^\beta k$$

für alle $l \in K$ und f durch

$$f(x,y) = k^{-1}g(x,y)$$

für alle x, $y \in V$. Dann ist f eine α-Semibilinearform, die ebenfalls κ darstellt, wie man leicht nachrechnet. Überdies ist $f(w,w) = 1$. Weil P nicht absolut ist, ist $P \cap P^\kappa = \{0\}$. Daher gilt

(1) Es ist $V = P \oplus P^\kappa$.

Weil $k^2 = 1$ ist und da κ durch f dargestellt wird, gilt ferner

(2) Sind x, $y \in V$ und gilt $f(x,y) = 0$, so gilt auch $f(y,x) = 0$.

Als nächstes zeigen wir

(3) Sind x, $y \in P^\kappa$ und a, $b \in K$ und gilt ferner $f(x,y) = a^\alpha b$, so ist $f(y,x) = b^\alpha a$.

Wegen x, $y \in P^\kappa$ gilt $f(w,x) = f(w,y) = 0$. Nach (2) ist daher auch $f(x,w) = f(y,w) = 0$. Daher gilt

$$f(wa + x, wb - y) = a^\alpha f(w,w)b - a^\alpha f(w,y) + f(x,w)b - f(x,y)$$
$$= a^\alpha b - a^\alpha b = 0.$$

Nach (2) ist daher

$$0 = f(wb - y, wa + x) = b^\alpha f(w,w)a + b^\alpha f(w,x) - f(y,w)a - f(y,x)$$
$$= b^\alpha a - f(y,x),$$

so daß (3) bewiesen ist.

(4) Sind x, $y \in P^\kappa$, so ist $f(x,y)^\alpha = f(y,x)$.

Setze $f(x,y) = b$ und $a = 1$. Dann ist $f(x,y) = 1^\alpha b$, so daß nach (3) die Gleichung $f(y,x) = b^\alpha = f(x,y)^\alpha$ gilt.

(5) Es ist $\alpha^2 = 1$.

Wegen $V = P \oplus P^\kappa = (P^\kappa)^\kappa \oplus P^\kappa$ gibt es x, $y \in P^\kappa$ mit $f(x,y) \neq 0$. Wegen $f(x,yk) = f(x,y)k$ gibt es dann auch solche x, $y \in P^\kappa$, für die $f(x,y) = 1$ ist. Es sei $0 \neq a \in K$. Dann ist auch $a^\alpha \neq 0$, so daß es ein $b \in K$ gibt mit $a^\alpha b = 1 = f(x,y)$. Nach (3) ist $f(y,x) = b^\alpha a$. Mit (4) folgt, da α ja ein Antiautomorphismus ist, daß

$$b^\alpha a^{\alpha^2} = (a^\alpha b)^\alpha = f(x,y)^\alpha = f(y,x) = b^\alpha a$$

ist. Wegen $b \neq 0$ ist auch $b^\alpha \neq 0$ und daher $a^{\alpha^2} = a$. Hieraus folgt $\alpha^2 = 1$.

Es seien nun u, $v \in V$. Wegen $V = P \oplus P^\kappa = wK \oplus V^\kappa$ gibt es dann k, $l \in K$ und x, $y \in P^\kappa$ mit $u = wk + x$ und $v = wl + y$. Daher ist

$$f(u,v) = k^\alpha f(w,w)l + k^\alpha f(w,y) + f(x,w)l + f(x,y) = k^\alpha l + f(x,y).$$

Mit (4) und (5) folgt dann schließlich

$$f(u,v)^\alpha = (k^\alpha l + f(x,y))^\alpha = l^\alpha k^{\alpha^2} + f(x,y)^\alpha = l^\alpha k + f(y,x) = f(v,u),$$

q. e. d.

Beim Beweis von 2.2 haben wir nicht benutzt, daß $\alpha^2 = 1$ ist. Es genügte zu wissen, daß aus $f(x,y) = 0$ folgt, daß $f(y,x) = 0$ ist. Wie der Beweis von 2.3 zeigt, folgt aus dieser Bedingung die Symmetrie von f, also auch $\alpha^2 = 1$, falls es ein w mit $f(w,w) = 1$ gibt.

2.4. Satz. Es seien G und H zwei Geraden der projektiven Ebene $\Pi(V,K)$ und κ sei eine Polarität von $\Pi(V,K)$. Dann sind äquivalent:

a) $V = G \oplus H^\kappa$.

b) $G \cap H^\kappa = \{0\}$.

c) $G^\kappa \cap H = \{0\}$.

d) $V = G^\kappa \oplus H$.

Der Beweis von 2.4 ist eine einfache Übungsaufgabe.

2.5. Satz. Es sei κ eine Polarität der projektiven Ebene $\Pi(V,K)$ und G und H seien zwei Geraden von $\Pi(V,K)$ mit $V = G \oplus H^\kappa$. Ist $P \in \mathcal{U}_1(G)$, so definieren wir P^σ durch $P^\sigma = H \cap P^\kappa$. Dann ist σ eine Bijektion von $\mathcal{U}_1(G)$ auf $\mathcal{U}_1(H)$.

Beweis. Wäre P^σ kein Punkt, so wäre $H = P^\kappa$, da ja $\mathrm{Rg}(H \cap P^\kappa) \geq 1$ ist. Wegen $P = P \cap G$ ist $P^\kappa = P^\kappa + G^\kappa$, so daß $G^\kappa \cap P^\kappa = G^\kappa$ ist. Mit 2.4 folgt daher der Widerspruch $G^\kappa = G^\kappa \cap H = \{0\}$. Also ist P^σ doch ein Punkt. Definiert man τ durch $Q^\tau = G \cap Q^\kappa$ für alle $Q \in \mathcal{U}_1(H)$, so folgt mit 2.4 und dem soeben Bewiesenen, daß τ eine Abbildung von $\mathcal{U}_1(H)$ in $\mathcal{U}_1(G)$ ist. Nun ist

$$P^{\sigma\tau} = (H \cap P^\kappa)^\tau = G \cap (H \cap P^\kappa)^\kappa = G \cap (H^\kappa + P^{\kappa^2}) = G \cap (H^\kappa + P) \supseteq P.$$

Da $P^{\sigma\tau}$ ein Punkt ist, ist $P^{\sigma\tau} = P$. Ebenso folgt $Q^{\tau\sigma} = Q$ für alle $Q \in \mathcal{U}_1(H)$. Daher ist σ bijektiv, q. e. d.

2.6. Definition. Die in 2.5 definierte Abbildung σ heißt die *κ-Abbildung* von G auf H.

Als nächstes gehen wir der Frage nach, wann κ-Abbildungen Projektivitäten sind. Dazu benötigen wir eine algebraische Beschreibung der κ-Abbildungen, die wir im nächsten Hilfssatz bereitstellen.

2.7. Hilfssatz. Es sei κ eine Polarität der projektiven Ebene $\Pi(V, K)$ und f sei eine symmetrische α-Semibilinearform, die κ darstellt. Ferner seien G und H Geraden von $\Pi(V, K)$ mit $V = G \oplus H^\kappa$. Sind dann $a, b \in G$ mit $G = aK + bK$ und ist σ die κ-Abbildung von G auf H, so gibt es $a', b' \in H$ mit $H = a'K + b'K$ und $(bK)^\sigma = b'K$ sowie

$$((a + bx)K)^\sigma = (a' + b'x^\alpha)K$$

für alle $x \in K$.

Beweis. Es gibt $a'', b'' \in H$ mit $(aK)^\sigma = a''K$, $(bK)^\sigma = b''K$ und $((a + b)K)^\sigma = (a'' + b'')K$. Aus $a''K \subseteq (aK)^\kappa$ folgt $f(a, a'') = 0$ und $f(a'', a) = 0$. Wäre $f(b, a'') = 0$, so folgte

$$G^\kappa = a''K \subseteq a''K + b''K = H$$

im Widerspruch zu $G^\kappa \cap H = \{0\}$ (Satz 2.4). Setze $k = f(b, a'')$. Dann ist also $k \neq 0$. Setze ferner $a' = a''k^{-1}$, $b' = b''k^{-1}$. Dann ist $(aK)^\sigma = a'K$, $(bK)^\sigma = b'K$, $((a + b)K)^\sigma = (a' + b')K$ und $f(b, a') = 1$. Überdies ist $H = a'K + b'K$. Ferner ist $f(a, a') = 0 = f(b, b')$ und $f(a + b, a' + b') = 0$. Daher ist

$$0 = f(a, a') + f(a, b') + f(b, a') + f(b, b') = f(a, b') + 1$$

und folglich $f(a, b') = -1$. Daher ist

$$f(a + bx, a' + b'x^\alpha) = f(a, a') + f(a, b')x^\alpha + x^\alpha f(b, a') + x^\alpha f(b, b')x^\alpha$$
$$= -x^\alpha + x^\alpha = 0.$$

Also ist

$$(a' + b'x^\alpha)K = H \cap ((a + bx)K)^\kappa = ((a + bx)K)^\sigma,$$

q. e. d.

2.8. Satz. Es sei κ eine Polarität der projektiven Ebene $\Pi(V, K)$. Dann sind die folgenden Aussagen äquivalent:

a) Sind G und H Geraden von $\Pi(V, K)$ mit $V = G \oplus H^\kappa$, so ist die κ-Abbildung von G auf H eine Projektivität.

b) Es gibt zwei Geraden G und H von $\Pi(V, K)$ mit $V = G \oplus H^\kappa$, so daß die κ-Abbildung von G auf H eine Projektivität ist.

c) Der Körper K ist kommutativ und κ wird durch eine symmetrische *Bilinearform* (= 1-Semibilinearform) dargestellt.

Beweis. a) impliziert b): Es sei G eine Gerade von $\Pi(V, K)$. Es gibt dann einen Punkt P mit $V = G \oplus P$. Setzt man $H = P^\kappa$, so ist H eine Gerade mit $H^\kappa = P^{\kappa^2} = P$, so daß $V = G \oplus H^\kappa$ gilt. Wegen a) ist die κ-Abbildung von G auf H eine Projektivität.

b) impliziert c): Nach 2.3 gibt es eine symmetrische α-Semibilinearform f, die κ darstellt. Ist dann σ die κ-Abbildung von G auf H, so gibt es nach 2.7 Vektoren $a, b \in G$ und $a', b' \in H$ mit $G = aK + bK$, $H = a'K + b'K$, $(bK)^\sigma = b'K$ und $((a + bx)K)^\sigma = (a' + b'x^\alpha)K$. Weil σ eine Projektivität ist, gibt es nach III.3.3 eine lineare Abbildung λ von G auf H mit $X^\lambda = X^\sigma$ für alle $X \in \mathcal{U}_1(G)$. Es folgt $a\lambda = a'u$, $b^\lambda = b'v$, $(a + b)^\lambda = (a' + b')w$, was $u = v = w$ nach sich zieht. Ferner gibt es zu jedem $x \in K$ ein $k_x \in K^*$ mit

$$a'u + b'ux = a^\lambda + b^\lambda x = (a + bx)^\lambda = (a' + b'x^\alpha)k_x.$$

Dies impliziert $u = k_x$ und $ux = x^\alpha u$ für alle $x \in K$. Daher ist $x^\alpha = uxu^{-1}$, so daß α ein innerer Automorphismus von K ist. Weil α andererseits ein Antiautomorphismus von K ist, folgt, daß K kommutativ ist. Es folgt weiter $x^\alpha = x$, so daß $\alpha = 1$ und f eine symmetrische Bilinearform ist.

c) impliziert a): Weil $\alpha = 1$ ist, besagt 2.7 gerade, daß die κ-Abbildung σ von G auf H durch eine lineare Abbildung induziert wird, so daß es auch eine projektive Kollineation ρ gibt mit $X^\rho = X^\sigma$ für alle $X \in \mathcal{U}_1(G)$. Nach III.1.2 ist $\Pi(V, K)$ pappossch, da K ja kommutativ ist, so daß mit III.3.6 folgt, daß σ eine Projektivität von G auf H ist, q. e. d.

2.9. Definition. Die Polarität κ der projektiven Ebene $\Pi(V, K)$ heißt *projektiv*, wenn sie eine und damit jede der Bedingungen a), b), c) von 2.8 erfüllt.

Wie Satz 8 zeigt, haben bestenfalls pappossche Ebenen projektive Polaritäten. Der nächste Satz klärt nun die Existenzfrage.

2.10. Satz. Ist $\Pi(V, K)$ eine pappossche Ebene, so gibt es eine projektive Polarität von $\Pi(V, K)$, die einen absoluten Punkt besitzt.

Beweis. Auf Grund von 2.2 und 2.8 genügt es zu zeigen, daß es eine nicht ausgeartete symmetrische Bilinearform auf V gibt, um die Existenzaussage zu beweisen. Dazu sei b_1, b_2, b_3 eine Basis von V. Sind dann x_1, x_2, x_3, y_1, y_2, $y_3 \in K$, so setzen wir

$$f\left(\sum_{i=1}^{3} b_i x_i, \sum_{j=1}^{3} b_j y_j \right) = x_1 y_2 + x_2 y_1 - x_3 y_3.$$

Dann ist f natürlich eine symmetrische Bilinearform. Wegen

$$f\left(b_1, \sum_{i=1}^{3} b_i y_i\right) = y_2$$

$$f\left(b_2, \sum_{i=1}^{3} b_i y_i\right) = y_1$$

$$f\left(b_3, \sum_{i=1}^{3} b_i y_i\right) = -y_3$$

folgt, daß f nicht ausgeartet ist. Damit ist die Existenz einer projektiven Polarität nachgewiesen.

Es sei nun κ die durch f dargestellte projektive Polarität. Wegen $f(b_1, b_1) = 0$ ist dann $b_1 K \subseteq (b_1 K)^\kappa$, so daß $b_1 K$ ein absoluter Punkt ist. Damit ist 2.10 vollständig bewiesen.

Schauen wir uns die Situation in diesem Beweis noch etwas näher an. Ist $P = (\sum_{i=1}^{3} b_i x_i) K$ ein absoluter Punkt von κ, so ist

$$0 = f\left(\sum_{i=1}^{3} b_i x_i, \sum_{j=1}^{3} b_j x_j\right) = 2x_1 x_2 - x_3^2.$$

Ist nun 2 die Charakteristik von K, so folgt $x_3 = 0$, so daß die absoluten Punkte von κ in diesem Falle allesamt kollinear sind. Dies ist eine für diese Charakteristik typische Situation. Da sie geometrisch nicht sehr ergiebig ist, werden wir die papposschen Ebenen der Charakteristik 2 für den Rest dieses Kapitels aus unseren Betrachtungen ausschließen.

3. Kegelschnitte. Um die Kegelschnitte, die wir gleich definieren werden, bequem untersuchen zu können, benötigen wir noch zwei leicht zu beweisende Hilfssätze über lineare Abbildungen.

3.1. Hilfssatz. Es sei V ein Vektorraum über dem kommutativen Körper K. Ferner sei V weder vom Rang 0 noch vom Rang 1 über K. Ist dann $\sigma \in \mathrm{GL}(V, K)$, gilt $P^{\sigma^2} = P$ für alle $P \in \mathcal{U}_1(V)$ und gibt es ein $F \in \mathcal{U}_1(V)$ mit $F^\sigma = F$, so gibt es ein $\rho \in \mathrm{GL}(V, K)$ mit $\rho^2 = 1$ und $P^\sigma = P^\rho$ für alle $P \in \mathcal{U}_1(V)$.

Beweis. Weil V weder vom Rang 0 noch vom Rang 1 ist, enthält V zwei linear unabhängige Vektoren. Wegen $P^{\sigma^2} = P$ für alle $P \in \mathcal{U}_1(V)$ gibt es daher ein $k \in K^*$ mit $v^{\sigma^2} = vk$ für alle $v \in V$. Es sei nun $F = fK$. Dann ist $f \neq 0$, da $\mathrm{Rg}(F) = 1$ ist. Ferner gibt es ein $l \in K$ mit $f^\sigma = fl$, da ja $F^\sigma = F$ ist. Es folgt

$$fk = f^{\sigma^2} = fl^2$$

und damit $k = l^2$. Definiert man nun ρ durch $v^\rho = v^\sigma l^{-1}$, so ist $\rho \in \mathrm{GL}(V, K)$, weil K kommutativ ist. Weiterhin gilt offensichtlich $P^\rho = P^\sigma$ für alle $P \in \mathcal{U}_1(V)$. Schließlich ist

$$v^{\rho^2} = (v^\sigma l^{-1})^\rho = v^{\sigma\rho} l^{-1} = v^{\sigma^2} l^{-2} = vkl^{-2} = v$$

für alle $v \in V$, so daß $\rho^2 = 1$ ist, q. e. d.

3.2. Hilfssatz. Es sei K ein Körper der Charakteristik ungleich 2. Ferner sei V ein K-Vektorraum und ρ sei eine lineare Abbildung von V in sich mit $\rho^2 = 1$. Ist dann

$$V^+ = \{v \mid v \in V, v^\rho = v\}$$

und

$$V^- = \{v \mid v \in V, v^\rho = -v\},$$

so ist $V = V^+ \oplus V^-$.

Beweis. Es sei $v \in V^+ \cap V^-$. Dann ist

$$0 = v^\rho - v^\rho = v + v = 2v.$$

Weil die Charakteristik von K ungleich 2 ist, folgt $v = 0$, so daß $V^+ \cap V^- = \{0\}$ ist. Es sei nun $v \in V$. Dann ist

$$v = \tfrac{1}{2}(v + v^\rho) + \tfrac{1}{2}(v - v^\rho).$$

Ferner ist

$$(\tfrac{1}{2}(v + v^\rho))^\rho = \tfrac{1}{2}(v^\rho + v^{\rho^2}) = \tfrac{1}{2}(v + v^\rho),$$

so daß $\tfrac{1}{2}(v + v^\rho) \in V^+$ ist. Schließlich ist

$$(\tfrac{1}{2}(v - v^\rho))^\rho = \tfrac{1}{2}(v^\rho - v^{\rho^2}) = -\tfrac{1}{2}(v - v^\rho),$$

und daher $\tfrac{1}{2}(v - v^\rho) \in V^-$. Also ist $v \in V^+ + V^-$, q. e. d.

Von nun an betrachten wir nur noch kommutative Körper der Charakteristik ungleich 2.

3.3. Definition. Es sei $\Pi(V, K)$ eine pappossche Ebene der Charakteristik ungleich 2. Eine nicht leere Punktmenge $\mathcal{C}$ von $\Pi(V, K)$ heißt *Kegelschnitt*, falls es eine projektive Polarität κ von $\Pi(V, K)$ gibt, so daß $\mathcal{C}$ die Menge der absoluten Punkte von κ ist.

Eine unmittelbare Folgerung aus 2.10 ist

3.4. Satz. Ist $\Pi(V, K)$ eine pappossche Ebene der Charakteristik ungleich 2, so gibt es einen Kegelschnitt in $\Pi(V, K)$.

Unsere nächste Aufgabe ist, uns eine geometrische Vorstellung von den Kegelschnitten zu verschaffen. Der nächste Satz ist ein sehr wesentlicher Schritt auf dem Wege dorthin.

3.5. Satz. Es sei C ein Kegelschnitt der papposschen Ebene $\Pi(V,K)$. Ist dann G eine Gerade von $\Pi(V,K)$, so ist

$$|\mathcal{U}_1(G) \cap C| \in \{0,1,2\}.$$

Ist $P \in C$, so gibt es genau eine Gerade G mit

$$\mathcal{U}_1(G) \cap C = \{P\}.$$

Beweis. Es sei κ eine projektive Polarität, deren absolute Punkte die Menge C ausmachen. Ist $P \in C$, so ist P^κ eine absolute Gerade. Überdies ist P^κ die einzige absolute Gerade durch P und P^κ trägt auch nur einen absoluten Punkt (Satz 1.2). Also ist

$$|\mathcal{U}_1(P^\kappa) \cap C| = 1.$$

Es sei G eine von P^κ verschiedene Gerade durch P. Dann ist G also nicht absolut und daher $V = G \oplus G^\kappa$. Nach 2.5 gibt es also die κ-Abbildung σ von G auf sich, denn dort wurde ja nicht ausgeschlossen, daß $G = H$ ist. Weil σ projektiv ist, wird σ nach III.3.3 durch eine lineare Abbildung von G auf sich induziert. Für diese Abbildung schreiben wir ebenfalls σ. Nun ist

$$P^\sigma = G \cap P^\kappa = P.$$

Ferner ist

$$X^{\sigma^2} = (X^\kappa \cap G)^\kappa \cap G = (X^{\kappa^2} + G^\kappa) \cap G = (X + G^\kappa) \cap G \supseteq X$$

und folglich $X^{\sigma^2} = X$ für alle $X \in \mathcal{U}_1(G)$. Nach 3.1 können wir daher auch noch annehmen, daß $\sigma^2 = 1$ ist. Indem wir gegebenenfalls σ durch die durch $x^\rho = -x^\sigma$ definierte Abbildung ρ ersetzen, können wir schließlich noch annehmen, daß $p^\sigma = p$ für alle $p \in P$ gilt.

Es sei $Q = \{g \mid g \in G, g^\sigma = -g\}$. Wir zeigen, daß $Q \in \mathcal{U}_1(G)$ ist. Wäre Q kein Punkt, so folgte aus 3.2, daß $Q = \{0\}$ oder $Q = G$ wäre. Wegen $P \cap Q = \{0\}$ folgte $Q = \{0\}$ und damit $\sigma = 1$. Es folgte weiter $X \subseteq X^\kappa$ für alle $X \in \mathcal{U}_1(G)$. Es sei f eine κ darstellende symmetrische Bilinearform. Dann folgte $f(x,x) = 0$ für alle $x \in G$. Mit $x, y \in G$ folgte

$$0 = f(x+y, x+y) = f(x,x) + 2f(x,y) + f(y,y) = 2f(x,y),$$

so daß $f(x,y) = 0$ wäre, da ja die Charakteristik von K ungleich 2 ist. Ist nun $0 \neq v \in V = G \oplus G^\kappa$, so gibt es ein $a \in G$ und ein $b \in G^\kappa$ mit $v = a + b$. Für $x \in G$ folgte dann

$$f(v,x) = f(a+b, x) = f(a,x) + f(b,x) = 0,$$

so daß f ausgeartet wäre. Dieser Widerspruch zeigt, daß doch $Q \in \mathcal{U}_1(G)$ ist. Wegen $\mathrm{Rg}(G) = 2$ ist dann $G = P \oplus Q$. Dies hat seinerseits zur Folge, daß P und Q die einzigen Fixpunkte von σ auf G sind. Nun sind aber die Fixpunkte von σ genau die Punkte X mit $X = G \cap X^\kappa$, dh., die Fixpunkte von σ sind die absoluten Punkte von κ, die auf G liegen. Hieraus folgt schließlich

$$\mathcal{U}_1(G) \cap \mathcal{C} = \{P, Q\},$$

q. e. d.

Wir betrachten die soeben geschilderte Situation noch etwas näher. Ist nämlich $P = pK$, $Q = qK$ und $X = (p + qx)K$, so ist

$$X^\sigma = (p + qx)^\sigma K = (p - qx)K.$$

Ist insbesondere $x \neq 0$, so sind also P, Q, X und X^σ vier verschiedene Punkte auf G mit $DV(P, Q, X, X^\sigma) = -1$. Es gilt also

3.6. Satz. Ist $\mathcal{C}$ ein Kegelschnitt der papposschen Ebene $\Pi(V, K)$ der Charakteristik ungleich 2 und ist κ die $\mathcal{C}$ definierende projektive Polarität von $\Pi(V, K)$, so gilt: Sind P und Q zwei verschiedene Punkte auf $\mathcal{C}$ und ist σ die κ-Abbildung von $G = P + Q$ auf sich, so ist P, Q, X, X^σ ein harmonisches Punktequadrupel für alle $X \in \mathcal{U}_1(G) - \{P, Q\}$.

Dieser Satz wird zusammen mit III.4.10 eine wichtige Aussage über die $\mathcal{C}$ invariant lassende Kollineationsgruppe liefern. Bevor wir diese Aussage formulieren, wollen wir jedoch unsere geometrische Vorstellung der Kegelschnitte noch weiter verbessern.

3.7. Definition. Ist $\mathcal{C}$ ein Kegelschnitt der Ebene $\Pi(V, K)$, so nennen wir die Gerade G von $\Pi(V, K)$ *Passante*, *Tangente* oder *Sekante* von $\mathcal{C}$, je nachdem $|\mathcal{U}_1(G) \cap \mathcal{C}| = 0$, 1 oder 2 ist. Ist $G \cap \mathcal{C} = \{P\}$, so heißt G Tangente an $\mathcal{C}$ in P und P heißt der *Berührpunkt* von G.

3.8. Satz. Es sei $\Pi(V, K)$ eine pappossche Ebene der Charakteristik ungleich 2 und $\mathcal{C}$ sei ein Kegelschnitt von $\Pi(V, K)$. Ist $X \in \mathcal{U}_1(V) - \mathcal{C}$, so gehen durch X entweder keine oder genau zwei Tangenten an $\mathcal{C}$. Ist κ eine $\mathcal{C}$ definierende Polarität von $\Pi(V, K)$ und ist T eine Tangente an $\mathcal{C}$ durch den Punkt X, so liegt der Berührpunkt von T auf X^κ.

Beweis. Weil κ auch eine projektive Polarität von $\Pi(V, K)^\mathrm{d}$ ist und die Tangenten von $\mathcal{C}$ die absoluten Geraden von κ sind, bilden die Tangenten von $\mathcal{C}$ einen Kegelschnitt in $\Pi(V, K)^\mathrm{d}$. Da X kein absoluter Punkt von κ in $\Pi(V, K)$ ist, ist X keine absolute Gerade von κ in $\Pi(V, K)^\mathrm{d}$. Somit hat die κ-Abbildung von X auf sich in $\Pi(V, K)^\mathrm{d}$ entweder keinen oder zwei Fixpunkte, wie wir gesehen haben. Also gehen durch X entweder keine oder genau zwei Tangenten an $\mathcal{C}$.

Der Berührpunkt von T ist T^κ. Wegen $X \subseteq T$ folgt $T^\kappa \subseteq X^\kappa$. Damit ist alles bewiesen.

3.9. Satz. Es sei C ein Kegelschnitt der papposschen Ebene $\Pi(V,K)$ der Charakteristik ungleich 2 und κ sei eine C definierende Polarität von $\Pi(V,K)$. Ist X ein Punkt von $\Pi(V,K)$, der nicht auf C liegt, so gibt es eine involutorische Streckung $\sigma \in \Gamma(X,X^\kappa)$ mit $C^\sigma = C$.

Beweis. Weil die Charakteristik von K ungleich 2 ist, gibt es genau eine involutorische Streckung $\sigma \in \Gamma(X,X^\kappa)$. Es sei nun $P \in C$ und $G = X + P$. Ist G Tangente an C, so ist $P \subseteq X^\kappa$ nach 3.8 und folglich $P^\sigma = P \in C$. Es sei also G keine Tangente. Dann ist $\mathcal{U}_1(G) \cap C = \{P,Q\}$ mit einem von P verschiedenen Punkt Q nach 3.5. Nach 3.6 ist dann $DV(P,Q,X,X^\kappa \cap G) = -1$ und folglich

$$DV(P,Q,X^\kappa \cap G, X) = -1.$$

Es gibt nun ein $\gamma \in \Gamma(X,X^\kappa)$ mit $P^\gamma = Q$. Nach III.4.10 ist $\gamma^2 = 1$. Wegen $P \neq Q$ ist andererseits $\gamma \neq 1$, so daß $\gamma = \sigma$ ist, da es ja nur eine Involution in $\Gamma(X,X^\kappa)$ gibt. Also ist $P^\sigma = Q \in C$ und folglich $C^\sigma \subseteq C$. Hieraus folgt $C = C^{\sigma^2} \subseteq C^\sigma$, so daß $C^\sigma = C$ ist, q. e. d.

3.10. Hilfsssatz. Ist C ein Kegelschnitt der papposschen Ebene $\Pi(V,K)$ der Charakteristik ungleich 2 und sind A, B, A', B' vier verschiedene Punkte auf C, so gibt es eine involutorische Streckung σ mit $C^\sigma = C$ und $A^\sigma = A'$ sowie $B^\sigma = B'$.

Beweis. Weil keine drei der Punkte von C kollinear sind, ist $A + A' \neq B + B'$, so daß

$$X = (A + A') \cap (B + B')$$

ein Punkt ist, der überdies nicht auf C liegt. Es gibt also nach 3.9 eine Involution $\sigma \in \Gamma(X,X^\kappa)$ mit $C^\sigma = C$. Weil $A + A'$ und $B + B'$ durch das Zentrum X von σ gehen, folgt $A^\sigma = A'$ und $B^\sigma = B'$, q. e. d.

3.11. Satz. Es sei $\Pi(V,K)$ eine pappossche Ebene der Charakteristik ungleich 2 und C sei ein Kegelschnitt von $\Pi(V,K)$. Ist G die Gruppe der projektiven Kollineationen von $\Pi(V,K)$, die C invariant lassen, so gilt:

a) Ist $\gamma \in G$ und läßt γ drei verschiedene Punkte auf C fest, so ist $\gamma = 1$.

b) Die Gruppe G operiert treu auf C.

c) Die Gruppe G operiert scharf dreifach transitiv auf C.

d) Die Gruppe G wird erzeugt von den C invariant lassenden Homologien von $\Pi(V,K)$.

Beweis. a) Es seien A, B, C drei verschiedene Punkte auf C mit $A^\gamma = A$, $B^\gamma = B$ und $C^\gamma = C$. Sind dann a, b und c die Tangenten an C in den Punkten A, B und C, so ist auch $a^\gamma = a$, $b^\gamma = b$ und $c^\gamma = c$. Setzt man $D = a \cap c$ und $E = b \cap c$, so sind auch D und E Fixpunkte von γ. Aus 3.8 folgt, daß D und E zwei verschiedene Punkte sind, die beide auch von $a \cap b$ verschieden sind. Hieraus folgt weiter, daß A, B, E, D ein Rahmen von $\Pi(V,K)$ ist, so daß γ nach III.2.4 gleich 1 ist. Damit ist a) bewiesen.

b) folgt unmittelbar aus a), da C mindestens vier Punkte trägt. Ist nämlich $P \in C$, so gibt es genau eine Tangente an C durch P. Weil $\mathrm{Char}(K) \neq 2$ ist, enthält K mehr als zwei Elemente. Es gibt daher noch mindestens drei weitere Geraden durch P. Diese schneiden C nach 3.5 jeweils noch in einem weiteren Punkt, so daß C in der Tat mindestens $1 + 3 = 4$ Punkte trägt.

c) und d) beweisen wir gleichzeitig. Es genügt nämlich auf Grund von a) zu zeigen, daß die Gruppe H, die von den C invariant lassenden involutorischen Streckungen erzeugt wird, auf C dreifach transitiv operiert. Weil C mindestens vier Punkte trägt, folgt mit 3.10, daß H sicherlich transitiv ist. Es genügt daher zu zeigen, daß H_P auf $C - \{P\}$ zweifach transitiv operiert, falls $P \in C$ ist. Dazu sei zunächst $X, Y \in C - \{P\}$ und es gelte $X \neq Y$. Ferner sei T die Tangente an C in P und $u = T \cap (X + Y)$. Dann ist $P \subseteq U^\pi$, falls π eine C definierende Polarität ist. Nach 3.9 gibt es nun eine involutorische Streckung $\sigma \in \Gamma(U, U^\pi) \cap H$. Offenbar ist $\sigma \in H_P$ und $X^\sigma = Y$, so daß H_P auf $C - \{P\}$ transitiv operiert. Es ist also nur noch zu zeigen, daß $H_{P,Q}$ auf $C - \{P, Q\}$ transitiv ist, falls Q ein von P verschiedener Punkt auf C ist. Dazu seien $A, B \in C - \{P, Q\}$ und es gelte $A \neq B$. Ist $|C| = 4$ und ist σ die Involution aus $\Gamma((P + Q)^\pi, P + Q)$, so ist $\sigma \in H_{P,Q}$ und $A^\gamma = B$, so daß H in diesem Falle dreifach transitiv ist. Es sei also $|C| \geq 5$. Es gibt dann ein $C \in C - \{P, Q, A, B\}$. Nach 3.10 gibt es zwei involutorische Streckungen $\sigma, \tau \in H$ mit $P^\sigma = Q$, $A^\sigma = C$, bzw. $Q^\tau = P$ und $C^\tau = B$. Ist dann $\rho = \sigma\tau$, so ist

$$P^\rho = P^{\sigma\tau} = Q^\tau = P$$

und

$$Q^\rho = Q^{\sigma\tau} = P^{\sigma^2\tau} = P^\tau = Q$$

sowie

$$A^\rho = A^{\sigma\tau} = C^\tau = B,$$

so daß H auch in diesem Falle auf C dreifach transitiv operiert, q. e. d.

3.12. Satz. Es sei $K = GF(q)$ mit ungeradem q und C sei ein Kegelschnitt in $\pi(V, K)$. Dann ist $|C| = q + 1$.

Zum Beweise betrachte man einen Punkt P auf C und die $q + 1$ Geraden durch P.

3.13. Satz. Es sei $\mathcal{K}$ ein Kreis der gewöhnlichen euklidischen Ebene $\mathcal{E}$. Dann ist $\mathcal{K}$ aufgefaßt als Punktmenge des projektiven Abschlusses $\bar{\mathcal{E}}$ von $\mathcal{E}$ ein Kegelschnitt.

Zum Beweise denke man sich $\mathcal{K}$ gegeben durch

$$\mathcal{K} = \{(x, y) \mid x, y \in \mathbf{R}, (x - a)^2 + (y - b)^2 = r^2\}$$

und betrachte die durch

$$f(u, v) = (u_1 - au_3)(v_1 - av_3) + (u_2 - bu_3)(v_2 - bv_3) - r^2 u_3 v_3$$

gegebene Bilinearform f. Die uneigentliche Gerade von $\bar{\mathcal{E}}$ wird dabei durch die Gleichung $x_3 = 0$ gegeben.

4. Die Steinersche Erzeugung der Kegelschnitte. Ist κ eine projektive Polarität von $\Pi(V, K)$ und f eine κ darstellende symmetrische Bilinearform, so ist $f(x, x) = 0$ und $x \neq 0$ gleichbedeutend damit, daß xK ein absoluter Punkt von κ ist. Somit lassen sich die Kegelschnitte mittels quadratischer Formen darstellen. Wählt man Basen geschickt aus, so erhalten diese quadratischen Formen einfache Gestalt, wie wir jetzt sehen werden.

4.1. Satz. Es sei $\Pi(V, K)$ eine pappossche Ebene mit von 2 verschiedener Charakteristik. Sind dann A, B, D drei verschiedene Punkte des Kegelschnitts $\mathcal{C}$ von $\Pi(V, K)$, ist C der Schnittpunkt der Tangenten an $\mathcal{C}$ in A bzw. B und sind b_1, b_2, b_3 nach III.2.3 existierende Vektoren mit $A = b_1 K$, $B = b_2 K$, $C = b_3 K$ und $D = (b_1 + b_2 + b_3)K$, so ist

$$\mathcal{C} = \left\{ \left(\sum_{i=1}^{3} b_i x_i \right) K \mid x_1, x_2, x_3 \in K, (x_1, x_2, x_3) \neq (0, 0, 0), x_3^2 - x_1 x_2 = 0 \right\}.$$

Beweis. Es sei κ eine $\mathcal{C}$ definierende Polarität und f sei eine κ darstellende symmetrische Bilinearform. Dann ist

$$f\left(\sum_{i=1}^{3} b_i x_i, \sum_{j=1}^{3} b_j y_j \right) = \sum a_{ij} x_i y_j$$

mit $a_{ij} = a_{ji}$. Es ist

$$A^\kappa = A + C = b_1 K + b_3 K.$$

Also ist

$$0 = f(b_1, b_1 x_1 + b_3 x_3) = a_{11} x_1 + a_{13} x_3$$

für alle x_1, $x_3 \in K$, so daß $a_{11} = a_{13} = 0$ ist. Ferner ist

$$B^\kappa = B + C = b_2 K + b_3 K.$$

Folglich ist

$$0 = f(b_2, b_2 x_2 + b_3 x_3) = a_{22} x_2 + a_{23} x_3$$

für alle x_2, $x_3 \in K$, so daß $a_{22} = a_{23} = 0$ ist. Weil f nicht ausgeartet ist, folgt $a_{12} = a_{21} \neq 0$, so daß wir $a_{12} = a_{21} = \frac{1}{2}$ annehmen können, da κ ja auch von der durch $g(x, y) = \frac{1}{2} a_{12}^{-1} f(x, y)$ definierten Form g dargestellt wird. Dann ist

$$0 = f\left(\sum_{i=1}^{3} b_i, \sum_{i=1}^{3} b_i \right) = 1 + a_{33},$$

so daß $a_{33} = -1$ ist. Also ist

$$f\left(\sum_{i=1}^{3} b_i x_i, \sum_{j=1}^{3} b_j y_j \right) = \frac{1}{2}(x_1 y_2 + x_2 y_1) - x_3 y_3.$$

Hieraus folgt nun die Behauptung.

Wie dieser Beweis zeigt, ist die κ darstellende symmetrische Bilinearform bis auf einen Skalar aus K^* eindeutig bestimmt. Daher gilt auch das folgende

4.2. Korollar. Es sei $\Pi(V, K)$ eine pappossche projektive Ebene mit von 2 verschiedener Charakteristik. Ist $\mathcal{C}$ ein Kegelschnitt von $\Pi(V, K)$ und sind κ und λ projektive Polaritäten, so daß $\mathcal{C}$ sowohl die Menge der absoluten Punkte von κ als auch die Menge der absoluten Punkte von λ ist, so ist $\kappa = \lambda$.

4.3. Hilfssatz. Es sei K ein kommutativer Körper und $V = K \oplus K \oplus K$. Ist dann σ die Projektivität der Menge der Geraden durch $(1, 0, 0)K$ auf die Menge der Geraden durch $(0, 1, 0)K$ mit

$$
\begin{aligned}
\{(x, 0, y) \mid x, y \in K\}^\sigma &= \{(x, y, 0) \mid x, y \in K\}, \\
\{(x, y, 0) \mid x, y \in K\}^\sigma &= \{(0, x, y) \mid x, y \in K\}, \\
\{(x, y, y) \mid x, y \in K\}^\sigma &= \{(y, x, y) \mid x, y \in K\},
\end{aligned}
$$

so gilt für alle $a \in K$ die Gleichung

$$
\{(x, ay, y) \mid x, y \in K\}^\sigma = \{(y, x, ay) \mid x, y \in K\}.
$$

Beweis. Es sei α die durch $(x_1, x_2, x_3)^\alpha = (x_3, x_1, x_2)$ definierte lineare Abbildung von V auf sich. Dann ist

$$
\begin{aligned}
\{(x, 0, y) \mid x, y \in K\}^\alpha &= \{(x, y, 0) \mid x, y \in K\} = \{(x, 0, y) \mid x, y \in K\}^\sigma, \\
\{(x, y, 0) \mid x, y \in K\}^\alpha &= \{(0, x, y) \mid x, y \in K\} = \{(x, y, 0) \mid x, y \in K\}^\sigma, \\
\{(x, y, y) \mid x, y \in K\}^\alpha &= \{(y, x, y) \mid x, y \in K\} = \{(x, y, y) \mid x, y \in K\}^\sigma.
\end{aligned}
$$

Nun induziert α eine projektive Kollineation, die $(1, 0, 0)K$ auf $(0, 1, 0)K$ abbildet. Nach III.3.6 induziert α eine Projektivität β der Menge der Geraden durch $(1, 0, 0)K$ auf die Menge der Geraden durch $(0, 1, 0)K$. Da β auf einem Geradentripel mit σ übereinstimmt, folgt $\beta = \sigma$ nach III.3.4. Daher ist

$$
\{(x, ay, y) \mid x, y \in K\}^\sigma = \{(x, ay, y) \mid x, y \in K\}^\alpha = \{(y, x, ay) \mid x, y \in K\},
$$

q. e. d.

Die nächsten beiden Sätze, die beide von J. Steiner stammen und gemeinsam unter dem Schlagwort „Steinersche Erzeugung der Kegelschnitte" rangieren, charakterisieren die Kegelschnitte auf sehr schöne Weise.

4.4. Satz. Es sei $\mathcal{C}$ ein Kegelschnitt der papposschen Ebene $\Pi(V, K)$. Sind P und Q zwei verschiedene Punkte auf $\mathcal{C}$, so definieren wir die Abbildung ρ der Menge der Geraden durch P auf die Menge der Geraden durch Q, wie folgt: Ist G die Tangente an $\mathcal{C}$ in P, so ist

$$
G^\rho = P + Q.
$$

Ist $G = P+Q$, so ist G^ρ die Tangente an $\mathcal{C}$ in Q. Ist $G = P+X$ mit $X \in \mathcal{C}-\{P,Q\}$, so ist

$$G^\rho = Q + X.$$

Dann ist ρ eine Projektivität, die keine Perspektivität ist.

Beweis. Wir können oBdA annehmen, daß $V = K \oplus K \oplus K$ ist, daß $P = (1,0,0)K$, $Q = (0,1,0)K$ gilt und daß $(1,1,1)K$ auf $\mathcal{C}$ liegt. Ferner, daß $\{(x,0,y) \mid x,y \in K\} = S$ die Tangente an $\mathcal{C}$ in P und $\{(0,x,y) \mid x,y \in K\} = T$ die Tangente an $\mathcal{C}$ in Q ist. Nach 4.1 wird $\mathcal{C}$ dann durch die Gleichung

$$x_1 x_2 - x_3^2 = 0$$

beschrieben.

Nun ist

$$P + (1,1,1)K = \{(x,y,y) \mid x,y \in K\}$$

und

$$Q + (1,1,1)K = \{(y,x,y) \mid x,y \in K\}.$$

Ist ρ eine Projektivität, so ist ρ also gleich der in 4.3 beschriebenen Projektivität σ, da eine Projektivität durch die Bilder dreier Geraden eindeutig festgelegt ist. Daß ρ gleich σ ist, ist nun schnell verifiziert. Ist nämlich G eine von $P+Q$ verschiedene Gerade durch P, so gibt es $\alpha, \beta \in K$ mit $\alpha \neq 0$ und

$$G = \{(x_1, x_2, x_3) \mid x_i \in K, \alpha x_2 + \beta x_3 = 0\}.$$

Setzt man $a = -\alpha^{-1}\beta$, so ist also

$$G = \{(x, ay, y) \mid x, y \in K\}$$

und

$$G^\sigma = \{(y, x, ay) \mid x, y \in K\}.$$

Nun ist

$$G \cap G^\sigma = (1, a^2, a)K \in \mathcal{C},$$

da $\mathcal{C}$ ja durch die Gleichung $x_1 x_2 - x_3^2 = 0$ beschrieben wird. Ist $a \neq 0$, so ist also $G = P + (1, a^2, a)K$ und

$$G^\sigma = Q + (1, a^2, a)K = G^\rho,$$

so daß in der Tat $\rho = \sigma$ ist.

Daß ρ keine Perspektivität ist, folgt aus $(P + Q)^\rho \neq P + Q$. Damit ist alles bewiesen.

4.5. Satz. Es seien P und Q zwei verschiedene Punkte der papposschen Ebene $\Pi(V, K)$. Ist σ eine Projektivität von P auf Q, die keine Perspektivität ist, so ist

$$\mathcal{C} = \{G \cap G^\sigma \mid G \text{ ist Gerade durch } P\}$$

ein Kegelschnitt.

Beweis. Es sei G eine Gerade durch P mit $G^\sigma = G$. Wegen $Q \subseteq G^\sigma$ wäre dann $G = P + Q$, so daß σ nach III.3.4 eine Perspektivität wäre im Widerspruch zur Voraussetzung. Also ist $G^\sigma \neq G$ für alle Geraden G durch P, so daß C eine Menge von Punkten ist.

Es ist $S = (P+Q)^{\sigma^{-1}} \neq P+Q$ und $P+Q \neq (P+Q)^\sigma = T$. Es folgt, daß P, Q und $R = S \cap T$ drei nicht kollineare Punkte sind. Es sei G eine von S und $P+Q$ verschiedene Gerade durch P. Dann ist $P \not\subseteq G^\sigma$, so daß $G \cap G^\sigma$ ein Punkt ist, der nicht auf $P+Q$ liegt. Es folgt, daß weder $G \cap G^\sigma$, P, R noch $G \cap G^\sigma$, Q, R kollinear sind. Im ersten Fall wäre nämlich $G = S$ und im zweiten $G^\sigma = T = (P+Q)^\sigma$, was $G = P + Q$ zur Folge hätte. Weil P, Q, R, $G \cap G^\sigma$ also ein Rahmen ist, gibt es b_1, b_2, $b_3 \in V$ mit $P = b_1 K$, $Q = b_2 K$, $R = b_3 K$ und $G \cap G^\sigma = (b_1 + b_2 + b_3)K$, so daß wir $V = K \oplus K \oplus K$, $P = (1,0,0)K$, $Q = (0,1,0)K$, $R = (0,0,1)K$ und $G \cap G^\sigma = (1,1,1)K$ annehmen können. Mit 4.3 folgt

$$\{(x,ay,y)K \mid x, y \in K\}^\sigma = \{(y,x,ay)K \mid x, y \in K\},$$

so daß $G \cap G^\sigma = (1, a^2, a)K$ ist, falls nur $G \neq S$, $P+Q$ ist. Wegen $1 \cdot a^2 - a \cdot a = 0$ folgt hieraus unmittelbar die Behauptung.

Ist $\Pi(V, K)$ eine pappossche Ebene der Charakteristik ungleich 2, so ist ein Kegelschnitt in $\Pi(V, K)^{\mathrm{d}}$ nichts anderes als die Menge der Tangenten eines Kegelschnittes in $\Pi(V, K)$. Daher gilt

4.6. Korollar. Ist $\Pi(V, K)$ eine pappossche Ebene der Charakteristik ungleich 2 und ist σ eine Projektivität der Geraden G auf die von G verschiedene Gerade H und ist σ keine Perspektivität, so ist

$$\mathcal{T} = \{X + X^\sigma \mid X \in \mathcal{U}_1(G)\}$$

die Menge der Tangenten eines Kegelschnittes von $\Pi(V, K)$.

4.7. Korollar. Sind P_1, P_2, P_3, P_4, P_5 fünf verschiedene Punkte der papposschen Ebene Π, von denen keine drei kollinear sind, so gibt es genau einen Kegelschnitt C von Π mit $P_i \in C$ für alle i.

Beweis. Nach III.3.2 und III.3.4 gibt es genau eine Projektivität σ von P_4 auf P_5 mit

$$(P_i + P_4)^\sigma = P_i + P_5$$

für $i = 1$, 2, 3. Da P_1, P_2, P_3 nicht kollinear sind, ist σ keine Perspektivität, so daß

$$C = \{G \cap G^\sigma \mid P_4 \in \mathcal{U}_1(G)\}$$

nach 4.5 ein Kegelschnitt ist, der offenbar alle P_i enthält. Es sei C' ein zweiter Kegelschnitt durch diese fünf Punkte. Dann folgt mit 4.4, daß

$$C' = \{G \cap G^\sigma \mid P_4 \in \mathcal{U}_1(G)\}$$

ist. Hieraus folgt $C = C'$, q. e. d.

Nicht minder berühmt als die Steinersche Erzeugung der Kegelschnitte ist der Satz von Pascal, den wir jetzt formulieren und beweisen werden.

4.8. Satz. Es sei C ein Kegelschnitt in der papposschen Ebene Π. Sind dann A, B, C, A', B', C' sechs verschiedene Punkte auf C, so sind die Punkt $(A+B')\cap(A'+B)$, $(B + C') \cap (B' + C)$, und $(C + A') \cap (C' + A)$ kollinear.

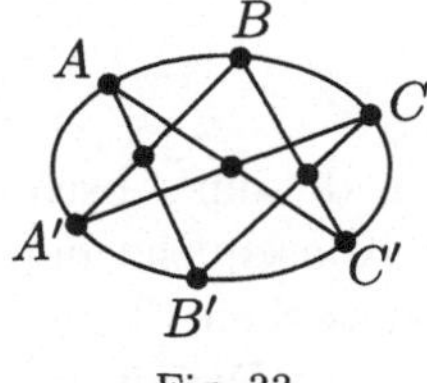

Fig. 33

Beweis. Es sei σ die nach 4.4 existierende Projektivität von A' auf C' mit

$$C = \{G \cap G^\sigma \mid A' \in \mathcal{U}_1(G)\}.$$

Definiert man dann die Abbildung φ von $A + B'$ auf $C + B'$ vermöge

$$X^\varphi = (A' + X)^\sigma \cap (B' + C),$$

so ist φ eine Projektivität von $A + B'$ auf $C + B'$. Ferner ist

$$B'^\varphi = (A' + B')^\sigma \cap (B' + C) = (C' + B') \cap (B' + C) = B',$$

so daß φ nach III.3.4 eine Perspektivität ist. Wegen

$$A^\varphi = (A' + A)^\sigma \cap (B' + C) = (A + C') \cap (B' + C)$$

liegt das Zentrum Z dieser Perspektivität auf

$$A + ((A + C') \cap (B' + C)) = A + C'$$

und wegen

$$((A' + C) \cap (A + B'))^\varphi = (A' + C)^\sigma \cap (B' + C) = (C' + C) \cap (B' + C) = C$$

liegt Z auch auf

$$((A' + C) \cap (A + B')) + C = A' + C,$$

so daß

$$Z = (A + C') \cap (A' + C)$$

ist. Andererseits ist

$$((A + B') \cap (A' + B))^\varphi = (A' + B)^\sigma \cap (B' + C) = (C' + B) \cap (B' + C),$$

so daß die drei fraglichen Punkte tatsächlich kollinear sind.

Ist der Kegelschnitt C durch fünf seiner Punkte gegeben, so gelingt es mittels des Satzes von Pascal weitere Punkte von C zu konstruieren, wie man sich leicht überlegt.

5. Segres Satz über Ovale. In diesem Abschnitt geben wir eine Kennzeichnung der Kegelschnitte, die als Konsequenz den Satz von Segre hat, daß die Kegelschnitte in endlichen desarguesschen Ebenen ungerader Ordnung die Ovale dieser Ebenen sind. Dazu zunächst die Definition des Ovals.

5.1. Definition. Es sei Π eine projektive Ebene und $\mathcal{O}$ sei eine nicht leere Menge von Punkten von Π. Wir nennen $\mathcal{O}$ *Oval* in Π, falls gilt:

a) Keine drei Punkte von $\mathcal{O}$ sind kollinear.

b) Ist $P \in \mathcal{O}$, so gibt es genau eine Gerade von Π, die mit P inzidiert und die mit $\mathcal{O}$ nur den Punkt P gemeinsam hat.

Die nach b) existierende und eindeutig bestimmte Gerade $t(P)$ durch P, die mit $\mathcal{O}$ nur P gemeinsam hat, nennen wir *Tangente* an $\mathcal{O}$ in P. Ferner nennen wir *Sekanten* von $\mathcal{O}$ alle Geraden, die mit $\mathcal{O}$ zwei verschiedene Punkte gemeinsam haben. Alle übrigen Geraden heißen *Passanten*.

Beispiele für Ovale sind die Kegelschnitte.

5.2. Satz. Es sei Π eine endliche projektive Ebene der Ordnung q. Ist $\mathcal{O}$ ein Oval in Π, so ist $|\mathcal{O}| = q + 1$.
Beweis. Betrachte $P \in \mathcal{O}$ und die $q + 1$ Geraden durch P.

5.3. Satz. Es sei Π eine endliche projektive Ebene der Ordnung q. Ist $\mathcal{O}$ eine Menge von $q + 1$ Punkten von Π, so ist $\mathcal{O}$ genau dann ein Oval, wenn keine drei Punkte von $\mathcal{O}$ kollinear sind.
Beweis. Betrachte zu $P \in \mathcal{O}$ die $q + 1$ Geraden durch P.

5.4. Definition. Es sei $\mathcal{O}$ ein Oval der projektiven Ebene Π und P, Q, R seien drei verschiedene Punkte von $\mathcal{O}$. Sind die Tangenten $t(P), t(Q), t(R)$ nicht konfluent, so nennen wir die Dreiecke P, Q, R und $P' = t(Q) \cap t(R)$, $Q' = t(R) \cap t(P)$, $R' = t(P) \cap t(Q)$ *Partner*. Die Partner P, Q, R und P', Q' und R' heißen *perspektiv* mit dem *Perspektivitätszentrum* C, falls $C \mathrel{\text{I}} P + P', Q + Q', R + R'$ gilt.

5.5. Satz. Es sei $\Pi(V, K)$ eine pappossche Ebene der Charakeristik ungleich 2 und C sei ein Kegelschnitt von $\Pi(V, K)$. Sind dann P, Q, R drei verschiedene Punkte auf C, so sind P, Q, R und sein Partner perspektiv.

Beweis. Auf Grund von 4.1 können wir annehmen, daß $V = K \oplus K \oplus K$, $P = (1,0,0)K$, $Q = (0,1,0)K$ und $R = (1,1,1)K$ ist und daß C durch die Gleichung $x_1 x_2 - x_3^2 = 0$ beschrieben wird. Dann ist

$$t(P) = \{(x,0,y) \mid x,y \in K\}$$

und

$$t(Q) = \{(0,x,y) \mid x,y \in K\}.$$

Weil die C definierende Polarität durch die Form

$$f(x,y) = x_1 y_2 + x_2 y_1 - 2x_3 y_3$$

dargestellt wird und $f((1,1,1),y) = y_1 + y_2 - 2y_3$ ist, ist

$$t(R) = \{(2x,2y,x+y) \mid x,y \in K\}.$$

Es folgt $R' = (0,0,1)K$, $P' = (0,2,1)K$ und $Q' = (2,0,1)K$. Weil die Vektoren $(0,0,1)$, $(0,2,1)$ und $(2,0,1)$ linear unabhängig sind, sind die drei Punkte R', P', Q' nicht kollinear. Ferner ist

$$\begin{aligned}
P + P' &= (1,0,0)K + (0,2,1)K, \\
Q + Q' &= (0,1,0)K + (2,0,1)K, \\
R + R' &= (1,1,1)K + (0,0,1)K.
\end{aligned}$$

Ist nun $C = (2,2,1)K$, so folgt aus

$$(2,2,1) = (1,0,0)2 + (0,2,1) = (0,1,0)2 + (2,0,1) = (1,1,1)2 - (0,0,1),$$

daß C mit jeder der Geraden $P + P'$, $Q + Q'$, $R + R'$ inzidiert, q. e. d.

5.6. Satz. Es sei $\Pi(V,K)$ eine pappossche Ebene und $\mathcal{O}$ sei ein Oval in $\Pi(V,K)$. Besitzt $\mathcal{O}$ die Eigenschaften:

a) Keine drei Tangenten von $\mathcal{O}$ sind konfluent,

b) Sind P, Q, R drei verschiedene Punkte von $\mathcal{O}$ und ist P', Q', R' der Partner von P, Q, R, so sind P, Q, R und P', Q', R' perspektiv,

so ist $\mathrm{Char}(K) \neq 2$ und $\mathcal{O}$ ist ein Kegelschnitt.

Beweis. Es seien A_1, A_2, A_3 drei fest gewählte Punkte auf $\mathcal{O}$ und A_1', A_2', A_3' sei der Partner von A_1, A_2, A_3. Dann sind diese beiden Dreiecke perspektiv. Es sei C das Perspektivitätszentrum. Wir können dann annehmen, daß $V = K \oplus K \oplus K$, $A_1 = (1,0,0)K$, $A_2 = (0,1,0)K$, $A_3 = (0,0,1)K$ und $C = (1,1,1)K$ ist. Dann ist

$$t(A_1) = \{(x,k_1 y, y) \mid x,y \in K\},$$

mit $k_1 \in K^*$, da ja A_2, A_3 nicht auf $t(A_1)$ liegen. Entsprechend

$$t(A_2) = \{(x, y, k_2 x) \mid x, y \in K\},$$
$$t(A_3) = \{(k_3 x, x, y) \mid x, y \in K\}$$

mit k_2, $k_3 \in K^*$. Es folgt

$$A_1' = t(A_2) \cap t(A_3) = (k_3, 1, k_2 k_3)K,$$
$$A_2' = t(A_3) \cap t(A_1) = (k_3 k_1, k_1, 1)K,$$
$$A_3' = t(A_1) \cap t(A_2) = (1, k_1 k_2, k_2)K.$$

Nun ist

$$(1, 1, 1) \in A_1 + A_1' = (1, 0, 0)K + (k_3, 1, k_2 k_3)K.$$

Es gibt also a, $b \in K$ mit $(1, 1, 1) = (1, 0, 0)a + (k_3, 1, k_2 k_3)b$. Betrachtung der zweiten Koordinate liefert $b = 1$, so daß $k_2 k_3 = 1$ ist. Ebenso folgt aus

$$(1, 1, 1) \in A_2 + A_2' = (0, 1, 0)K + (k_3 k_1, k_1, 1)K,$$

daß $k_3 k_1 = 1$ ist. Schließlich hat $(1, 1, 1) \in A_3 + A_3'$ zur Folge, daß $k_1 k_2 = 1$ ist. Also ist

$$k_2^2 = k_2 k_3 k_1 k_2 = 1,$$

so daß $k_2 = 1$ oder -1 ist. Wäre $k_2 = 1$, so folgte $k_1 = k_2 = k_3 = 1$, so daß die Geraden $t(A_1)$, $t(A_2)$, $t(A_3)$ alle durch $(1, 1, 1)K$ gingen. Dieser Widerspruch zeigt, daß $k_2 = -1 \neq 1$ ist. Also ist insbesondere $\mathrm{Char}(K) \neq 2$. Ferner folgt

$$A_1' = (-1, 1, 1)K,$$
$$A_2' = (1, -1, 1)K,$$
$$A_3' = (1, 1, -1)K,$$
$$t(A_1) = \{(x, -y, y) \mid x, y \in K\},$$
$$t(A_2) = \{(x, y, -x) \mid x, y \in K\},$$
$$t(A_3) = \{(-x, x, y) \mid x, y \in K\}.$$

Es sei nun $P = (p_1, p_2, p_3)K \in \mathcal{O} - \{A_1, A_2, A_3\}$. Ferner sei

$$t(P) = \{(x_1, x_2, x_3) \mid x_i \in K, b_1 x_1 + b_2 x_2 + b_3 x_3 = 0\}.$$

Dann ist $b_1 p_1 + b_2 p_2 + b_3 p_3 = 0$. Wegen $A_i \,\mathcal{I}\, t(P)$ gilt $b_i \neq 0$ für alle i. Weil keine drei Tangenten von $\mathcal{O}$ konfluent sind, gilt auch $A_i' \,\mathcal{I}\, t(P)$, so daß auch die durch

$$d_1 = b_1 - b_2 - b_3,$$
$$d_2 = -b_1 + b_2 - b_3,$$
$$d_3 = -b_1 - b_2 + b_3$$

definierten d_i ungleich 0 sind.

Wir betrachten nun das Dreieck P, A_1, A_2 und seinen Partner. Es ist

$$t(P) \cap t(A_1) = (x, -y, y)K$$

mit $b_1 x - b_2 y + b_3 y = 0$. Mit $y = b_1$ folgt $(x - b_2 + b_3)b_1 = 0$. Weil $b_1 \neq 0$ ist, ist $x = b_2 - b_3$, so daß

$$t(P) \cap t(A_1) = (b_2 - b_3, -b_1, b_1)K$$

ist. Ferner ist

$$t(P) \cap t(A_2) = (x, y, -x)K$$

mit $b_1 x + b_2 y - b_3 x = 0$. Mit $x = b_2$ folgt $(b_1 + y - b_3)b_2 = 0$, so daß $y = b_3 - b_1$ ist, da ja $b_2 \neq 0$ ist. Also ist

$$t(P) \cap t(A_2) = (b_2, b_3 - b_1, -b_2)K.$$

Schließlich ist

$$t(A_1) \cap t(A_2) = A_3' = (1, 1, -1)K.$$

Es folgt, daß die drei Geraden

$$G_1 = (b_2 - b_3, -b_1, b_1)K + (0, 1, 0)K,$$
$$G_2 = (b_2, b_3 - b_1, -b_2)K + (1, 0, 0)K,$$
$$G_3 = (p_1, p_2, p_3)K + (1, 1, -1)K$$

konfluent sind. Um dies auszunutzen, bestimmen wir ihre Geradengleichungen. Es ist

$$G_1 = \{(x_1, x_2, x_3) \mid x_i \in K, \alpha_1 x_1 + \alpha_2 x_2 + \alpha_3 x_3 = 0\}.$$

Wegen $(0, 1, 0) \in G_1$ ist $\alpha_2 = 0$. Dann ist aber $\alpha_1(b_2 - b_3) + \alpha_3 b_1 = 0$. Da es auf einen von Null verschiedenen Skalarfaktor nicht ankommt und $b_1 \neq 0$ ist, können wir $\alpha_1 = b_1$ und $\alpha_3 = b_3 - b_1$ annehmen. Es ist also

$$G_1 = \{(x_1, x_2, x_3) \mid x_i \in K, b_1 x_1 + (b_3 - b_2)x_3 = 0\}.$$

Ebenso einfach folgt

$$G_2 = \{(x_1, x_2, x_3) \mid x_i \in K, b_2 x_2 + (b_3 - b_1)x_3 = 0\}$$

und

$$G_3 = \{(x_1, x_2, x_3) \mid x_i \in K, (p_2 + p_3)x_1 - (p_1 + p_3)x_2 + (p_2 - p_1)x_3 = 0\}.$$

Weil G_1, G_2, G_3 konfluent sind, hat das Gleichungssystem

$$\begin{aligned}
(p_2 + p_3)x_1 - (p_1 + p_3)x_2 + (p_2 - p_1)x_3 &= 0 \\
b_1 x_1 \qquad\qquad\qquad + (b_3 - b_2)x_3 &= 0 \\
b_2 x_2 + (b_3 - b_1)x_3 &= 0
\end{aligned}$$

eine nicht triviale Lösung. Daher ist die Determinante dieses Gleichungssystems gleich 0. Subtrahiert man die Summe der ersten beiden Spalten dieser Determinante von der letzten Spalte und beachtet man, daß $-b_1 - b_2 + b_3 = d_3 \neq 0$ ist, so erhält man $-b_2(p_2 + p_3) + b_1(p_1 + p_3) = 0$, dh.

$$b_1(p_1 + p_3) = b_2(p_2 + p_3).$$

Damit haben wir eine erste Beziehung zwischen den b's und den p's gewonnen.

Wir betrachten nun das Dreieck P, A_2, A_3 und seinen Partner. Es ist

$$t(P) \cap t(A_2) = (b_2, b_3 - b_1, -b_2)K,$$

wie wir bereits wissen. Ferner ist

$$t(P) \cap t(A_3) = (-b_3, b_3, b_1 - b_2)K,$$

wie man leicht nachrechnet. Ferner ist

$$t(A_2) \cap t(A_3) = A_1' = (-1, 1, 1)K.$$

Die Geraden

$$\begin{aligned}
H_1 &= (b_2, b_3 - b_1, -b_2)K + (0, 0, 1)K, \\
H_2 &= (-b_3, b_3, b_1 - b_2)K + (0, 1, 0)K, \\
H_3 &= (p_1, p_2, p_3)K + (-1, 1, 1)K,
\end{aligned}$$

sind konfluent. Ferner gilt

$$\begin{aligned}
H_1 &= \{(x_1, x_2, x_3) \mid x_i \in K, (b_1 - b_3)x_1 + b_2 x_2 = 0\}, \\
H_2 &= \{(x_1, x_2, x_3) \mid x_i \in K, (b_1 - b_2)x_1 + b_3 x_3 = 0\}, \\
H_3 &= \{(x_1, x_2, x_3) \mid x_i \in K, (p_2 - p_3)x_1 - (p_1 + p_3)x_2 + (p_1 + p_2)x_3 = 0\},
\end{aligned}$$

so daß die Determinante des Gleichungssystems

$$\begin{aligned}
(p_2 - p_3)x_1 &- (p_1 + p_3)x_2 + (p_1 + p_2)x_3 = 0 \\
(b_1 - b_3)x_1 &+ b_2 x_2 = 0 \\
(b_1 - b_2)x_1 & + b_3 x_3 = 0
\end{aligned}$$

gleich Null ist. Hieraus folgt ähnlich wie oben, daß

$$b_2(p_1 + p_2) = b_3(p_1 + p_3)$$

ist. Wäre nun $p_1 + p_2 = 0$, so folgte $p_1 + p_3 = 0 = p_2 + p_3$. Es folgte

$$2p_3 = p_1 + p_3 + p_2 + p_3 = 0.$$

Wegen $\mathrm{Char}(K) \neq 2$ folgte $p_1 = p_2 = p_3 = 0$. Dieser Widerspruch zeigt, daß $p_1 + p_2 \neq 0$ ist. Ebenso sieht man $p_2 + p_3 \neq 0 \neq p_1 + p_3$. Es gibt daher $l,\, m \in K^*$ mit $b_2 = l(p_1 + p_3)$, $b_3 = l(p_1 + p_2)$ und $b_1 = m(p_2 + p_3)$, $b_2 = m(p_1 + p_3)$. Es folgt weiter $l = m$. Daher ist

$$\begin{aligned}
0 &= b_1 p_1 + b_2 p_2 + b_3 p_3 \\
&= l\left((p_2 + p_3)p_1 + (p_1 + p_3)p_2 + (p_1 + p_2)p_3\right) \\
&= 2l(p_1 p_2 + p_2 p_3 + p_3 p_1),
\end{aligned}$$

so daß $p_1 p_2 + p_2 p_3 + p_3 p_1 = 0$ ist. Diese Gleichung gilt nun auch noch für die Koordinaten der Punkte A_1, A_2, A_3.

Es sei nun f die durch

$$f(x,y) = x_1 y_2 + x_2 y_1 + x_2 y_3 + x_3 y_2 + x_3 y_1 + x_1 y_3$$

definierte symmetrische Bilinearform. Dann ist f nicht ausgeartet, wie man sehr leicht mit Hilfe der Standardbasis testet. Ist $\mathcal{C}$ der Kegelschnitt aus den absoluten Punkten der durch f dargestellten projektiven Polarität, so ist offenbar $\mathcal{O} \subseteq \mathcal{C}$, da ja

$$f((p_1, p_2, p_3), (p_1, p_2, p_3)) = 0$$

ist für alle $(p_1, p_2, p_3)K \in \mathcal{O}$. Es sei t die Tangente an $\mathcal{C}$ in $A_1 = (1,0,0)K$. Dann ist

$$\begin{aligned}
t &= \{(x_1, x_2, x_3) \mid x_i \in K, f((1,0,0), (x_1, x_2, x_3)) = 0\} \\
&= \{(x_1, x_2, x_3) \mid x_i \in K, x_2 + x_3 = 0\} = t(A_1).
\end{aligned}$$

Ist nun $X \in \mathcal{C} - \{A_1\}$, so ist $A_1 + X \neq t = t(A_1)$. Daher gibt es ein $Y \in \mathcal{O} - \{A_1\}$ mit $Y \mathrel{I} A_1 + X$. Wegen $Y \in \mathcal{C}$ ist dann $Y = X$, da $A_1 + X$ mit $\mathcal{C}$ nur die beiden Punkte A_1 und X gemeinsam hat. Folglich ist $\mathcal{O} = \mathcal{C}$, q. e. d.

5.7. Satz. Es sei Π eine endliche projektive Ebene der Ordnung q und $\mathcal{M}$ sei eine Menge von Punkten von Π, von denen keine drei kollinear sind. Dann gilt:

a) Ist q ungerade, so ist $|\mathcal{M}| \leq q + 1$.

b) Ist q gerade, so ist $|\mathcal{M}| \leq q + 2$.

Beweis. Es sei $P \in \mathcal{M}$. Ist $X \in \mathcal{M} - \{P\}$, so ist $X + P$ eine Gerade durch P, die keinen weiteren Punkt von $\mathcal{M} - \{P\}$ trägt, da es andernfalls drei kollineare Punkte in $\mathcal{M}$ gäbe. Also ist $X \to X + P$ eine injektive Abbildung von $\mathcal{M} - \{P\}$ in die Menge der Geraden durch P. Da durch P genau $q + 1$ Geraden gehen, ist also $|\mathcal{M} - \{P\}| \leq q + 1$, dh. $|\mathcal{M}| \leq q + 2$. Dies beweist b).

Es sei nun $|\mathcal{M}| = q + 2$. Ist dann $P \in \mathcal{M}$, so trägt jede Gerade durch P noch genau einen weiteren Punkt von $\mathcal{M}$. Trägt eine Gerade von Π also einen Punkt von $\mathcal{M}$, so trägt sie genau zwei Punkte von $\mathcal{M}$. Nun ist

$$q^2 + q + 1 - (q + 2) = q^2 - 1 \geq 3,$$

so daß es einen Punkt Q von Π gibt, der nicht zu $\mathcal{M}$ gehört. Ist a die Anzahl der Geraden durch Q, die $\mathcal{M}$ in wenigstens einem Punkte treffen, so ist also $2a = q+2$, da ja jeder Punkt von $\mathcal{M}$ auf einer Geraden durch Q liegt. Somit ist q gerade. Dies beweist a).

Dieser Satz und Satz 5.2 zeigen, daß die Ovale zumindest in endlichen projektiven Ebenen ungerader Ordnung Punktmengen sind, die maximal sind bezüglich der Eigenschaft, keine drei kollineare Punkte zu enthalten.

5.8. Satz (Qvist). Es sei Π eine endliche projektive Ebene der Ordnung q und q sei ungerade. Ist dann $\mathcal{O}$ ein Oval von Π und ist P ein Punkt von Π, der nicht auf $\mathcal{O}$ liegt, so gehen durch P entweder keine oder genau zwei Tangenten von $\mathcal{O}$, dh., die Tangenten von $\mathcal{O}$ bilden ein Oval in Π^{d}.

Beweis. Es sei t eine Tangente an $\mathcal{O}$ in O und $P_1, \ldots, P_q$ seien die von O verschiedenen Punkte auf t. Ferner sei a_i die Anzahl der Tangenten durch P_i. Weil zwei verschiedene Tangenten sich stets in einem Punkt schneiden, der überdies nicht auf $\mathcal{O}$ liegt, ist

$$\sum_{i=1}^{q}(a_i - 1) = q.$$

Ist andererseits b_i die Anzahl der Sekanten durch P_i, so ist

$$a_i + 2b_i = |\mathcal{O}| = q + 1.$$

Weil q ungerade ist, ist $q + 1$ und damit $a_i = q + 1 - 2b_i$ gerade. Wegen $a_i \geq 1$ — es geht ja t durch P_i — ist also $a_i \geq 2$. Hieraus und aus $\sum_{i=1}^{q}(a_i - 1) = q$ folgt dann $a_i = 2$. Damit ist 5.8 bewiesen.

Der nächste Satz ist hier nur der Vollständigkeit halber mitgeteilt. Wir werden später keinen Gebrauch mehr von ihm machen.

5.9. Satz (Qvist). Es sei Π eine endliche projektive Ebene der Ordnung q und q sei gerade. Ist dann $\mathcal{O}$ ein Oval in Π, so gibt es genau einen Punkt K, so daß die Tangenten an $\mathcal{O}$ genau die Geraden durch K sind.

Beweis. Es sei s eine Sekante von $\mathcal{O}$. Ferner seien $P_1, \ldots, P_{q+1}$ die sämtlichen Punkte auf s. Schließlich sei a_i die Anzahl der Tangenten durch P_i. Dann ist

$$\sum_{i=1}^{q+1} a_i = q + 1,$$

da ja jede Tangente von $\mathcal{O}$ die Sekante s in genau einem Punkte schneidet. Es sei b_i die Anzahl der Sekanten durch P_i. Dann ist

$$a_i + 2b_i = q + 1.$$

Weil q gerade ist, ist $q + 1$ ungerade und somit auch a_i, so daß $a_i \geq 1$ gilt. Hieraus folgt mit $\sum_{i=1}^{q+1} a_i = q + 1$, daß $a_i = 1$ ist für alle i. Ist also K der Schnittpunkt zweier Tangenten, so geht durch K keine Sekante. Die Abbildung $X \to X + K$ mit $X \in \mathcal{O}$ ist folglich eine injektive Abbildung von $\mathcal{O}$ in die Menge der Geraden durch K und die Geraden $X + K$ sind allesamt Tangenten. Da durch K genau $q + 1$ Geraden gehen und $\mathcal{O}$ genau $q + 1$ Tangenten hat, ist 5.9 bewiesen.

Als nächstes beweisen wir nun den berühmten Satz von B. Segre über Ovale in endlichen desarguesschen Ebenen ungerader Ordnung.

5.11. Satz (B. Segre). Ist $\mathcal{O}$ eine Menge von $q + 1$ Punkten von $\Pi(V, \mathrm{GF}(q))$, von denen keine drei kollinear sind, und ist q ungerade, so ist $\mathcal{O}$ ein Kegelschnitt.

Beweis. Setze $K = \mathrm{GF}(q)$. Es seien A_1, A_2, A_3 drei verschiedene Punkte auf $\mathcal{O}$. Wir können annehmen, daß $V = K \oplus K \oplus K$, $A_1 = (1, 0, 0)K$, $A_2 = (0, 1, 0)K$, $A_3 = (0, 0, 1)K$ ist. Die drei Tangenten $t(A_i)$ an $\mathcal{O}$ in A_i sind nach 5.8 nicht konfluent, so daß A_1, A_2, A_3 und $A_1' = t(A_2) \cap t(A_3)$, $A_2' = t(A_3) \cap t(A_1)$, $A_3' = t(A_1) \cap t(A_2)$ Partner sind. Wir zeigen, daß sie perspektiv sind.

Es ist
$$t(A_1) = \{(x, k_1 y, y) \mid x, y \in K\}$$

mit $k_1 \in K^*$, da ja A_2 und A_3 nicht auf $t(A_1)$ liegen. Entsprechend folgt

$$t(A_2) = \{(x, y, k_2 x) \mid x, y \in K\},$$
$$t(A_3) = \{(k_3 x, x, y) \mid x, y \in K\}$$

mit k_2, $k_3 \in K^*$. Es folgt
$$A_1' = (k_3, 1, k_2 k_3)K,$$
$$A_2' = (k_3 k_1, k_1, 1)K,$$
$$A_3' = (1, k_1 k_2, k_2)K.$$

Es sei $B \in \mathcal{O} - \{A_1, A_2, A_3\}$ und $B = (b_1, b_2, b_3)K$. Dann ist $b_i \neq 0$ für alle i, da B auf keiner der Geraden $A_k + A_j$ liegt. Es folgt

$$B + A_1 = \{(x, h_{1B} y, y) \mid x, y \in K\},$$
$$B + A_2 = \{(x, y, h_{2B} x) \mid x, y \in K\},$$
$$B + A_3 = \{(h_{3B} x, x, y) \mid x, y \in K\}$$

mit $h_{1B} = b_2 b_3^{-1}$, $h_{2B} = b_3 b_2^{-1}$ und $h_{3B} = b_1 b_2^{-1}$. Offenbar gilt $h_{1B} h_{2B} h_{3B} = 1$, sowie $h_{iB} \neq k_i$ für alle i.

Ist $h_1 \in K^*$, so trifft die Gerade $\{(x, h_1 y, y) \mid x, y \in K\}$ das Oval in genau einem Punkt $B = (b_1, b_2, b_3)K$, der überdies von allen A_i verschieden ist. Es ist dann $h_1 = b_2 b_3^{-1} = h_{1B}$. Die Geraden $B + A_2$ und $B + A_3$ lassen sich dann wie oben mit durch h_1 eindeutig bestimmten h_{2B}, h_{3B} beschreiben. Beginnt man statt mit h_1 mit $h_2 \in K^*$ oder $h_3 \in K^*$, so sieht man, daß die Abbildung $B \to h_{iB}$ für alle i eine Bijektion von $\mathcal{O} - \{A_1, A_2, A_3\}$ auf $K^* - \{k_i\}$ ist. Es folgt

$$\left(\prod_{x \in K^*} x \right)^3 = k_1 k_2 k_3 \prod_{B \in \mathcal{O} - \{A_1, A_2, A_3\}} h_{1B} h_{2B} h_{3B} = k_1 k_2 k_3.$$

Ist $x \neq 1$, -1, so ist $x \neq x^{-1}$. Hieraus folgt $\prod_{x \in K^* - \{1,-1\}} = 1$. Also ist $\prod_{x \in K} x = -1$, so daß $k_1 k_2 k_3 = -1$ ist.

Es sei nun $C = (1, k_1 k_2, -k_2)K$. Wegen $k_1 k_2 k_3 = -1$ ist dann

$$
\begin{aligned}
(1, k_1 k_2, -k_2) &= (k_3, 1, k_2 k_3) k_1 k_2 + (1, 0, 0) 2 \\
&= (k_3 k_1, k_1, 1)(-k_2) + (0, 1, 0)(2 k_1 k_2) \\
&= (1, k_1 k_2, k_2) + (0, 0, 1)(-2 k_2),
\end{aligned}
$$

so daß C für alle i auf $A_i + A_i'$ liegt. Damit sind die beiden Partner A_1, A_2, A_3 und A_1', A_2', A_3' als perspektiv erkannt, so daß $\mathcal{O}$ nach 5.6 ein Kegelschnitt ist. Damit ist der Satz bewiesen.

6. Die Kollineationsgruppe eines Kegelschnitts Ist C ein Kegelschnitt der papposschen Ebene $\Pi(V, K)$ und ist die Charakteristik von K von 2 verschieden, so gibt es nach 4.1 eine Basis b_1, b_2, b_3 von V, so daß

$$
C = \left\{ \left(\sum_{i=1}^{3} b_i x_i \right) K \mid (0,0,0) \neq (x_1, x_2, x_3) \in K \oplus K \oplus K, x_1 x_2 - x_3^2 = 0 \right\}
$$

ist. Setzt man $c_1 = b_1$, $c_2 = b_3$ und $c_3 = b_2$, so ist

$$
C = \left\{ \left(\sum_{i=1}^{3} c_i x_i \right) K \mid (0,0,0) \neq (x_1, x_2, x_3) \in K \oplus K \oplus K, x_1 x_3 - x_2^2 = 0 \right\}.
$$

Hieraus folgt $(s^2, st, t^2)K \in C$ für alle $(s, t) \in K \oplus K - \{(0,0)\}$. Wir zeigen, daß sich jeder Punkt von C in dieser Form darstellen läßt. Dazu sei $P = (x_1, x_2, x_3)K \in C$. Ist $x_1 = 0$, so folgt aus $0 = x_1 x_3 - x_2^2 = -x_2^2$, daß $x_2 = 0$ ist. Also ist $P = (0, 0, 1)K = (0^2, 0 \cdot 1, 2^2)K$. Es sei also $x_1 \neq 0$. Dann können wir $x_1 = 1$ annehmen. Setzt man $x_2 = t$, so folgt $0 = x_1 x_3 - x_2^2 = x_3 - t^2$, so daß $P = (1, t, t^2)K = (1^2, 1t, t^2)K$ ist. Also ist

$$
C = \{(s^2, st, t^2)K \mid (0,0) \neq (s, t) \in K \oplus K\}.
$$

Wir definieren nun eine Abbildung σ von $\mathrm{GL}(2, K)$ in $\mathrm{GL}(3, K)$ durch

$$
\sigma \begin{pmatrix} a & b \\ c & d \end{pmatrix} = \begin{pmatrix} a^2 & 2ab & b^2 \\ ac & ad + bc & bd \\ c^2 & 2cd & d^2 \end{pmatrix}.
$$

Wegen $\det \sigma \begin{pmatrix} a & b \\ c & d \end{pmatrix} = (ad - bc)^3$ ist dies tatsächlich eine Abbildung von $\mathrm{GL}(2, K)$ in $\mathrm{GL}(3, K)$. Es bereitet keine Schwierigkeiten nachzurechnen, daß σ ein Homomorphismus ist.

Mit $\tau\sigma\left(\begin{smallmatrix} a & b \\ c & d \end{smallmatrix}\right)$ bezeichen wir die von $\sigma\left(\begin{smallmatrix} a & b \\ c & d \end{smallmatrix}\right)$ induzierte Kollineation. Dann ist $\tau\sigma$ ein Homomorphismus von $\mathrm{GL}(2,K)$ in die Kollineationsgruppe von $\Pi(V,K)$. Das Bild von $\mathrm{GL}(2,K)$ unter $\tau\sigma$ bezeichnen wir mit H. Nun ist genau dann $\tau\sigma\left(\begin{smallmatrix} a & b \\ c & d \end{smallmatrix}\right) = 1$, wenn es ein $k \in K^*$ gibt mit $\sigma\left(\begin{smallmatrix} a & b \\ c & d \end{smallmatrix}\right) = kE$, wobei E die (3×3)-Einheitsmatrix ist. Dies ist genau dann der Falle, wenn $b = c = 0$ und $a^2 = ad = d^2 = k$ ist, dh., genau dann, wenn $a = d \neq 0$ und $b = c = 0$ ist. Folglich ist der Kern von σ das Zentrum von $GL(2,K)$. Es gibt also einen Isomorphismus α von $\mathrm{PGL}(2,K)$ auf H mit

$$\alpha(A\mathcal{Z}(\mathrm{GL}(2,K))) = \tau\sigma(A)$$

für alle $A \in \mathrm{GL}(2,K)$.

Wir definieren weiterhin eine Abbildung λ von $\mathcal{U}_1(K \oplus K)$ auf $\mathcal{C}$ vermöge

$$((s,t)K)^\lambda = (s^2, st, t^2)K.$$

Diese Abbildung ist wohldefiniert. Ist nämlich $k \in K^*$, so ist $(s,t)K = (sk,tk)K$ und $(s^2, st, t^2)K = ((sk)^2, sktk, (tk)^2)K$. Sie ist surjektiv, da

$$\mathcal{C} = \{(s^2, st, t^2) \mid (0,0) \neq (s,t) \in K \oplus K\}$$

ist. Sie ist schließlich auch injektiv. Ist nämlich $(s^2, st, t^2)K = (a^2, ab, b^2)K$, so gibt es ein $x \in K^*$ mit $s^2 = a^2 x$, $st = abx$, $t^2 = b^2 x$. Es folgt, daß x ein Quadrat ist, da ja a und b nicht beide Null sind. Es gibt also ein $y \in K^*$ mit $x = y^2$. Auf Grund der Symmetrie in s und t können wir annehmen, daß $s \neq 0$ ist. Indem man gegebenenfalls y durch $-y$ ersetzt, kann man annehmen, daß $s = ay$ ist. Dann ist $t = by$, da ja $s \neq 0$ ist. Also ist $(s,t)K = (ay, by)K = (a,b)K$, so daß λ in der Tat auch injektiv ist.

Schließlich definieren wir noch μ durch $\mu(A) = A\mathcal{Z}(\mathrm{GL}(2,K))$. Ist nun $\gamma \in \mathrm{PGL}(2,K)$, so gibt es ein $A \in \mathrm{GL}(2,K)$ mit $\gamma = \mu(A)$ und es folgt

$$\begin{aligned}
((s,t)K)^{\gamma\lambda} &= ((s,t)K)^{\mu(A)\lambda} \\
&= ((as+bt, cs+dt)K)^\lambda \\
&= ((as+bt)^2, (as+bt)(cs+dt), (cs+dt)^2)K \\
&= (a^2 s^2 + 2abst + b^2 t^2, acs^2 \\
&\qquad + (ad+bc)st + bdt^2, c^2 s^2 + 2cdst + d^2 t^2)K \\
&= ((s^2, st, t^2)K)^{\alpha(\gamma)} = ((s,t)K)^{\lambda\alpha(\gamma)}.
\end{aligned}$$

Also ist

$$\alpha(\gamma) = \lambda^{-1}\gamma\lambda$$

für alle $\gamma \in \mathrm{PGL}(2,K)$. Hieraus folgt, wenn man nur beachtet, daß $\mathrm{PGL}(2,K)$ auf $\mathcal{U}_1(K \oplus K)$ bzw. $PGL(3,K)_\mathcal{C}$ auf $\mathcal{C}$ scharf dreifach transitiv operieren, der folgende Satz:

6.1. Fazit. α ist ein Isomorphismus von $\mathrm{PGL}(2,K)$ auf $\mathrm{PGL}(3,K)_\mathcal{C}$ und wegen $\alpha(\gamma) = \lambda^{-1}\gamma\lambda$ für alle $\gamma \in \mathrm{PGL}(2,K)$ sind die Gruppen $\mathrm{PGL}(2,K)$ und $\mathrm{PGL}(3,K)_\mathcal{C}|\mathcal{C}$ nicht nur als Gruppen, sondern sogar als Permutationsgruppen isomorph. Dabei bezeichne $\mathrm{PGL}(3,K)_\mathcal{C}|\mathcal{C}$ die Einschränkung von $\mathrm{PGL}(3,K)_\mathcal{C}$ auf $\mathcal{C}$.

V

Teilverhältnisse und Orthogonalität

in affinen Ebenen

Dieses Kapitel bringt uns ein großes Stück in unserem Verständnis der gewöhnlichen euklidischen Geometrie voran. Teilverhältnisse und Orthogonalitätrelationen affiner Ebenen werden abstrakt formuliert und es wird untersucht, was sie für die betrachteten Ebenen beinhalten. Dabei werden wir so interesssante Phänomene beobachten wie, daß die Existenz eines Teilverhältnisses die Transitivität der Translationsgruppe nach sich zieht und daß der Höhenschnittpunktsatz in Translationsebenen mit von 2 verschiedener Charakteristik den Satz von Pappos impliziert. Dies sind die spektakulärsten Ergebnisse, die wir erzielen. Interessant und von weittragender Konsequenz auch, daß die uneingeschränkte Möglichkeit des Winkelhalbierens gleichbedeutend damit ist, daß der Koordinatenkörper pythagoräisch ist. Sieht man davon ab, daß wir häufig Ebenen der Charakteristik 2 aus unseren Betrachtungen ausgeschlossen haben, was meist der Bequemlichkeit halber geschah, so begegnen wir hier zum ersten Mal einer Eigenschaft papposscher Ebenen, die ganz einschneidende Konsequenzen hat. Im nächsten Kapitel werden wir ein ähnliches Phänomen beobachten, daß nämlich gewisse, sehr anschauliche geometrische Bedingungen an einen Kegelschnitt erzwingen, daß der Koordinatenkörper euklidisch ist. Mit diesen Resultaten als Kulisse werden wir dann im letzten Kapitel erneut ansetzen, um schließlich die reelle affine Ebene zu kennzeichnen.

Vertrautheit mit den im zweiten Kapitel entwickelten und dargestellten Methoden und Ergebnissen über Translationsebenen ist die wesentliche Voraussetzung für ein erfolgreiches Studium des vorliegenden Kapitels. Wenn Sie nun glauben, mit dem zweiten Kapitel nicht genügend vertraut zu sein, so fangen Sie nicht damit an, es noch einmal durchzuarbeiten. Beginnen Sie vielmehr mit diesem Kapitel und gehen Sie erst dann zum zweiten zurück, wenn Sie Lücken in Ihrem Verständnis bemerken. Ein Buch, ein Vortrag oder auch eine Vorlesung geben ihre Geheimnisse sehr viel williger preis, wenn man mit konkreten Fragen an sie herangeht. Ein Beispiel mag dies erläutern. In Abschnitt 6 wird gezeigt, daß das Winkelhalbieren nur in Ebenen über pythagoräischen Körpern unbeschränkt möglich ist. Dabei heißt ein Körper pythagoräisch, wenn -1 kein Quadrat in K, die Summe zweier Quadrate in K jedoch stets wieder ein Quadrat in K ist. Dies impliziert unmittelbar, daß -1 nicht Summe von Quadraten in K ist, so daß pythagoräische Körper stets formal reell sind. Wenn Sie nun den Abschnitt über formal reelle Körper in irgendeinem Algebrabuch aufschlagen, so wird das, was vorher blaß und wenig einprägsam erschien, plötzlich interessant, und andererseits wird der Abschnitt über das Winkelhalbieren für Sie an Leben gewinnen. Wenn man so lernt, lernt man mit viel mehr an Gewinn. Im übrigen lohnt sich hier das Nachschlagen umso mehr, als auch die euklidischen Körper, die im nächsten Kapitel eine ganz fundamentale Rolle spielen werden, formal reell sind.

1. Teilverhältnisse. Das Halbieren von Strecken ist eine Operation, die in der Elementargeometrie immer wieder vorkommt. Da das Halbieren dort immer möglich ist, kann man es auch auffassen als eine binäre Operation $\frac{1}{2}$ auf der Menge der Punkte, so daß also $P \frac{1}{2} Q$ der Mittelpunkt der durch P und Q begrenzten Strecke ist. Dann ist $P \frac{1}{2} P = P$ sowie $P \frac{1}{2} Q = Q \frac{1}{2} P$ und die Punkte P, Q und $P \frac{1}{2} Q$ sind stets kollinear. Ferner gilt, daß $P^\pi \frac{1}{2} Q^\pi = (P \frac{1}{2} Q)^\pi$ ist für alle Parallelprojektionen π. Statt eine Strecke zu halbieren, kann man sie auch in anderen Verhältnissen teilen. Für ein fest gewähltes Teilverhältnis erhält man dann ganz analog zum Halbieren eine binäre Verknüpfung auf der Menge der Punkte. Diese Situation wollen wir nun als erstes studieren. Es wird sich zeigen, daß nur Translationsebenen Teilverhältnisse besitzen.

Es sei V eine abelsche Gruppe und π sei eine Kongruenz von V. Dann ist $\pi(V)$ nach den Entwicklungen des zweiten Kapitels eine Translationsebene und V ist ein Vektorraum über dem Kern K von $\pi(V)$. Die Vektoren aus V, die ja die Punkte von $\pi(V)$ sind, bezeichen wir zumeist mit großen lateinischen Buchstaben. Ferner bezeichne $P + Q$ für $P, Q \in V$ die SUMME der Vektoren in V und NICHT die Verbindungsgerade der beiden Punkte. Die Verbindungsgerade der Punkte P und Q bezeichnen wir mit $P \vee Q$.

Ist $1 \neq t \in K^*$ und sind $P, Q \in V$, so setzen wir

$$P \, t \, Q = P(1 - t) + Qt.$$

Der Quotient $(1 - t) : t$ heißt in der klassischen Literatur das Teilverhältnis der Punkte P, Q und $P \, t \, Q$. Dort beginnt man mit drei kollinearen Punkten P, Q und R und sucht ein t, so daß $(1 - t) : t$ das Teilverhältnis der Punkte P, Q, R ist. Wir gehen hier den umgekehrten Weg, indem wir mit t beginnen und die mittels t definierte Verknüpfung $(P, Q) \to P \, t \, Q$ studieren. Als erstes notiern wir einige Eigenschaften der Verknüpfung t, die wir dann zur Definition unseres Teilverhältnisbegriffs benutzen werden. Zunächst jedoch noch eine Definition.

1.1. Definition. Es sei A eine affine Ebene und g und h seien zwei Geraden von A. Ist $\mathcal{P}$ eine Parallelenschar von A mit $g, h \notin \mathcal{P}$ und ist $X \, \mathrm{I} \, g$, so definieren wir X^ρ durch $X^\rho = h \cap y$, wobei y die eindeutig bestimmte Gerade aus $\mathcal{P}$ durch X ist. Wegen $g, h \notin \mathcal{P}$ ist ρ eine Bijektion der Menge der Punkte auf g auf die Menge der Punkte auf h. Wir nennen ρ die *Parallelprojektion* von g auf h entlang $\mathcal{P}$. Offenbar ist ρ projektiv gedeutet nichts anderes als eine Perspektivität von g auf h, deren Perspektivitätszentrum auf g_∞ liegt.

Doch nun zurück zu unserer Verknüpfung t. Es gelten:

(t1) Es ist $P \, \mathrm{t} \, P = P$ für alle $P \in V$.

(t2) Sind $P, Q \in V$, so sind P, Q und $P \, \mathrm{t} \, Q$ kollinear.

(t3) Zu $P, R \in V$ gibt es genau ein $X \in V$ und genau ein $Y \in V$ mit $P \, \mathrm{t} \, X = R = Y \, \mathrm{t} \, P$.

(t4) Ist ρ eine Parallelprojektion der Geraden g auf eine weitere Gerade h und sind P und Q Punkte auf g, so ist $(P \, \mathrm{t} \, Q)^\rho = P^\rho \, \mathrm{t} \, Q^\rho$.

Diese vier Eigenschaften wollen wir nun beweisen. (t1) ist völlig trivial. Um (t2) zu beweisen, seien $P, Q \in V$. Es gibt dann ein $X \in \pi$ mit $-P + Q \in X$. Weil X ein K-Unterraum von V ist, folgt

$$-Pt + Qt = (-P + Q)t \in X.$$

Somit ist

$$P(1 - t) + Qt \in P + X.$$

Andererseits gilt wegen $-P + Q \in X$ auch $P, Q \in P + X$, so daß P, Q und $P \, \mathrm{t} \, Q$ in der Tat kollinear sind.

Es sei $P \, \mathrm{t} \, X = R$. Dann ist also $P(1 - t) + Xt = R$. Hieraus folgt

$$X = (R - P(1 - t))t^{-1},$$

da ja $t \neq 0$ ist. Dies zeigt die Eindeutigkeit von X. Setzt man andererseits $X = (R - P(1 - t))t^{-1}$, so ist $P \, \mathrm{t} \, X = R$, so daß es stets auch eine Lösung der Gleichung $P \, \mathrm{t} \, X = R$ gibt. Ist $Y \, \mathrm{t} \, P = R$, so ist $Y(1 - t) + Pt = R$, so daß

$$Y = (R - Pt)(1 - t)^{-1}$$

ist, da ja $t \neq 1$ ist. Dies zeigt die Eindeutigkeit von Y. Andererseits ist $Y = (R - Pt)(1 - t)^{-1}$ auch eine Lösung von $Y \, \mathrm{t} \, P = R$, so daß (t3) erfüllt ist.

Es seien g und h zwei Geraden und ρ sei eine Parallelprojektion von g auf h. Sind P und Q Punkte auf g, so ist auch $P \, \mathrm{t} \, Q$ ein Punkt auf g, da P, Q und $P \, \mathrm{t} \, Q$ nach (t2) kollinear sind. Ferner sind $P^\rho, Q^\rho, (P \, \mathrm{t} \, Q)^\rho$ und $P^\rho \, \mathrm{t} \, Q^\rho$ Punkte auf h. Es gibt ein $W \in \pi$ mit

$$X^\rho = (X + W) \cap h$$

für alle X von g. Es folgt $P^\rho = P + x$, $Q^\rho = Q + y$ und $(P \, \mathrm{t} \, Q)^\rho = P \, \mathrm{t} \, Q + z$ mit $x, y, z \in W$. Es folgt, indem man in die dritte Gleichung die mittels der ersten beiden Gleichungen gefundenen Ausdrücke für P und Q einsetzt,

$$(P \, \mathrm{t} \, Q)^\rho = (P^\rho - x) \, \mathrm{t} \, (Q^\rho - y) + z = P^\rho \, \mathrm{t} \, Q^\rho - x(1 - t) - yt + z = P^\rho \, \mathrm{t} \, Q^\rho + w$$

mit $w \in W$. Folglich ist

$$P^\rho \, \mathrm{t} \, Q^\rho \in ((P \, \mathrm{t} \, Q)^\rho + W) \cap h = \{(P \, \mathrm{t} \, Q)^\rho\}.$$

Somit ist $P^\rho \mathbin{t} Q^\rho = (P \mathbin{t} Q)^\rho$, so daß auch die Gültigkeit von (t4) nachgewiesen ist.

1.2. Definition. Es sei A eine affine Ebene. Ist t eine binäre Verknüpfung auf der Menge der Punkte von A und erfüllt t die Bedingungen (t1), (t2), (t3) und (t4), so heißt t *Teilverhältnis* auf A.

1.3. Satz (Lüneburg). Es sei A eine affine Ebene und t sei ein Teilverhältnis auf A. Ist P ein Punkt von A, so gibt es ein $\rho(P) \in \Gamma(P, g_\infty)$ mit

$$X^{\rho(P)} \mathbin{t} X = P$$

für alle Punkte X von A. Überdies ist $\rho(P) \neq 1$.

Beweis. Nach (t3) gibt es zu jedem Punkt X von A genau einen Punkt, den wir mit $X^{\rho(P)}$ bezeichnen, so daß $X^{\rho(P)} \mathbin{t} X = P$ gilt. Ebenso gibt es genau einen Punkt $X^{\sigma(P)}$ mit $X \mathbin{t} X^{\sigma(P)} = P$. Somit sind $\rho(P)$ und $\sigma(P)$ Abbildungen der Punktmenge von A in sich. Nun ist

$$X^{\rho(P)} \mathbin{t} X = P = X^{\rho(P)} \mathbin{t} X^{\rho(P)\sigma(P)}$$

und daher $X^{\rho(P)\sigma(P)} = X$ für alle Punkte X von A. Ferner ist

$$X \mathbin{t} X^{\sigma(P)} = P = X^{\sigma(P)\rho(P)} \mathbin{t} X^{\sigma(P)}$$

und somit $X^{\sigma(P)\rho(P)} = X$. Also ist $\sigma(P)\rho(P) = 1 = \rho(P)\sigma(P)$, so daß $\rho(P)$ eine Bijektion der Punktmenge von A auf sich ist und $\sigma(P) = \rho(P)^{-1}$ gilt. Wegen

$$P \mathbin{t} P = P = P^{\rho(P)} \mathbin{t} P$$

gilt ferner $P^{\rho(P)} = P$. Es sei nun g eine Gerade von A. Ist $P \mathbin{I} g$, so folgt für jeden weiteren Punkt X auf g, daß auch $X^{\rho(P)}$ auf g liegt, da ja die Punkte X, $X^{\rho(P)}$ und $X^{\rho(P)} \mathbin{t} X = P$ wegen (t2) kollinear sind. Faßt man Geraden als Punktmengen auf, was wegen I.2.4 ja erlaubt ist, so ist also $g^{\rho(P)} \subseteq g$. Es sei nun $P \mathbin{\not I} g$. Ferner sei $X \mathbin{I} g$ und h sei die Parallele zu g durch $X^{\rho(P)}$. Ist Y ein weiterer Punkt auf g, so betrachten wir die Parallelprojektion π entlang der Parallelenschar, zu der g und h gehören, von $P \vee X$ auf $P \vee Y$. Mit (t4) folgt dann

$$X^{\rho(P)\pi} \mathbin{t} Y = X^{\rho(P)\pi} \mathbin{t} X^\pi = (X^{\rho(P)} \mathbin{t} X)^\pi = P^\pi = P = Y^{\rho(P)} \mathbin{t} Y.$$

Nach (t3), das wir nun zum wiederholten Male anwenden, ist daher

$$Y^{\rho(P)} = X^{\rho(P)\pi} \mathbin{I} h.$$

Also ist $g^{\rho(P)} \subseteq h$. Damit ist gezeigt, daß $\rho(P)$ kollineare Punkte auf kollineare Punkte abbildet. Ganz entsprechend zeigt man, daß auch $\sigma(P)$ kollineare Punkte auf kollineare Punkte abbildet. Wegen $\sigma(P) = \rho(P)^{-1}$ folgt, daß die Punkte X, Y, Z von A genau dann kollinear sind, wenn $X^{\rho(P)}$, $Y^{\rho(P)}$, $Z^{\rho(P)}$ kollinear sind.

Nach I.2.5 ist $\rho(P)$ daher eine Kollineation von A und damit eine Streckung mit dem Zentrum P, da $\rho(P)$ ja alle Geraden durch P in sich abbildet. und folglich festläßt.

Ist schließlich $X^{\rho(P)} = X$, so folgt

$$P = X^{\rho(P)} \,\mathrm{t}\, X = X \,\mathrm{t}\, X = X,$$

so daß P der einzige Punkt ist, der von $\rho(P)$ festgelassen wird. Daher ist $\rho(P) \neq 1$, q. e. d.

1.4. Satz (Lüneburg). Ist A eine affine Ebene, so besitzt A genau dann ein Teilverhältnis, wenn A eine Translationsebene ist, die eine nicht triviale Streckung mit der Achse g_∞ besitzt.

Beweis. Ist A eine Translationsebene, so ist A von der Form $\pi(V)$ mit einer abelschen Gruppe V und einer Kongruenz π von V (Satz II.1.10). Ferner ist die multiplikative Gruppe des Kerns K von $\pi(V)$ wegen der Konjugiertheit der Gruppen $\Gamma(P, g_\infty)$ nach II.2.2 für alle $P \in V$ zu $\Gamma(P, g_\infty)$ isomorph. Ist also $\Gamma(P, g_\infty) \neq \{1\}$ für ein $P \in V$, so enthält K^* mindestens zwei Elemente, so daß $\pi(V)$ und damit A, wie wir zu Beginn dieses Abschnittes sahen, ein Teilverhältnis besitzen.

Es sei umgekehrt A eine affine Ebene mit einem Teilverhältnis t. Nach 1.3 besitzt A viele von 1 verschiedene Streckungen mit der Achse g_∞, so daß wir nur noch zeigen müssen, daß A eine Translationsebene ist. Dazu seien P und Q zwei Punkte von A. Es ist zu zeigen, daß es eine Translation τ gibt mit $P^\tau = Q$. Zu diesem Zweck können wir $P \neq Q$ annehmen. Es sei $R = P \,\mathrm{t}\, Q$. Nach 1.3 gibt es ein $\rho(P) \in \Gamma(P, g_\infty)$ und ein $\rho(R) \in \Gamma(R, g_\infty)$ mit $X^{\rho(P)} \,\mathrm{t}\, X = P$ bzw. $X^{\rho(R)} \,\mathrm{t}\, X = R$ für alle Punkte X. Setzt man $\sigma(R) = \rho(R)^{-1}$, so ist $X \,\mathrm{t}\, X^{\sigma(R)} = R$ für alle Punkte X. Es folgt

$$P \,\mathrm{t}\, P^{\rho(P)\sigma(R)} = P \,\mathrm{t}\, P^{\sigma(R)} = R = P \,\mathrm{t}\, Q,$$

so daß nach (t3) die Gleichung

$$P^{\rho(P)\sigma(R)} = Q$$

gilt. Hiernach müssen wir nur noch zeigen, daß $\rho(P)\sigma(R)$ eine Translation ist.

Es sei $g = P \vee Q$ und h sei eine zu g parallele Gerade, die jedoch von g verschieden ist. Ferner sei $X \,\mathrm{I}\, h$. Weil X nicht auf g liegt, liegt auch $X^{\rho(P)}$ nicht auf g. Daher sind X und P sowie $X^{\rho(P)}$ und R je zwei verschiedene Punkte. Wir betrachten nun die Parallelprojektion λ von $P \vee X$ auf $X^{\rho(P)} \vee R$ entlang der Parallelenschar, zu der g und h gehören. Dann folgen mit (t4) die Gleichungen

$$X^{\rho(P)} \,\mathrm{t}\, X^\lambda = X^{\rho(P)\lambda} \,\mathrm{t}\, X^\lambda = P^\lambda = R = X^{\rho(P)} \,\mathrm{t}\, X^{\rho(P)\sigma(R)},$$

so daß $X^{\rho(P)\sigma(R)} = X^\lambda \,\mathrm{I}\, h$ gilt. Also ist $h^{\rho(P)\sigma(R)} = h$. Dies besagt nun gerade, daß $\rho(P)\sigma(R)$ eine Translation ist, da $\rho(P)\sigma(R)$ ja die Gerade g_∞ punktweise festläßt, q. e. d.

Wie man sich sehr rasch überlegt, gilt in einer affinen Ebene A das folgende:
Sind P, Q, P', Q' vier Punkte von A mit $P \neq Q$ und $P' \neq Q'$, so gibt es eine
Abbildung κ von $P \vee Q$ auf $P' \vee Q'$, die Produkt von Parallelprojektionen ist,
mit $P^\kappa = P'$ und $Q^\kappa = Q'$. Ferner gilt: Ist t ein Teilverhältnis auf A, sind P
und Q Punkte von A, ist κ ein Produkt von Parallelprojektionen und liegen P
und Q im Definitionsbereich von κ, so ist $(P \,\mathrm{t}\, Q)^\kappa = P^\kappa \,\mathrm{t}\, Q^\kappa$. Von diesen beiden
Bemerkungen werden wir im folgenden gelegentlich Gebrauch machen.

1.5. Satz. Es sei A eine affine Ebene und t und t' seien Teilverhältnisse auf A.
Sind P und Q zwei verschiedene Punkte von A und gilt $P \,\mathrm{t}\, Q = P \,\mathrm{t}'\, Q$, so ist
$t = t'$.

Beweis. Es seien X und Y zwei verschiedene Punkte von A. Es gibt dann ein
Produkt κ von Parallelprojektionen mit $P^\kappa = X$ und $Q^\kappa = Y$. Es folgt

$$X \,\mathrm{t}\, Y = (P \,\mathrm{t}\, Q)^\kappa = (P \,\mathrm{t}'\, Q)^\kappa = X \,\mathrm{t}'\, Y.$$

Also ist $t = t'$, da ja auch $X \,\mathrm{t}\, X = X = X \,\mathrm{t}'\, X$ für alle X gilt.

Mittels dieses Satzes zeigen wir nun, daß die zu Beginn dieses Abschnittes
angegebenen Teilverhältnisse bereits alle Teilverhältnisse sind. Dies ist wegen der
Sätze 1.3 und 1.4 und dem Zusammenhang zwischen Streckungsgruppen und Kern
nicht weiter verwunderlich.

1.6. Satz. Ist $\pi(V)$ eine Translationsebene, ist K der Kern von $\pi(V)$ und ist τ
ein Teilverhältnis von $\pi(V)$, so gibt es ein $t \in K^* - \{1\}$ mit

$$P \,\tau\, Q = P(1 - t) + Qt$$

für alle $P, Q \in V$.

Beweis. Es sei 0 der Nullvektor von V. Nach 1.3 gibt es ein $\rho(0) \in \Gamma(0, g_\infty)$
mit $\rho(0) \neq 1$ und $P^{\rho(0)} \,\tau\, P = 0$ für alle Punkte P von $\pi(V)$. Wegen $\rho(0) \neq 1$
gibt es ein $s \in K^* - \{1\}$ mit $P^{\rho(0)} = Ps$ für alle Punkte P von $\pi(V)$. Setzt man
$t = (s - 1)^{-1}s$, so folgt

$$\begin{aligned}
P^{\rho(0)} \,\mathrm{t}\, P &= (Ps) \,\mathrm{t}\, P = Ps(1 - t) + Pt = P(s - (s - 1)t) \\
&= P(s - (s - 1)(s - 1)^{-1}s) \\
&= 0 = P^{\rho(0)} \,\tau\, P.
\end{aligned}$$

Mit 1.5 folgt hieraus die Behauptung.

Bei der Untersuchung von binären Verknüpfungen interessiert auch immer die
Frage, ob die betrachtete Verknüpfung kommutativ ist. Teilverhältnisse sind dies
in der Regel nicht, wie wir jetzt sehen werden.

1.7. Definition. Das Teilverhältnis m der affinen Ebene A heißt *Mittelpunktsrelation* auf A, falls für alle Punkte P und Q von A die Gleichung $P \,\mathrm{m}\, Q = Q \,\mathrm{m}\, P$
gilt.

1.8. Satz (Baer). Genau dann besitzt die affine Ebene A eine und dann auch nur eine Mittelpunktsrelation, wenn A eine Translationsebene mit von 2 verschiedener Charakteristik ist.

Beweis. Es sei A eine affine Ebene und m sei eine Mittelpunktsrelation auf A. Dann ist A nach 1.4 eine Translationsebene, so daß wir annehmen können, daß $A = \pi(V)$ ist. Nach 1.6 gibt es ein t im Kern K von $\pi(V)$ mit

$$P \, m \, Q = P(1 - t) + Qt.$$

Wegen der Kommutativität von m folgt

$$P(1 - t) + Qt = Q(1 - t) + Pt$$

für alle Punkte P und Q. Mit $Q = 0$ folgt $P(1 - t) = Pt$, dh., $P = P(2t)$ für alle Punkte P, so daß $2t = 1$ ist. Hieraus folgt, daß die Charakteristik von K nicht 2 ist. Ferner folgt

$$P \, m \, Q = \tfrac{1}{2}(P + Q),$$

so daß m auch einzig ist.

Ist andererseits $A = \pi(V)$ eine Translationsebene der Charakteristik ungleich 2, so ist die durch $PmQ = \tfrac{1}{2}(P+Q)$ definierte Verknüpfung eine Mittelpunktsrelation auf A, q. e. d.

Zum Abschluß dieses Abschnitts beweisen wir noch eine Charakterisierung der desarguesschen Ebenen.

1.9. Satz (Lüneburg). Es sei A eine affine Ebene. Genau dann ist A desarguessch, wenn es zu drei verschiedenen kollinearen Punkten P, Q, R stets ein Teilverhältnis t von A gibt mit $P \, t \, Q = R$.

Beweis. A sei desarguessch. Dann ist $A = \pi(V)$, wobei V ein Vektorraum vom Rang 2 über dem Kern von A ist und wobei π aus allen Unterräumen des Ranges 1 von V besteht. Es gibt nun ein $U \in \pi$ mit $P - Q$, $R - Q \in U$. Weil U den Rang 1 hat, ist $U = vK$. Es folgt $P = Q + va$ und $R = Q + vb$ mit $a, b \in K$. Weil die drei Punkte paarweise verschieden sind, ist $a \neq 0 \neq b \neq a$. Gesucht ist ein $t \in K$ mit $t \neq 0, 1$ und $R = P(1 - t) + Qt$, dh. mit

$$Q + vb = (Q + va)(1 - t) + Qt = Q + va(1 - t).$$

Es folgt $t = 1 - a^{-1}b$. Beginnt man nun mit $t = 1 - a^{-1}b$, so ist $t \neq 0, 1$ und es gilt $P(1 - t) + Qt = R$. Damit ist ein Teilverhältnis t mit $P \, t \, Q = R$ gefunden.

Es gebe umgekehrt zu jedem Tripel verschiedener kollinearer Punkte P, Q, R ein Teilverhältnis t mit $P \, t \, Q = R$. Dann ist A eine Translationsebene, so daß wir nur noch zu zeigen haben, daß A eine (P, g_∞)-transitive Ebene ist für alle Punkte P von A. Dies folgt aber unmittelbar aus 1.3. Sind nämlich X und Y zwei verschiedene Punkte, die auch von P verschieden sind, und gilt $P \, I \, X \vee Y$, so gibt es ein Teilverhältnis t mit $Y\,t\,X = P$. Nach 1.3 gibt es daher ein $\rho(P) \in \Gamma(P, g_\infty)$ mit $X^{\rho(P)} = Y$, q. e. d.

2. Das Mittendreieck und die Mittellinien eines Dreiecks. Will man von den Mittellinien eines Dreiecks reden, so muß man die Mittelpunkte der Dreiecksseiten bestimmen können. Man muß als eine Mittelpunktsrelation fúr die Punkte der betrachteten affinen Ebene haben, m. a. W., man muß von vorneherein eine Translationsebene der Charakteristik ungleich 2 den Betrachtungen zugrunde legen. Ist $\pi(V)$ eine Translationsebene der Charakteristik ungleich 2, so hat $\pi(V)$ genau eine Mittelpunktsrelation, wie wir bereits wissen, und es gilt $P \, m \, Q = \frac{1}{2}(P + Q)$ für alle Punkte P und Q von $\pi(V)$, falls m diese Mittelpunktsrelation ist.

2.1. Satz (Baer). Es sei $\pi(V)$ eine Translationsebene der Charakteristik ungleich 2. Sind A, B, C drei nicht kollineare Punkte von $\pi(V)$, so sind die Mittellinien $A \vee \frac{1}{2}(B+C)$, $B \vee \frac{1}{2}(C+A)$ und $C \vee \frac{1}{2}(A+B)$ des Dreiecks A, B, C konfluent, es sei denn, die Charakteristik von $\pi(V)$ ist 3. In diesem Falle sind die Mittellinien parallel.

Beweis. Setze $u_1 = A - 2B + C$, $u_2 = A + B - 2C$ und $u_3 = -2A + B + C$. Dann ist $u_i \neq 0$ für alle i. Wäre nämlich etwa $u_1 = 0$, so wäre

$$B = \tfrac{1}{2}(A + C) = A \, m \, C,$$

so daß A, B und C kollinear wären, da m ja (t2) erfüllt. Also ist doch $u_1 \neq 0$. Analog folgt $u_2 \neq 0$ und $u_3 \neq 0$. Es gibt daher zu jedem i genau ein $U_i \in \pi$ mit $u_i \in U_i$. Es folgt

$$\tfrac{1}{2}(A + C) + U_1 = B + \tfrac{1}{2}u_1 + U_1 = B + U_1$$

und ebenso

$$\tfrac{1}{2}(B + A) + U_2 = C + U_2$$
$$\tfrac{1}{2}(C + B) + U_3 = A + U_3,$$

so daß $B + U_1$, $C + U_2$ und $A + U_3$ die Mittellinien des Dreiecks A, B, C sind. Ist nun die Charakteristik der Ebene $\pi(V)$ gleich 3, so ist $-2 = 1$ und daher $u_i = A + B + C$ für alle i. Es folgt $U_1 = U_2 = U_3$, so daß die Mittellinien in diesem Falle parallel sind.

Ist nun die Charakteristik der Ebene $\pi(V)$ nicht 3, so ist

$$B + \tfrac{1}{3}u_1 = B + \tfrac{1}{3}(A - 2B + C) = \tfrac{1}{3}(A + B + C)$$
$$C + \tfrac{1}{3}u_2 = C + \tfrac{1}{3}(A + B - 2C) = \tfrac{1}{3}(A + B + C)$$
$$A + \tfrac{1}{3}u_3 = A + \tfrac{1}{3}(-2A + B + C) = \tfrac{1}{3}(A + B + C).$$

Folglich ist $\frac{1}{3}(A + B + C)$ der Schnittpunkt der drei Mittellinien des Dreiecks A, B, C, q. e. d.

Als nächstes betrachten wir das Dreieck aus den Mittelpunkten der Dreiecksseiten des Dreiecks A, B, C, das sogenannte *Mittendreieck* von A, B, C.

2.2. Satz. Es sei $\pi(V)$ eine Translationsebene der Charakteristik ungleich 2. Ist
dann A, B, C ein Dreieck von $\pi(V)$, so ist

$$\tfrac{1}{2}(A+B) \vee \tfrac{1}{2}(B+C) \parallel A \vee C$$
$$\tfrac{1}{2}(B+C) \vee \tfrac{1}{2}(C+A) \parallel B \vee A$$
$$\tfrac{1}{2}(C+A) \vee \tfrac{1}{2}(A+B) \parallel C \vee B.$$

Beweis. Es sei ρ die Parallelprojektion von $A \vee B$ auf $B \vee C$ entlang der Parallelenschar, zu der $A \vee C$ gehört. Dann ist $B^\rho = B$ und $A^\rho = C$. Folglich ist

$$\left(\tfrac{1}{2}(A+B)\right)^\rho = \tfrac{1}{2}(B+C),$$

so daß tatsächlich $\tfrac{1}{2}(A+B) \vee \tfrac{1}{2}(B+C)$ zu $A \vee C$ parallel ist. Ebenso zeigt man
die restlichen Aussagen.

Grob gesagt bedeutet dieser Satz also, daß die Seiten des Mittendreiecks eines
Dreiecks zu den Dreiecksseiten parallel sind.

2.3. Satz. Es sei $\pi(V)$ eine Translationsebene der Charakteristik ungleich 2. Ferner
sei A', B', C' ein Dreieck von $\pi(V)$. Mit a bezeichnen wir die Parallele zu $B' \vee C'$
durch A', mit b die Parallele zu $C' \vee A'$ durch B' und mit c die Parallele zu $A' \vee B'$
durch C'. Ist dann $A = b \cap c$, $B = c \cap a$ und $C = a \cap b$, so ist A', B', C' das
Mittendreieck des Dreiecks A, B, C, dh., es gilt $C' = \tfrac{1}{2}(A+B)$, $A' = \tfrac{1}{2}(B+C)$
und $B' = \tfrac{1}{2}(C+A)$.

Beweis. Ruft man sich in Erinnerung, daß die Abbildungen $X \to X + T$ die
Translationen von $\pi(V)$ sind, so sieht man unmittelbar die Gültigkeit der folgenden
Gleichungen:

$$A = C' + (B' - A') = B' + (C' - A')$$
$$B = A' + (C' - B') = C' + (A' - B')$$
$$C = B' + (A' - C') = A' + (B' - C')$$

Es folgt

$$\tfrac{1}{2}(A+B) = \tfrac{1}{2}(C' + B' - A' + C' + A' - B') = C',$$

etc. Damit ist alles bewiesen.

3. Orthogonalitätsrelationen papposscher Ebenen. Wir beginnen unser Studium der Orthogonalitätsrelationen papposscher Ebenen, indem wir eine Klasse
solcher Orthogonalitätsrelationen einführen, von der wir dann im Laufe unserer
weiteren Untersuchungen sehen werden, daß sie geometrisch von besonderem Interesse sind. Bevor wir jedoch diese Orthogonalitätsrelationen einführen, wollen
wir hier schon sagen, was wir unter einer Orthogonalitätsrelation auf einer affinen
Ebene schlechthin verstehen wollen.

3.1. Definition. Es A eine affine Ebene und $\perp$ sei eine binäre Relation auf der Menge der Geraden von A. Wir nennen $\perp$ eine *Orthogonalitätsrelation* auf A, falls $\perp$ die folgenden Bedingungen erfüllt:

(O1) Ist g eine Gerade von A, so gibt es eine Gerade h von A mit $g \perp h$.

(O2) Sind g und h Geraden von A, so gilt $g \perp h$ genau dann, wenn $h \perp g$ gilt.

(O3) Sind g, g', h Geraden von A und $g \perp h$, so gilt genau dann $g' \perp h$, wenn $g' \| g$ ist.

(O4) Es gibt eine Gerade g von A mit $g \not\perp g$.

Ist $g \perp h$, so sagen wir: g ist *orthogonal* zu h.

Offenbar erfüllt die Parallelitätsrelation die Bedingungen (O1), (O2), (O3). Die Bedingung (O4) dient also dazu, die Parallelitätsrelation von unseren Betrachtungen über Orthogonalität auszuschließen. Es wird aber nicht ausgeschlossen, daß es zu sich selbst orthogonale Geraden gibt, so daß sich unsere Betrachtungen z. B. auch auf die Minkowskiebene, das zweidimensionale Analogon des vierdimensionalen Minkowskiraumes der Relativitätstheorie, anwenden lassen.

Ist $\perp$ eine Orthogonalitätsrelation auf A und sind $\mathcal{P}$ und $\mathcal{P}'$ zwei Parallelenscharen von A, so setzen wir $\mathcal{P}^\sigma = \mathcal{P}'$, falls es ein $g \in \mathcal{P}$ und ein $h \in \mathcal{P}'$ gibt mit $g \perp h$. Ist $g' \in \mathcal{P}$ und $h' \in \mathcal{P}'$, so folgt mit (O2) und (O3), daß $g' \perp h'$ ist, falls $g \perp h$ ist. Folglich ist σ wohldefiniert. Aus (O1) folgt, daß der Definitionsbereich von σ die Menge aller Parallelenscharen ist. Schließlich folgt $\sigma^2 = 1 \neq \sigma$ aus (O2) bzw. (O4), so daß σ insbesondere bijektiv ist. Ist umgekehrt σ eine Abbildung der Menge der Parallelenscharen von A auf sich mit $\sigma^2 = 1$ sowie $\sigma \neq 1$ und setzt man $g \perp h$ genau dann, wenn die durch g definierte Parallelenschar unter σ auf die durch h definierte Parallelenschar abgebildet wird, so ist $\perp$ eine Orthogonalitätsrelation auf A. Diese Bemerkungen zeigen, daß jede affine Ebene sehr viele Orthogonalitätsrelationen besitzt. Mittels dieser Bemerkungen folgt auch die Gültigkeit von

3.2. Satz. Es sei A eine affine Ebene und $\perp$ sei eine Orthogonalitätsrelation auf A. Ist g eine Gerade und ist P ein Punkt von A, so gibt es genau eine Gerade h von A mit $P \, I \, h \perp g$.

3.3 Hilfssatz. Ist A eine affine Ebene und sind $\perp$ und $\perp'$ Orthogonalitätsrelationen auf A, so gilt für eine Kollineation κ von A genau dann die Aussage: „Es ist genau dann $g \perp h$, wenn $g^\kappa \perp' h^\kappa$ ist", wenn für die oben mit Hilfe von $\perp$ bzw. $\perp'$ definierten Abbildungen σ und σ' und die von κ auf der Menge der Parallelenscharen induzierte Permutation κ^* gilt, daß $\sigma\kappa^* = \kappa^*\sigma'$ ist.

Beweis. Es respektiere κ die Orthogonalität. Es sei $\mathcal{P}$ eine Parallelenschar und es sei $g \in \mathcal{P}$. Ist h eine Gerade mit $g \perp h$, so ist $h \in \mathcal{P}^\sigma$. Es folgt zunächst $g^\kappa \in \mathcal{P}^{\kappa^*}$ und $h^\kappa \in \mathcal{P}^{\sigma\kappa^*}$. Weil κ die Orthogonalität respektiert, ist $g^\kappa \perp' h^\kappa$ und daher $h^\kappa \in \mathcal{P}^{\kappa^*\sigma'}$. Folglich ist $\mathcal{P}^{\sigma\kappa^*} = \mathcal{P}^{\kappa^*\sigma'}$. Also gilt $\sigma\kappa^* = \kappa^*\sigma'$.

Es sei umgekehrt $\sigma\kappa^* = \kappa^*\sigma'$. Ferner sei $g \perp h$ und $g \in \mathcal{P}$. Dann ist $h \in \mathcal{P}^\sigma$. Es folgt $g^\kappa \in \mathcal{P}^{\kappa^*}$ und $h^\kappa \in \mathcal{P}^{\sigma\kappa^*} = \mathcal{P}^{\kappa^*\sigma'}$, so daß $g^\kappa \perp' h^\kappa$ ist.

Andererseits folgt aus $\sigma\kappa^* = \kappa^*\sigma'$, daß $\sigma'(\kappa^*)^{-1} = (\kappa^*)^{-1}\sigma'$ ist. Überdies ist $(\kappa^*)^{-1} = (\kappa^{-1})^*$. Daher folgt aus $g^\kappa \perp' h^\kappa$ auch $g \perp h$. Damit ist alles bewiesen.

3.4. Korollar. Ist A eine Translationsebene und ist $\perp$ eine Orthogonalitätsrelation auf A, ist ferner γ eine Streckung mit der Achse g_∞ oder eine Translation von A, so gilt genau dann $g \perp h$, wenn $g^\gamma \perp h^\gamma$ ist.

Beweis. Wegen $\gamma^* = 1$ folgt dies mit $\perp = \perp'$ unmittelbar aus 3.3.

Wir benötigen noch eine weitere Definition, bevor wir uns den papposschen Ebenen zuwenden können.

3.5. Definition. Es seien $\perp$ und $\perp'$ zwei Orthogonalitätsrelationen auf der affinen Ebene A. Wir nennen $\perp$ und $\perp'$ *äquivalent*, falls es eine Kollineation κ von A gibt, so daß für alle Geraden g und h von A genau dann $g \perp h$ gilt, wenn $g^\kappa \perp' h^\kappa$ ist.

Vom geometrischen Standpunkt aus gesehen ist also jede von zwei äquivalenten Orthogonalitätsrelationen so gut wie die andere. Dies werden wir uns im folgenden zunutze machen.

Nennt man eine affine Ebene *pappossch*, falls ihr gemäß I.3.3 konstruierter projektiver Abschluß pappossch ist, so ist sie nach dem Satz von Hessenberg desarguessch und ihr Koordinatenkörper ist kommutativ. Diese Definition der papposschen affinen Ebenen ist nicht sonderlich schön, da affine und projektive Begriffe in ästhetisch nicht befriedigender Weise miteinander verwoben werden. Dennoch werden wir diese Definition unseren weiteren Überlegungen zugrunde legen, da sie den Vorteil der Kürze hat. Einen rein affinen Zugang zu den papposschen affinen Ebenen finden Sie z. B. in meinem im Literaturverzeichnis angeführten Buch „Lectures on Projective Planes", Kap. VIII.

Es sei nun A eine pappossche Ebene der Charakteristik ungleich 2. Es gibt dann einen kommutativen Körper K mit $\mathrm{Char}(K) \neq 2$, so daß $A = \pi(V)$ ist. Dabei ist $V = K \oplus K$ und $\pi = \mathcal{U}_1(V)$. Ist G eine Gerade von $\pi(V)$, so gibt es a, b, $c \in K$ mit $(a,b) \neq (0,0)$ und

$$G = \{(x,y) \mid x,y \in K, ax + by + c = 0\}$$

und umgekehrt ist die Punktmenge

$$\{(x,y) \mid x,y \in K, ax + by + c = 0\},$$

auch stets eine Gerade, falls nur $(a,b) \neq (0,0)$ ist. Abkürzend schreiben wir $[a,b,c]$ für die durch (a,b,c) bestimmte Gerade. Genau dann gilt

$$[a,b,c] = [a',b',c'],$$

falls $(a,b,c)K = (a',b',c')K$ ist. Ferner gilt

$$[a,b,c] \parallel [a',b',c']$$

genau dann, wenn $(a,b)K = (a',b')K$ ist. All dies ist elementare analytische Geometrie, wie sie jeder von der Schule her kennt.

Wie schon zu Beginn dieses Abschnitts angedeutet, hat jede affine Ebene sehr viele Orthogonalitätsrelationen, und es ist klar, daß die meisten von ihnen geometrisch sehr unergiebig sein werden. Wir werden also eine Auswahl treffen und nach Orthogonalitätsrelationen mit geometrisch interessanten Eigenschaften Ausschau halten müssen. Welche Eigenschaften einer Orthogonalitätsrelation wird man jedoch für besonders interessant halten? Das Spektakulärste, woran man sich erinnert, ist wohl der Satz von Thales, daß die Schnittpunkte orthogonaler Geraden aus der Menge der Geraden durch den Punkt P bzw. Q auf einem Kreis liegen. Der Kreis aber ist ein Kegelschnitt, so daß die Abbildung, die jeder Geraden durch P die zu ihr orthogonale Gerade durch Q zuordnet, nach dem Satz von Steiner eine Projektivität ist. Projektivitäten aber werden durch lineare Abbildungen induziert. Wir suchen also (2×2)-Matrizen A, so daß die durch

$$[a,b,0]^\sigma = [a',b',0]$$

mit $(a',b') = (a,b)A$ definierte Abbildung σ auf der Menge der Geraden durch $(0,0)$ involutorisch ist. Nun ist genau dann $\sigma^2 = 1$, falls $A^2 = D\left(\begin{smallmatrix}1&0\\0&1\end{smallmatrix}\right)$ mit $D \in K^*$ ist. Ferner besagt $\sigma \neq 1$, daß A keine Diagonalmatrix ist. Daher ist $x^2 - D$ das Minimalpolynom von A. Übergang von A zu einer ähnlichen Matrix bedeutet nach 3.3 den Übergang zu einer äquivalenten Orthogonalitätsrelation. Wir können uns daher aus der Ähnlichkeitsklasse von A einen Vertreter wählen, der Rechnungen besonders gut zugänglich ist, ohne an den geometrischen Verhältnissen etwas zu ändern. Wir wählen als Vertreter die rationale Normalform $\left(\begin{smallmatrix}0&1\\D&0\end{smallmatrix}\right)$ von A. (Die Definition, was die rationale Normalform einer Matrix ist, ist nicht nur von Autor zu Autor verschieden, sondern auch bei ein und demselben Autor finden sich im Laufe der Zeit unterschiedliche Definitionen. Wer Zweifel daran hat, daß die gerade vorgestellte Matrix auch in dem Falle, daß D ein Quadrat ist, als die rationale Normalform von A aufgefaßt werden kann und aufgefaßt wird, der konsultiere mein Buch „Vorlesungen über Lineare Algebra", Mannheim 1993, das zu diesem Thema viel zu sagen hat.)

3.6. Definition. Es sei A eine affine Ebene und $\perp$ sei eine Orthogonalitätsrelation auf A. Ist P ein Punkt, so bezeichnen wir mit $i(P,\perp)$ die Abbildung, die jeder Geraden durch P die zu ihr orthogonale Gerade durch P zuordnet. $i(P,\perp)$ heißt die *Rechtwinkelinvolution* in P. Ist A eine pappossche Ebene der Charakteristik ungleich 2, so nennen wir $\perp$ *thaletisch*, falls $i(P,\perp)$ für einen und damit für alle Punkte P von A eine Projektivität ist.

Auf Grund unserer Bemerkungen, die uns zur vorstehenden Definition führten, gilt also

3.7. Satz. Ist $\pi(V)$ eine pappossche Ebene der Charakteristik ungleich 2 und ist $\perp$ eine thaletische Orthogonalitätsrelation auf $\pi(V)$, so gibt es ein $D \in K^*$, so daß

$\perp$ zur Orthogonalitätsrelation $\perp_D$ äquivalent ist, die durch

$$[a, b, 0]^\sigma = [Db, a, 0]$$

mit $\sigma = i((0,0), \perp_D)$ erklärt ist.

Es tritt nun durchaus noch ein, daß $\perp_D$ und $\perp_{D'}$ äquivalent sind, ohne daß $D = D'$ ist. Wir fragen also, unter welchen Bedingungen $\perp_D$ und $\perp_{D'}$ äquivalent sind.

Ist $A = \begin{pmatrix} a & b \\ c & d \end{pmatrix}$ mit a, b, c, $d \in K$, so setzen wir $A^* = \begin{pmatrix} d & -c \\ -b & a \end{pmatrix}$. Dann ist $(AB)^* = A^* B^*$ und $A^* A^t = \det(A) \begin{pmatrix} 1 & 0 \\ 0 & 1 \end{pmatrix}$. Mit dieser Bezeichnung gilt

3.8. Hilfssatz. Ist A eine reguläre (2×2)-Matrix über K, ist $\alpha \in \mathrm{Aut}(K)$ und ist κ die durch

$$(x, y)^\kappa = (x^\alpha, y^\alpha) A$$

definierte Kollineation von $\pi(K \oplus K)$, so ist

$$[u, v, 0]^\kappa = [u', v', 0]$$

mit $(u', v') = (u^\alpha, v^\alpha) A^*$.

Beweis. Es sei (x, y) I $[u, v, 0]$. Dann ist $(u, v)(x, y)^t = 0$. Es folgt

$$(u^\alpha, v^\alpha) A^* A^t (x^\alpha, y^\alpha)^t = \det(A)[(u, v)(x, y)^t]^\alpha = 0$$

und damit $(x, y)^\kappa$ I $[u', v', 0]$, q. e. d.

3.9.Satz. Sind D, $D' \in K^*$, so sind die folgenden Aussagen äquivalent:

a) Die Orthogonalitätsrelationen $\perp_D$ und $\perp_{D'}$ sind äquivalent.

b) Es gibt eine reguläre (2×2)-Matrix A über K, ein $\alpha \in \mathrm{Aut}(K)$ und ein $\lambda \in K^*$ mit

$$\lambda \begin{pmatrix} 0 & 1 \\ D^\alpha & 0 \end{pmatrix} A^* = A^* \begin{pmatrix} 0 & 1 \\ D' & 0 \end{pmatrix}.$$

c) Es gibt ein $\alpha \in \mathrm{Aut}(K)$ und ein $\lambda \in K^*$ mit $D' = \lambda^2 D^\alpha$.

Beweis. Die Orthogonalitätsrelationen $\perp_D$ und $\perp_{D'}$ seien äquivalent. Es gibt dann eine Kollineation κ von $\pi(V)$, so daß für zwei Geraden g und h genau dann $g \perp_D h$ gilt, wenn $g^\kappa \perp_{D'} h^\kappa$ ist. Weil nach 3.4 die Translationen sowohl $\perp_D$ als auch $\perp_{D'}$ respektieren, können wir $(0,0)^\kappa = (0,0)$ anehmen. Nach II.2.7 gibt es dann ein $\alpha \in \mathrm{Aut}(K)$ und eine reguläre Matrix A mit $(x, y)^\kappa = (x^\alpha, y^\alpha) A$. Nach 3.8 folgt $[u, v, 0]^\kappa = [u', v', 0]$ mit $(u', v') = (u^\alpha, v^\alpha) A^*$. Ferner ist $[Dv, u, 0]^\kappa = [D'v', u', 0]$ und daher

$$\lambda (u^\alpha, v^\alpha) \begin{pmatrix} 0 & 1 \\ D^\alpha & 0 \end{pmatrix} A^* = \lambda((Dv)^\alpha, u^\alpha) A^* = (u', v') \begin{pmatrix} 0 & 1 \\ D' & 0 \end{pmatrix}$$

$$= (u^\alpha, v^\alpha) A^* \begin{pmatrix} 0 & 1 \\ D' & 0 \end{pmatrix}$$

mit $\lambda \in K^*$, da aus $[a, b, c] = [a', b', c']$ ja nur $(a, b, c)K = (a', b', c')K$ folgt. Weil nun diese Gleichungskette für alle u und v gilt und α ein Automorphismus ist, ist

$$\lambda \begin{pmatrix} 0 & 1 \\ D^\alpha & 0 \end{pmatrix} A^* = A^* \begin{pmatrix} 0 & 1 \\ D' & 0 \end{pmatrix}.$$

Dies zeigt, daß b) eine Folge von a) ist.

Gilt b), so folgt

$$\lambda\big((Dv)^\alpha, u^\alpha\big)A^* = (u^\alpha, v^\alpha) \begin{pmatrix} 0 & 1 \\ D^\alpha & 0 \end{pmatrix} A^* = (u^\alpha, v^\alpha)A^* \begin{pmatrix} 0 & 1 \\ D' & 0 \end{pmatrix},$$

so daß die durch $(x, y)^\kappa = (x^\alpha, y^\alpha)A$ definierte Kollineation κ die Eigenschaft hat, daß genau dann $g \perp_D h$ gilt, wenn $g^\kappa \perp_{D'} h^\kappa$ gilt. Somit ist a) eine Folge von b).

Gilt b), so liefert der Übergang zur Determinante

$$\lambda^2 D^\alpha \det(A^*) = \det(A^*)D',$$

so daß $D' = \lambda^2 D^\alpha$ ist. Also ist c) eine Folge von b)

Es gelte schließlich $D' = \lambda^2 D^\alpha$. Dann ist

$$\lambda \begin{pmatrix} 0 & 1 \\ D^\alpha & 0 \end{pmatrix} = \begin{pmatrix} \lambda & 0 \\ 0 & 1 \end{pmatrix} \begin{pmatrix} 0 & 1 \\ D' & 0 \end{pmatrix},$$

so daß b) auch eine Folge von c) ist. Damit ist alles bewiesen.

Wie der Nachweis der Äquivalenz von a) und b) zeigt, gilt auch noch

3.10. Korollar. Es sei A eine reguläre (2×2)-Matrix über K und κ sei die durch $(x, y)^\kappa = (x, y)A$ definierte Kollineation von $\pi(V)$. Genau dann läßt κ die Orthogonalitätsrelation $\perp_D$ invariant, wenn es ein $\lambda \in K^*$ gibt mit

$$\lambda \begin{pmatrix} 0 & 1 \\ D & 0 \end{pmatrix} A^* = A^* \begin{pmatrix} 0 & 1 \\ D & 0 \end{pmatrix}.$$

4. Die Gruppe einer thaletischen Orthogonalitätsrelation. Als nächstes wollen wir die Gruppe $O(\perp_D)$ aller derjenigen Kollineationen aus $GL(V, K)T$ bestimmen, die die Orthogonalitätsrelation $\perp_D$ invariant lassen. Dabei bezeichne T wieder die Translationsgruppe der papposschen Ebene $\pi(V)$. Wie wir nach 3.4 wissen, ist T in $O(\perp_D)$ für alle $D \in K^*$ enthalten. Ebenfalls nach 3.4 ist $\Gamma((0, 0), g_\infty) \subseteq O(\perp_D)$, doch davon werden wir bei der Bestimmung von $O(\perp_D)$ keinen Gebrauch machen. Es wird sich vielmehr erneut herausstellen. Nützlich dagegen ist

4.1. Hilfssatz. Die durch $(x, y)^\eta = (x, -y)$ definierte Kollineation η von $\pi(V)$ läßt $\perp_D$ für alle $D \in K^*$ invariant.

Beweis. Die zu η gehörende Matrix ist $A = \left(\begin{smallmatrix} 1 & 0 \\ 0 & -1 \end{smallmatrix}\right)$. Also ist $A^* = \left(\begin{smallmatrix} -1 & 0 \\ 0 & 1 \end{smallmatrix}\right)$. Wegen

$$\begin{pmatrix} 0 & 1 \\ D & 0 \end{pmatrix}\begin{pmatrix} -1 & 0 \\ 0 & 1 \end{pmatrix} = \begin{pmatrix} 0 & 1 \\ -D & 0 \end{pmatrix} = -\begin{pmatrix} 0 & -1 \\ D & 0 \end{pmatrix} = -\begin{pmatrix} -1 & 0 \\ 0 & 1 \end{pmatrix}\begin{pmatrix} 0 & 1 \\ D & 0 \end{pmatrix}$$

folgt aus 3.10 die Behauptung.

4.2. Satz. Gibt es ein $k \in K$ mit $D = k^2$, so gibt es genau zwei Geraden durch $(0,0)$, die zu sich selbst orthogonal sind, nämlich die Geraden $[k,1,0]$ und $[-k,1,0]$. Ist D kein Quadrat in K, so gibt es keine zu sich selbst orthogonale Gerade.

Beweis. Ist $D = k^2$, so ist

$$[D,k,0] = [k^2,k,0] = [k,1,0]$$

und

$$[D,-k,0] = [k^2,-k,0] = [-k,1,0],$$

so daß die Geraden $[k,1,0]$ und $[-k,1,0]$ zu sich selbst orthogonal sind.

Ist $[a,b,0] = [Db,a,0]$, so ist $Db = \lambda a$ und $a = \lambda b$ mit $\lambda \neq 0$. Wäre $b = 0$, so folgte $a = 0$, aber a und b können nicht gleichzeitig Null sein. Also ist $b \neq 0$, so daß wir wegen $[a,b,0] = [ab^{-1},1,0]$ annehmen können, daß $b = 1$ ist. Es folgt $D = \lambda^2$. Dies zeigt, daß D ein Quadrat ist, falls es zu sich selbst orthogonale Geraden gibt.

Beginnt man wiederum mit $D = k^2$, so folgt also $k = \lambda$ oder $-k = \lambda$. Daher ist $[a,b,0] = [\lambda,1,0] = [k,1,0]$ oder gleich $[-k,1,0]$. Damit ist alles bewiesen.

Auf Grund von 3.9 sind $\perp_D$ und $\perp_1$ äquivalent, falls D ein Quadrat ist. Um in diesem Falle $O(\perp_D)$ zu bestimmen, genügt es also, $O(\perp_1)$ auszurechnen.

Wir bezeichnen mit G_1 die Menge alle Matrizen

$$\tfrac{1}{2}\begin{pmatrix} a+b & a-b \\ a-b & a+b \end{pmatrix}$$

mit $0 \neq a$, $b \in K$. Dann ist G_1 eine Gruppe, wie wir gleich sehen werden. Ferner bezeichnen wir mit H die von

$$\begin{pmatrix} 1 & 0 \\ 0 & -1 \end{pmatrix}$$

erzeugte Gruppe der Ordnung 2. Mit diesen Bezeichnungen gilt dann

4.3. Satz. Es ist $O(\perp_1) = TG_1H$.

Beweis. Nach 4.2 ist $H \subseteq O(\perp_1)$ und auch $T \subseteq O(\perp_1)$ gilt, wie wir bereits feststellten. Es sei $A \in G_1$. Dann ist $A = \tfrac{1}{2}\left(\begin{smallmatrix} a+b & a-b \\ a-b & a+b \end{smallmatrix}\right)$ und daher $A^* = \tfrac{1}{2}\left(\begin{smallmatrix} a+b & b-a \\ b-a & a+b \end{smallmatrix}\right)$. Ferner gilt

$$\begin{pmatrix} 0 & 1 \\ 1 & 0 \end{pmatrix}\tfrac{1}{2}\begin{pmatrix} a+b & b-a \\ b-a & a+b \end{pmatrix} = \tfrac{1}{2}\begin{pmatrix} b-a & a+b \\ a+b & b-a \end{pmatrix} = \tfrac{1}{2}\begin{pmatrix} a+b & b-a \\ b-a & a+b \end{pmatrix}\begin{pmatrix} 0 & 1 \\ 1 & 0 \end{pmatrix}.$$

Nach 3.10 ist also auch $G_1 \subseteq O(\perp_1)$.

Es sei umgekehrt $\gamma \in O(\perp_1)$. Es gibt dann ein $\tau \in T$ mit $(0,0)^{\tau\gamma} = (0,0)$. Nun sind $[1,1,0]$ und $[-1,1,0]$ nach 4.2 die einzigen Geraden durch $(0,0)$, die zu sich selbst orthogonal sind. Daher läßt γ diese Geraden entweder beide fest oder vertauscht sie miteinander. Wegen $(1,-1)\left(\begin{smallmatrix} 1 & 0 \\ 0 & -1 \end{smallmatrix}\right) = (1,1)$ gibt es daher ein $\eta \in H$, so daß beide Geraden von $\tau\gamma\eta = \delta$ festgelassen werden. Es gibt dann $a, b \in K^*$ mit $(1,1)^\delta = (1,1)a$ und $(1,-1)^\delta = (1,-1)b$. Nun ist $(1,0) = \frac{1}{2}(1,1) + \frac{1}{2}(1,-1)$ und $(0,1) = \frac{1}{2}(1,1) - \frac{1}{2}(1,-1)$. Daher ist

$$(1,0)^\delta = \tfrac{1}{2}\big((1,1)a + (1,-1)b\big) = \tfrac{1}{2}(a+b, a-b),$$
$$(0,1)^\delta = \tfrac{1}{2}\big((1,1)a - (1,-1)b\big) = \tfrac{1}{2}(a-b, a+b).$$

Hieraus folgt $\delta \in G_1$, so daß $\gamma = \tau^{-1}\delta\eta^{-1} \in TG_1H$ ist, q. e. d.

Da G_1 offenbar aus all den $\delta \in O(\perp_1)$ besteht, die $(0,0)$, $[1,1,0]$ und $[-1,1,0]$ festlassen, ist G_1 auch eine Gruppe. Überdies folgt

$$\frac{1}{2}\begin{pmatrix} a+b & a-b \\ a-b & a+b \end{pmatrix} \frac{1}{2}\begin{pmatrix} a'+b' & a'-b' \\ a'-b' & a'+b' \end{pmatrix} = \frac{1}{2}\begin{pmatrix} aa'+bb' & aa'-bb' \\ aa'-bb' & aa'+bb' \end{pmatrix}.$$

4.4. Satz. Die Gruppe $O(\perp_1)$ operiert transitiv auf den Punkten von $\pi(V)$. Der Stabilisator $O(\perp_1)_{(0,0)}$ des Punktes $(0,0)$ hat außer $\{(0,0)\}$ noch zwei weitere Punktbahnen, nämlich die Menge der von $(0,0)$ verschiedenen Punkte, die auf den Geraden $[1,1,0]$ und $[1,-1,0]$ liegen, und die Menge der Punkte, die auf keiner dieser beiden Geraden liegen. $O(\perp_1)_{(0,0)}$ zerlegt die Menge der Geraden durch $(0,0)$ in zwei Bahnen, nämlich $\{[1,1,0],[1,-1,0]\}$ und die Menge der restlichen Geraden.

Beweis. Die Transitivität von $O(\perp_1)$ auf den Punkten von $\pi(V)$ folgt aus $T \subseteq O(\perp_1)$. Ist $(x,y) \in [1,-1,0]$, so ist $x = y$ und daher $(x,y) = (1,1)x$. Hieraus folgt, daß G_1 auf $[1,-1,0] - \{(0,0)\}$ transitiv operiert. Ebenso folgt, daß G_1 auf $[1,1,0] - \{(0,0)\}$ transitiv operiert. Daher operiert $O(\perp_1)_{(0,0)}$ auf der Menge $([1,1,0] \cup [1,-1,0]) - \{(0,0)\}$ transitiv.

Ist $(x,y) \notin [1,1,0] \cup [1,-1,0]$, so gibt es $a, b \in K^*$ mit

$$(x,y) = \tfrac{1}{2}(1,1)a + \tfrac{1}{2}(1,-1)b.$$

Ist dann $A = \frac{1}{2}\left(\begin{smallmatrix} a+b & a-b \\ a-b & a+b \end{smallmatrix}\right)$, so ist $A \in G_1$ und $(1,0)A = (x,y)$, so daß sogar schon G_1 auf

$$V - \big([1,1,0] \cup [1,-1,0]\big)$$

transitiv operiert.

G_1 läßt die beiden Geraden $[1,1,0]$ und $[1,-1,0]$ fest und H vertauscht sie, wie wir schon bemerkten. Daher bilden diese beiden Geraden eine Bahn von $G_1H = O(\perp_1)_{(0,0)}$. Daß G_1 und damit $O(\perp_1)_{(0,0)}$ auf der Menge der restlichen Geraden durch $(0,0)$ transitiv operiert, folgt unmittelbar aus der Transitivität von G_1 auf $V - \big([1,1,0] \cup [1,-1,0]\big)$. Damit ist 4.4 bewiesen.

Es sei nun D kein Quadrat in K. Wir betrachten dann die Erweiterung $K[\sqrt{D}]$ von K, die aus K durch Adjunktion von $\sqrt{D}$ entsteht. Ferner betrachten wir die Menge L_D, die aus allen Matrizen der Form

$$M(a,b) = \begin{pmatrix} a & 0 \\ 0 & a \end{pmatrix} + \begin{pmatrix} 0 & 1 \\ D & 0 \end{pmatrix} \begin{pmatrix} b & 0 \\ 0 & b \end{pmatrix}$$

mit $a, b \in K$ besteht. Dann ist die durch

$$\mu(a + \sqrt{D}b) = M(a,b)$$

definierte Abbildung μ eine Bijektion von $K[\sqrt{D}]$ auf L_D. Offenbar ist μ additiv und aus

$$\begin{pmatrix} 0 & 1 \\ D & 0 \end{pmatrix} \begin{pmatrix} 0 & 1 \\ D & 0 \end{pmatrix} = \begin{pmatrix} D & 0 \\ 0 & D \end{pmatrix}$$

folgt, daß μ auch multiplikativ ist. Somit ist μ ein Isomorphismus von $K[\sqrt{D}]$ auf L_D. Folglich ist L_D ein Körper und V ist ein Vektorraum vom Rang 1 über L_D. Es sei C der Zentralisator von

$$\begin{pmatrix} 0 & 1 \\ D & 0 \end{pmatrix}$$

in $\mathrm{End}_K(V)$. Dann ist $L_D \subseteq \mathcal{Z}(C)$, da die Matrizen $\begin{pmatrix} k & 0 \\ 0 & k \end{pmatrix}$ für alle $k \in K$ sogar im Zentrum von $\mathrm{End}_K(V)$ liegen und da $\begin{pmatrix} 0 & 1 \\ D & 0 \end{pmatrix}$ natürlich mit allem in C vertauschbar ist. Es sei $X \in C$ und $0 \neq v \in V$. Weil der Rang von V über L_D gleich 1 ist, gibt es ein $A \in L_D$ mit $vX = vA$. Es sei $w \in V$. Es gibt dann wieder ein $B \in L_D$ mit $w = vB$. Also ist, da ja $L_D \subseteq \mathcal{Z}(C)$ gilt,

$$wX = vBX = vAB = vBA = wA.$$

Daher gilt $X = A$, so daß $L_D = C$ ist.

Wir setzen nun

$$G_D = \left\{ \begin{pmatrix} a & 0 \\ 0 & a \end{pmatrix} + \begin{pmatrix} 0 & -D \\ -1 & 0 \end{pmatrix} \begin{pmatrix} b & 0 \\ 0 & b \end{pmatrix} \mid a, b \in K^* \right\}.$$

Dann ist $A \to A^*$ ein Isomorphismus von G_D auf L_D^*, wobei L_D^* die multiplikative Gruppe von L_D ist. Nach 3.10 ist somit $G_D \subseteq \mathrm{O}(\perp_D)$. Weil G_D wie auch L_D^* auf $V - \{(0,0)\}$ transitiv operiert, gilt also

4.5. Satz. Ist D kein Quadrat in K, so ist $\mathrm{O}(\perp_D)$ transitiv auf der Menge der Punkte von $\pi(V)$. Die Gruppe $\mathrm{O}(\perp_D)_{(0,0)}$ hat die beiden Punktbahnen $\{(0,0)\}$ und $V - \{(0,0)\}$. Überdies ist $\mathrm{O}(\perp_D)_{(0,0)}$ transitiv auf der Menge der Geraden durch $(0,0)$.

4.6. Satz. Ist D kein Quadrat in K, so ist $\mathrm{O}(\perp_D) = TG_DH$.

Beweis. Wir haben bereits gesehen, daß $TG_DH \subseteq \mathrm{O}(\perp_D)$ ist. Es sei also $\gamma \in \mathrm{O}(\perp_D)$. Es gibt dann eine Translation $\tau \in T$ mit $(0,0)^{\tau\gamma} = (0,0)$. Wegen der Transitivität von G_D auf der Menge der Geraden durch $(0,0)$ gibt es ferner ein $\delta \in G_D$ mit $[0,1,0]^{\delta\tau\gamma} = [0,1,0]$. Es sei $\sigma = \delta\tau\gamma$. Wegen $\sigma \in \mathrm{O}(\perp_D)_{(0,0)}$ und $[0,1,0]\perp_D[1,0,0]$ ist dann auch $[1,0,0]^{\sigma} = [1,0,0]$. Es folgt, daß die zugehörige Matrix S die Form $\left(\begin{smallmatrix} a & 0 \\ 0 & b \end{smallmatrix}\right)$ hat. Nach 3.10 gibt es ein $\lambda \in K^*$ mit

$$\lambda \begin{pmatrix} 0 & 1 \\ D & 0 \end{pmatrix} \begin{pmatrix} b & 0 \\ 0 & a \end{pmatrix} = \begin{pmatrix} b & 0 \\ 0 & a \end{pmatrix} \begin{pmatrix} 0 & 1 \\ D & 0 \end{pmatrix},$$

dh. mit

$$\lambda \begin{pmatrix} 0 & a \\ Db & 0 \end{pmatrix} = \begin{pmatrix} 0 & b \\ Da & 0 \end{pmatrix}.$$

Übergang zur Determinante liefert $\lambda = 1$ oder $\lambda = -1$, so daß entweder $a = b$ oder $a = -b$ ist. Also ist $S = \left(\begin{smallmatrix} a & 0 \\ 0 & a \end{smallmatrix}\right)$ oder $S = \left(\begin{smallmatrix} a & 0 \\ 0 & a \end{smallmatrix}\right)\left(\begin{smallmatrix} 1 & 0 \\ 0 & -1 \end{smallmatrix}\right)$, so daß in jedem Falle $\sigma \in G_DH$ ist. Es folgt

$$\gamma = \tau^{-1}\delta^{-1}\sigma \in TG_DH,$$

q. e. d.

4.7. Definition. Es sei A eine affine Ebene und $\perp$ sei eine Orthogonalitätsrelation auf A. Ist P, Q, R ein Dreieck von A, so bezeichnen wir mit h_P die nach 3.2 eindeutig bestimmte Gerade mit

$$P \; I \; h_P \perp Q \vee R.$$

Entsprechend werden h_Q und h_R definiert. Die Geraden h_P, h_Q und h_R heißen die *Höhen* des Dreiecks P, Q, R.

In der Elementargeometrie zeigt man, daß die Höhen eines Dreiecks stets konfluent sind. Dies wird auch das erste sein, was wir in unserem allgemeinen Rahmen zeigen werden. Später werden wir sehen, daß dieser Satz sogar die thaletischen Orthogonalitätsrelationen charakterisiert.

4.8. Satz. Es sei A eine papossche affine Ebene mit von 2 verschiedener Charakteristik und $\perp$ sei eine thaletische Orthogonalitätsrelation auf A. Ist dann P, Q, R ein Dreieck von A, so sind die $\perp$-Höhen des Dreiecks P, Q, R konfluent.

Beweis. Da der Übergang zu einer äquivalenten Orthogonalitätsrelation an der geometrischen Situation nichts ändert, können wir annehmen, daß $A = \pi(V)$ und daß $\perp = \perp_D$ ist. Sind zwei der Dreiecksseiten $P \vee Q$, $Q \vee R$, $R \vee P$ orthogonal zueinander, so sind sie Höhen des Dreiecks und die dritte Höhe geht durch ihren Schnittpunkt. Wir können daher annehmen, daß keine zwei der Dreiecksseiten orthogonal zueinander sind. Da es zu einer thaletischen Orthogonalitätsrelation nach 4.2 höchstens zwei Parallelenscharen aus zu sich selbst orthogonalen Geraden gibt, gibt es eine Höhe von P, Q, R, die nicht zu der zu ihr orthogonalen Dreiecksseite parallel ist. Wir können annehmen, daß h_P diese Höhe ist. Es sei $S = h_P \cap (Q \vee R)$. Wegen der Transitivität von $\mathrm{O}(\perp_D)$ auf den Punkten von $\pi(V)$ können wir ferner annehmen, daß $S = (0,0)$ ist. Weil $\mathrm{O}(\perp_D)_{(0,0)}$ auf der Menge der nicht zu sich selbst orthogonalen Geraden durch $(0,0)$ transitiv operiert, können wir schließlich auch noch annehmen, daß $h_P = [0,1,0]$ ist. Wegen $[0,1,0] \perp_D [1,0,0]$ ist dann $Q \vee R = [1,0,0]$. Es folgt $P = (a,0)$ mit $a \neq 0$. Ferner ist $Q \neq (0,0) \neq R$, da keine zwei Dreiecksseiten orthogonal zueinander sind. Also ist $Q = (0,b)$ und $R = (0,c)$ mit $b \neq 0 \neq c \neq b$. Nun ist

$$(a,0) \vee (0,b) = [b,a,-ab]$$

und

$$(a,0) \vee (0,c) = [c,a,-ac].$$

Weiterhin ist

$$h_P = h_{(a,0)} = [0,1,0]$$
$$h_Q = h_{(0,b)} = [Da,c,-bc]$$
$$h_R = h_{(0,c)} = [Da,b,-cb].$$

Ist dann $X = (-(cb)(aD)^{-1}, 0)$, so ist offenbar $X \, \mathrm{I} \, h_P, \, h_Q, \, h_R$, q. e. d.

5. Orthogonalitätsrelationen, für die der Höhenschnittpunktsatz gilt. Wir werden nun, wie schon angekündigt, den von Baer stammenden Satz beweisen, daß die einzigen Orthogonalitätsrelationen auf Translationsebenen, für die der Höhenschnittpunktsatz gilt, die thaletischen Orthogonalitätsrelationen papposscher Ebenen sind. Zu diesem Zweck müssen wir zunächst unser algebraisches Rüstzeug noch etwas erweitern.

5.1. Hilfssssatz. Es ei V ein K-Vektorraum und X, Y, Z seien Unterräume von V mit $V = X \oplus Y = Y \oplus Z = Z \oplus X$. Es gibt dann genau einen Isomorphismus μ von X auf Y mit $Z = \{x + x^\mu \mid x \in X\}$.

Beweis. Es sei $x \in X$. Wegen $V = Y \oplus Z$ gibt es dann genau ein $y \in Y$ und genau ein $z \in Z$ mit $x = y + z$. Setze $x^\mu = -y$. Dann ist also μ eine Abbildung von X in Y mit

$$\{x + x^\mu \mid x \in X\} \subseteq Z.$$

Ist $z \in Z$, so gibt es wegen $V = X \oplus Y$ genau ein $x \in X$ und genau ein $y \in Y$ mit $z = x + y$. Es folgt $y = x^\mu$, so daß μ surjektiv ist und überdies

$$Z = \{x + x^\mu \mid x \in X\}$$

gilt. Sind x, $x' \in X$, so ist

$$x + x' + x^\mu + x'^\mu \in Z$$

und

$$x + x' + (x + x')^\mu \in Z.$$

Es folgt

$$x^\mu + x'^\mu - (x + x')^\mu \in Y \cap Z = \{0\}.$$

Also ist $(x + x')^\mu = x^\mu + x'^\mu$ für alle x, $x' \in X$. Ebenso einfach folgt $(xk)^\mu = x^\mu k$ für alle $x \in X$ und alle $k \in K$. Schließlich folgt aus $x^\mu = 0$, daß

$$x = x + x^\mu \in X \cap Z = \{0\}$$

ist. Somit ist μ ein Isomorphismus von X auf Y.

Ist schließlich ν ein weiterer Isomorphismus von X auf Y mit $\{x + x^\nu \mid x \in X\} = Z$, so folgt

$$x^\mu - x^\nu \in Z \cap Y = \{0\}$$

für alle $x \in X$, so daß $\mu = \nu$ ist. Damit ist alles bewiesen.

5.2. Hilfssatz. Es sei V ein Vektorraum über K und X, Y, Z, X', Y', Z' seien Teilräume von V mit

$$V = X \oplus Y = Y \oplus Z = Z \oplus X = X' \oplus Y' = Y' \oplus Z' = Z' \oplus X'.$$

Es gibt dann ein $\sigma \in \mathrm{GL}(V, K)$ mit $X^\sigma = X'$, $Y^\sigma = Y'$ und $Z^\sigma = Z'$.

Beweis. Nach 5.1 gibt es einen Isomorphismus von X auf Y mit

$$Z = \{x + x^\mu \mid x \in X\}$$

und einen Isomorphismus μ' von X' auf Y' mit

$$Z' = \{x' + x'^{\mu'} \mid x' \in X'\}.$$

Aus der Isomorphie von X mit Y bzw. von X' mit Y' folgt ferner

$$2\mathrm{Rg}(X) = \mathrm{Rg}(V) = 2\mathrm{Rg}(X').$$

Hieraus folgt, gleichgültig ob der Rang von V endlich ist oder nicht, daß $\mathrm{Rg}(X) = \mathrm{Rg}(X')$ ist. Weil Vektorräume gleichen Ranges über K isomorph sind, gibt es einen Isomorphismus ρ von X auf X'. Es folgt, daß $\mu^{-1}\rho\mu'$ ein Isomorphismus von Y auf Y' ist. Wir definieren nun einen Isomorphismus σ von V auf sich vermöge

$$(x + y)^\sigma = x^\rho + y^{\mu^{-1}\rho\mu'}.$$

Offenbar ist $X^\sigma = X'$ und $Y^\sigma = Y'$ und wegen

$$(x + x^\mu)^\sigma = x^\rho + x^{\rho\mu'}$$

auch $Z^\sigma = Z'$, q. e. d.

Es sei π eine Kongruenz von V. Ferner seien X, $Y \in \pi$ und $X \neq Y$. Dann ist $V = X \oplus Y$ und X und Y sind isomorph. Wir können daher annehmen, daß

$$V = U \oplus U = \{(u, u') \mid u, u' \in U\}$$

gilt. Da π wenigstens drei Komponenten enthält, können wir auf Grund von 5.2 auch noch annehmen, daß $\{(u, u) \mid u \in U\}$ zu π gehört. Setze $V(0) = \{(u, 0) \mid u \in U\}$, $V(\infty) = \{(0, u) \mid u \in U\}$ und $V(1) = \{(u, u) \mid u \in U\}$.

5.3. Hilfssatz. Es sei U ein Vektorraum über K und $V = U \oplus U$ die direkte Summe von U mit sich selbst. Ferner sei π eine Kongruenz von V mit $V(0)$, $V(1)$, $V(\infty) \in \pi$.

a) Ist $X \in \pi - \{V(0), V(\infty)\}$, so gibt es genau ein $\sigma \in \mathrm{GL}(U, K)$ mit $X = \{(u, u^\sigma) \mid u \in U\}$.

b) Ist $\Sigma(\pi)$ die Menge der unter a) bestimmten σ's, so ist $1 \in \Sigma(\pi)$ und zu u, $u' \in U - \{0\}$ gibt es ein $\sigma \in \Sigma(\pi)$ mit $u^\sigma = u'$.

Beweis. — a) Für $X \in \pi - \{V(0), V(\infty)\}$ gibt es nach Satz 5.1 genau einen Isomorphismus μ von $V(0)$ auf $V(\infty)$ mit

$$X = \{(u, 0) + (u, 0)^\mu \mid u \in U\}.$$

Es gibt nun genau ein $\sigma \in \mathrm{GL}(U, K)$ mit $(0, u^\sigma) = (u, 0)^\mu$. Damit ist a) gezeigt.

b) Wegen $V(1) \in \pi$ ist $1 \in \Sigma(\pi)$. Sind u, $u' \in U - \{0\}$, so ist $(u, u') \notin V(0) \cup V(\infty)$. Es gibt daher ein $X \in \pi - \{V(0), V(\infty)\}$ mit $(u, u') \in X$. Nach a) gibt es ein $\sigma \in \Sigma(\pi)$ mit $X = \{(w, w^\sigma) \mid w \in U\}$. Daher ist $u' = u^\sigma$, q. e. d.

Als nächstes beweisen wir eine Charakterisierung der papposschen Ebenen, die rein technischer Natur ist. Sie wird uns im folgenden jedoch einen guten Dienst erweisen und ist auch an anderen Stellen gelegentlich von Nutzen.

5.4. Satz. Es sei U ein Vektorraum über K und es sei $V = U \oplus U$. Ferner sei π eine Kongruenz von V mit $V(0), V(1), V(\infty) \in \pi$. Schließlich habe $\Sigma(\pi)$ die gleiche Bedeutung wie in 5.3. Dann gilt: Genau dann ist $\pi(V)$ pappossch, wenn $\sigma\tau = \tau\sigma$ ist für alle σ, $\tau \in \Sigma(\pi)$.

Beweis. Es gelte $\sigma\tau = \tau\sigma$ für alle σ, $\tau \in \Sigma(\pi)$. Ist $\sigma \in \Sigma(\pi)$, so definieren wir σ' durch $(u, v)^{\sigma'} = (u^\sigma, v^\sigma)$ für alle u, $v \in U$. Dann ist $\sigma' \in \mathrm{GL}(V, K)$. Es folgt $V(0)^{\sigma'} = V(0)$ und $V(\infty)^{\sigma'} = V(\infty)$. Ist $X \in \pi - \{V(0), V(\infty)\}$, so gibt es ein $\rho \in \Sigma(\pi)$ mit $X = \{(u, u^\rho) \mid u \in U\}$. Daher gilt

$$(u, u^\rho)^{\sigma'} = (u^\sigma, u^{\rho\sigma}) = (u^\sigma, u^{\sigma\rho}) \in X.$$

Ist L der Kern von $\pi(V)$, so ist also $\sigma' \in L$. Mittels 5.3 b) folgt $\mathrm{Rg}_L(V) = 2$ und $L^* = \Sigma(\pi)$, so daß $\pi(V)$ desarguessch ist. Weil L nach II.3.9 zum Koordinatenkörper des projektiven Abschlusses von $\pi(V)$ isomorph ist, folgt mit III.1.2, da ja L kommutativ ist, daß $\pi(V)$ pappossch ist.

Es sei nun $\pi(V)$ pappossch. Nach dem Satz von Hessenberg ist dann $\pi(V)$ desarguessch und der Koordinatenkörper von $\pi(V)$ ist kommutativ. Ist L wieder der Kern von $\pi(V)$, so ist L also kommutativ und V ist ein Vektorraum vom Rang 2 über L. Ferner gilt $\pi = \mathcal{U}_1(V)$. Ist nun $X \in \pi - \{V(0), V(\infty)\}$, so gibt es also ein $a \in L^*$ mit

$$X = \{(u, ua) \mid u \in U\}.$$

Es folgt, daß $\Sigma(\pi)$ aus den Abbildungen $u \to ua$ mit $a \in L^*$ besteht, so daß $\Sigma(\pi)$ sogar eine abelsche Gruppe ist, q. e. d.

5.5. Satz (Baer). Es sei A eine Translationsebene mit von 2 verschiedener Charakteristik. Ist $\perp$ eine Orthogonalitätsrelation auf A, so sind die beiden folgenden Aussagen äquivalent:

    1) Ist P, Q, R ein Dreieck von A, so sind die $\perp$-Höhen dieses Dreiecks konfluent.

    2) A ist pappossch und $\perp$ ist thaletisch.

Beweis. Daß 1) aus 2) folgt, ist gerade der Inhalt von 4.8. Es gelte also 1). Weil A eine Translationsebene ist, können wir $A = \pi(V)$ annehmen. Aufgrund von (O3) und (O4) gibt es Geraden g und h durch 0 mit $g \neq h$ und $g \perp h$. Wir können daher annehmen, daß $V = U \oplus U$ mit einem K-Vektorraum U ist und daß $g = V(0)$ und $h = V(\infty)$ gilt. Ferner können wir $V(1) \in \pi$ annehmen. Es habe $\Sigma(\pi)$ die gleiche Bedeutung wie in 5.3. Für $\sigma \in \Sigma(\pi)$ setzen wir

$$V(\sigma) = \{(u, u^\sigma) \mid u \in U\}.$$

Dann ist also

$$\pi = \{V(0), V(\infty)\} \cup \{V(\sigma) \mid \sigma \in \Sigma(\pi)\}.$$

Ist nun $\sigma \in \Sigma(\pi)$, so gibt es nach 3.2 genau ein $X \in \pi$ mit $V(\sigma) \perp X$. Wegen $V(0) \perp V(\infty)$ ist $X \neq V(0)$, $V(\infty)$, so daß es ein $\sigma^* \in \Sigma(\pi)$ gibt mit $X = V(\sigma^*)$.

Es seien nun σ, τ zwei verschiedene Elemente aus $\Sigma(\pi)$. Ferner sei $0 \neq u \in U$. Dann sind $(0, u) + V(\sigma)$ und $(0, u) + V(\tau)$ zwei verschiedene Geraden durch $(0, u)$, die weder zu $V(0)$ noch zu $V(\infty)$ parallel sind. Es gibt also $s, t \in U$ mit $0 \neq s \neq t \neq 0$ und

$$\{(s, 0)\} = \big((0, u) + V(\sigma)\big) \cap V(0)$$

bzw.

$$\{(t, 0)\} = \big((0, u) + V(\tau)\big) \cap V(0).$$

Somit existieren $a, b \in U$ mit

$$(s, 0) = (0, u) + (a, a^\sigma)$$

und

$$(t, 0) = (0, u) + (b, b^\tau).$$

Es folgt $a = s$ und $u = -a^\sigma = -s^\sigma$ sowie $t = b$ und $u = -b^\tau = -t^\tau$, so daß $-s = u^{\sigma^{-1}}$ und $-t = u^{\tau^{-1}}$ ist.

Wir betrachten das Dreieck $(0, u)$, $(s, 0)$, $(t, 0)$. Dann ist $h_{(0,u)} = V(\infty)$, da ja $(0, u) \in V(\infty) \perp V(0)$ ist. Ferner ist $V(\tau^*) \perp V(\tau)$ und wegen (O3) daher auch $(s, 0) + V(\tau^*) \perp (t, 0) + V(\tau)$, so daß $h_{(s,0)} = (s, 0) + V(\tau^*)$ ist, denn $(t, 0) + V(\tau)$ ist ja die $(s, 0)$ gegenüberliegende Dreiecksseite. Ebenso folgt $h_{(t,0)} = (t, 0) + V(\sigma^*)$. Nach Voraussetzung sind die Höhen $h_{(0,u)}$, $h_{(s,0)}$, $h_{(t,0)}$ konfluent. Es gibt also x, y, $z \in U$ mit

$$(0, x) = (s, 0) + (y, y^{\tau^*}) = (t, 0) + (z, z^{\sigma^*}).$$

Es folgt $-s = y$ und $-t = z$ sowie $y^{\tau^*} = x = z^{\sigma^*}$. Wegen $y = -s = u^{\sigma^{-1}}$ und $z = -t = u^{\tau^{-1}}$ folgt weiter

$$u^{\sigma^{-1}\tau^*} = u^{\tau^{-1}\sigma^*}.$$

Da dies für alle $u \in U - \{0\}$ und trivialerweise auch für $u = 0$ gilt, ist $\sigma^{-1}\tau^* = \tau^{-1}\sigma^*$ für alle $\sigma, \tau \in \Sigma(\pi)$ mit $\sigma \neq \tau$ und damit für alle $\sigma, \tau \in \Sigma(\pi)$. Mit $\tau = 1$ folgt $\sigma^{-1}1^* = \sigma^*$ für alle $\sigma \in \Sigma(\pi)$. Benutzt man diese Formel zunächst für τ und dann für σ so folgt

$$\sigma^{-1}\tau^{-1}1^* = \sigma^{-1}\tau^* = \tau^{-1}\sigma^* = \tau^{-1}\sigma^{-1}1^*,$$

so daß $\sigma^{-1}\tau^{-1} = \tau^{-1}\sigma^{-1}$ ist. Daher gilt $\sigma\tau = \tau\sigma$ für alle $\sigma, \tau \in \Sigma(\pi)$, so daß A nach 5.4 pappossch ist.

Es bleibt zu zeigen, daß $\perp$ thaletisch ist. Weil $A = \pi(V)$ pappossch ist, ist V ein Vektorraum vom Rang 2 über einem kommutativen Körper L. Ferner gibt es zu jedem $\sigma \in \Sigma(\pi)$ ein $a \in L^*$ mit $x^\sigma = x(-a)$ für alle $x \in U$. Ist nun

$$V(\sigma) = \{(x, x(-a)) \mid x \in U\}$$
$$V(\sigma^*) = \{(x, x(-b)) \mid x \in U\}$$
$$V(1^*) = \{(x, x(-A)) \mid x \in U\},$$

so ist

$$V(\sigma) = [a, 1, 0]$$
$$V(\sigma^*) = [b, 1, 0]$$
$$V(1^*) = [A, 1, 0].$$

Ferner ist

$$x(-A) = x^{1^*} = x^{\sigma\sigma^*} = xab,$$

so daß $ab = -A = D$ ist (Hiermit wird D definiert). Nun ist

$$(a, 1) \begin{pmatrix} 0 & 1 \\ D & 0 \end{pmatrix} = (D, a) = a(Da^{-1}, 1) = a(b, 1).$$

Ferner ist

$$(0, 1) \begin{pmatrix} 0 & 1 \\ D & 0 \end{pmatrix} = (D, 0) = D(1, 0)$$

und

$$(1,0) \begin{pmatrix} 0 & 1 \\ D & 0 \end{pmatrix} = (0,1).$$

Daher ist $\perp = \perp_D$, q. e. d.

5.6. Definition. Es sei A eine Translationsebene mit von 2 verschiedener Charakteristik. Ferner sei $\perp$ eine Orthogonalitätsrelation auf A. Ist P, Q, R ein Dreieck von A, so bezeichnen wir mit s_P, s_Q, s_R die zu $Q \vee R$, $R \vee P$, $P \vee Q$ orthogonalen Geraden durch $\frac{1}{2}(P+Q)$, $\frac{1}{2}(Q+R)$ bzw. $\frac{1}{2}(R+P)$. Die Geraden s_P, s_Q, s_R heißen die $\perp$-*Mittelsenkrechten* des Dreiecks P, Q, R.

5.7. Satz (Baer). Ist A eine Translationsebene mit von 2 verschiedener Charakteristik und ist $\perp$ eine Orthogonalitätsrelation auf A, so sind äquivalent:

1) Die $\perp$-Höhen eines jeden Dreiecks von A sind konfluent.

2) Die $\perp$-Mittelsenkrechten eines jeden Dreiecks von A sind konfluent.

Beweis. Die Mittelsenkrechten des Dreiecks P, Q, R sind die Höhen des Mittendreiecks von P, Q, R, wie unmittelbar aus 2.2 und (O3) folgt. Daher ist 2) eine Konsequenz von 1).

Es gelte 2). Ist P, Q, R ein Dreieck, so konstruiere man sich mittels 2.3 ein Dreieck P', Q', R', dessen Mittendreieck P, Q, R ist. Dann sind die Höhen von P, Q, R gerade die Mittelsenkrechten von P', Q', R', so daß sie konfluent sind.

6. Das Winkelhalbieren. In diesem Abschnitt untersuchen wir, in welchen papposschen Ebenen sich Winkel stets halbieren lassen. Es wird sich herausstellen, daß die Möglichkeit des Winkelhalbierens eine sehr einschneidende Bedingung ist und unter anderem impliziert, daß der Koordinatenkörper der betrachteten Ebene pythagoräisch ist. Wir werden hier stets voraussetzen, daß $\pi(V)$ eine pappossche Ebene mit von 2 verschiedener Charakteristik ist und daß $\perp$ eine thaletische Orthogonalitätsrelation auf $\pi(V)$ ist, für die $g \not\perp g$ für alle Geraden g von $\pi(V)$ gilt.

Eine Winkelhalbierende eines Winkels in der gewöhnlichen euklidischen Ebene hat die Eigenschaft, daß die Spiegelung an ihr die beiden Schenkel des Winkels vertauscht. Dies ist generell so, so daß wir zunächst noch etwas über die Spiegelungen in der Gruppe $O(\perp)$ sagen werden. Dabei verstehen wir unter Spiegelungen nur Spiegelungen an einer Geraden, dh., involutorische Kollineationene aus $O(\perp)$, die eine Gerade — ihre *Achse* — punktweise festlassen.

6.1. Satz. Ist $\pi(V)$ eine pappossche Ebene der Charakteristik ungleich 2 und ist D kein Quadrat im Koordinatenkörper K von $\pi(V)$, so gibt es zu jeder Geraden g von $\pi(V)$ genau eine Geradenspiegelung σ mit der Achse g und $\sigma \in O(\perp_D)$.

Beweis. Es sei $\sigma \in O(\perp_D)$ eine Geradenspiegelung mit der Achse g. Ferner sei $h \perp_D g$. Weil D kein Quadrat ist, ist h nach 4.2 nicht zu g parallel. Also ist $h \cap g$ ein Fixpunkt von σ. Wegen $\sigma \in O(\perp_D)$ folgt $h \cap g \, \mathrm{I} \, h^\sigma \perp g$ und daher $h = h^\sigma$. Hieraus folgt $\sigma \in \Gamma(h \cap g_\infty, g)$. Da diese Gruppe, wie wir wissen, genau eine Involution enthält, gibt es also höchstens eine Spiegelung mit der Achse g in $O(\perp_D)$.

Nach 4.1 gibt es eine Spiegelung mit der Achse $[0, 1, 0]$ in $O(\perp_D)$. Weil $O(\perp_D)$, wie unmittelbar aus 4.5 folgt, auf der Menge der Geraden von $\pi(V)$ transitiv operiert, gibt es daher zu jeder Geraden g von $\pi(V)$ eine Spiegelung an g, die zu $O(\perp_D)$ gehört, q. e. d.

6.2. Definition. Sind g und h sei nicht parallele Geraden von $\pi(V)$, so nennen wir (g, h) einen *Winkel.* Die Gerade w heißt $\perp$-*Winkelhalbierende* des Winkels (g, h), falls gilt: Ist $w' \perp w$, so ist w' weder zu g noch zu h parallel und es ist

$$\tfrac{1}{2}\big((w' \cap g) + (w' \cap h)\big) = w' \cap w.$$

Statt $\perp$-Winkelhalbierende werden wir häufig nur Winkelhalbierende sagen.

6.3. Satz. Sind g, h, w drei Geraden von $\pi(V)$, sind g und h nicht parallel und ist $\perp$ eine thaletische Orthogonalitätsrelation ohne selbstorthogonale Geraden auf $\pi(V)$, so sind die folgenden Aussagen äquivalent:

a) w ist eine Winkelhalbierende von (g, h).

b) Ist $\sigma \in O(\perp)$ die Spiegelung an w, so ist $g^\sigma = h$.

Beweis. — a) impliziert b): Wegen $T \subseteq O(\perp)$ können wir $(0, 0) \in w$ annehmen. Dann ist σ nach II.2.7 eine semilineare Abbildung von V, die, da sie w punktweise festläßt, sogar linear ist, was wir aber nicht wirklich brauchen, weil $\tfrac{1}{2}$ bei allen Körperautomorphismen festbleibt. Es sei nun X ein Punkt auf g. Ferner sei $X \, I \, w' \perp w$. Dann ist
$$\tfrac{1}{2}\big(X + (w' \cap h)\big) = w \cap w'.$$
Andererseits ist $X^\sigma \, I \, w'^\sigma = w'$. Ferner ist

$$\big(\tfrac{1}{2}(X + X^\sigma)\big)^\sigma = \tfrac{1}{2}(X^\sigma + X^{\sigma^2}) = \tfrac{1}{2}(X + X^\sigma),$$

so daß $\tfrac{1}{2}(X + X^\sigma) = w' \cap w$ ist. Denn $\tfrac{1}{2}(X + X^\sigma)$ liegt wegen X, $X^\sigma \, I \, w'$ ebenfalls auf w', während $\tfrac{1}{2}(X + X^\sigma)$ als Fixpunkt von σ auf w liegt. Daher ist $X^\sigma = w' \cap h$, was $g^\sigma = h$ nach sich zieht.

b) impliziert a): Weil g und h nicht parallel sind, sind g und h keine Fixgeraden von σ. Dies hat insbesondere g, $h \not\perp w$ zur Folge. Ist $w' \perp w$, so ist w' also weder zu g noch zu h parallel. Es folgt ferner $w'^\sigma = w'$ und daher $(w' \cap g)^\sigma = w' \cap h$ bzw. $(w' \cap h)^\sigma = w' \cap g$. Also ist

$$\big(\tfrac{1}{2}\big((w' \cap g) + (w' \cap h)\big)\big)^\sigma = \tfrac{1}{2}\big((w' \cap g)^\sigma + (w' \cap h)^\sigma\big) = \tfrac{1}{2}\big((w' \cap h) + (w' \cap g)\big)$$

ein Fixpunkt von σ Daher ist

$$\tfrac{1}{2}\big((w' \cap g) + (w' \cap h)\big) = w' \cap w,$$

so daß w in der Tat eine $\perp$-Winkelhalbierende ist, q. e. d.

6.4. Satz. Ist w eine Winkelhalbierende von (g, h), so sind g, h und w konfluent.
Beweis. Es ist ja $(g \cap h)^\sigma = g^\sigma \cap h^\sigma = h \cap g$, so daß $g \cap h$ nach I.4.6 auf w liegt.

6.5. Hilfssatz. Die Spiegelung an der Geraden $[u, 1, 0]$ wird durch die Matrix

$$(D - u^2) \begin{pmatrix} D + u^2 & -2uD \\ 2u & -(D + u^2) \end{pmatrix}$$

dargestellt.

Beweis. Es sei $A \in G_D$ (diese Gruppe wurde vor 4.5 definiert) und $(0, 1)A^* = (u, 1)$. Es gibt dann a, $b \in K$ mit $A = \begin{pmatrix} a & -Db \\ -b & a \end{pmatrix}$. Es folgt $A^* = \begin{pmatrix} a & b \\ Db & a \end{pmatrix}$ und weiter $(Db, a) = (u, 1)$, dh. $a = 1$ und $b = uD^{-1}$. Also ist

$$A = \begin{pmatrix} 1 & -u \\ -uD^{-1} & 1 \end{pmatrix}$$

und

$$A^{-1} = D(D - u^2)^{-1} \begin{pmatrix} 1 & u \\ uD^{-1} & 1 \end{pmatrix}.$$

Eine leichte Rechnung zeigt nun, daß $A^{-1} \begin{pmatrix} 1 & 0 \\ 0 & -1 \end{pmatrix} A$ die im Satz angegebene Form hat.

6.6. Definition. Der Körper K heißt *pythagoräisch*, falls -1 kein Quadrat in K, jedoch die Summe zweier Quadrate aus K stets wieder ein Quadrat ist.

Nun sind wir in der Lage, den folgenden Satz zu formulieren und zu beweisen.

6.7. Satz. Es sei $\pi(V)$ eine pappossche Ebene mit von 2 verschiedener Charakteristik und $\perp$ sei eine thaletische Orthogonalitätsrelation auf $\pi(V)$ mit $g \not\perp g$ für alle Geraden g von $\pi(V)$. Unter diesen Voraussetzungen sind äquivalent:

a) Sind g und h zwei nicht parallele Geraden von $\pi(V)$, so besitzt (g, h) eine $\perp$-Winkelhalbierende.

b) Zu zwei nicht parallelen Geraden g und h von $\pi(V)$ gibt es stets eine Gerade s, so daß die Spiegelung $\sigma \in O(\perp)$ mit der Achse s die Geraden g und h vertauscht.

c) Der Koordinatenkörper von $\pi(V)$ ist pythagoräisch und $\perp$ ist zu $\perp_{-1}$ äquivalent.

Beweis. Die Äquivalenz von a) und b) folgt aus 6.3. Es bleibt die Äquivalenz von b) mit c) zu beweisen.

Es gelte b) und K sei der Koordinatenkörper von $\pi(V)$. Weil $\perp$ thaletisch ist, gibt es ein $D \in K^*$, so daß $\perp$ zu $\perp_D$ äquivalent ist. Wir können also $\perp = \perp_D$ annehmen. Weil es keine selbstorthogonalen Geraden gibt, ist D kein Quadrat in K. Wir betrachten die Geraden $[0, 1, 0]$ und $[-1, a, 0]$. Es gibt dann eine Gerade $[u, v, w]$, so daß die Spiegelung σ an dieser Geraden $[0, 1, 0]$ und $[-1, a, 0]$ miteinander vertausche. Weil $g \cap h = (0, 0)$ ein Fixpunkt von σ ist, ist $(0, 0) \in [u, v, w]$, so daß $w = 0$ ist. Überdies ist $v \neq 0$, da wegen $[1, 0, 0] \perp_D [0, 1, 0]$ sonst $[0, 1, 0]^\sigma =$

$[0, 1, 0] \neq [-1, a, 0]$ wäre. Also können wir $v = 1$ annehmen. Nach 6.5 wird σ dann durch die Matrix

$$A = (D - u^2)^{-1} \begin{pmatrix} D + u^2 & -2uD \\ 2u & -(D + u^2) \end{pmatrix}$$

dargestellt. Nach 3.8 ist dann $(0, 1)A = (D - u^2)^{-1}(2uD, D + u^2)$ und damit $(2uD, D + u^2)$ zu $(-1, 1)$ proportional. Also ist

$$(2uD, D + u^2) = (2uD, -2uD),$$

so daß

$$0 = D + u^2 + 2uDa = D - D^2 a^2 + (u + Da)^2$$

ist. Dies besagt, daß $D^2 a^2 - D$ für alle $a \in K$ ein Quadrat ist. Mit $a = 0$ folgt $D = \lambda^2$, so daß $\perp_D$ nach 3.9 zu $\perp_{-1}$ äquivalent ist. Ferner folgt, daß -1 kein Quadrat ist, da ja sonst D ein Quadrat wäre.

Es seien schließlich $x, y \in K$. Um zu zeigen, daß auch $x^2 + y^2$ ein Quadrat ist, können wir $y \neq 0$ annehmen. Es gibt dann a und $b \in K$ mit $b \neq 0$ und $x = aD$ und $y = b\lambda$. Es gibt ferner ein $c \in K$ mit

$$a^2 b^{-2} D^2 + \lambda^2 = a^2 b^{-2} D^2 - D = c^2.$$

Setzt man $z = bc$, so folgt $x^2 + y^2 = z^2$, so daß c) als Folge von b) erkannt ist.

Es gelte schließlich c). Es seien g und h nicht parallele Geraden. Wegen 4.6 können wir annehmen, daß $g = [0, 1, 0]$ und $h = [-1, a, 0]$ ist. Weil K pythagoräisch ist, ist $a^2 + 1$ ein Quadrat. Es gibt daher ein $u \in K$ mit $(u - a)^2 = 1 + a^2$, so daß $u^2 - 2au - 1 = 0$ ist. Die Spiegelung σ an der Geraden $[u, 1, 0]$ stellen wir wieder mittels der in 6.5 beschriebenen Matrix A dar. Dann folgt

$$\begin{aligned} (0, 1)A^* &= -(1 + u^2)^{-1}(-2u, -1 + u^2) = -(1 + u^2)^{-1}(-2u, 2au) \\ &= -(1 + u^2)^{-1} 2u(-1, a), \end{aligned}$$

so daß $[0, 1, 0]^\sigma = [-1, a, 0]$ ist. Damit ist alles gezeigt.

Zum Schluß charakterisieren wir die Ebenen über pythagoräischen Körpern noch mit Hilfe ihrer Kollineationsgruppen. Dazu zunächst ein Hilfssatz.

6.8. Hilfssatz. Es sei A eine pappossche affine Ebene mit von 2 verschiedener Charakteristik und $\perp$ sei eine thaletische Orthogonalilätsrelation ohne selbstorthogonale Gerade auf A. Ist dann X die von den Spiegelungen aus $O(\perp)$ erzeugte Gruppe, so gilt:

a) Ist P ein Punkt von A und ist ρ die involutorische Streckung aus $\Gamma(P, g_\infty)$, so ist $\rho \in X$.

b) Es ist $T \subseteq X$.

c) Ist P ein Punkt von A, so wird X_P von den in X_P liegenden Spiegelungen erzeugt.

Beweis. — a) Es sei g eine Gerade durch P. Ferner sei $P \mathrm{I} h \perp g$. Weil es keine selbstorthogonalen Geraden gibt, ist $h \neq g$. Es seien α, $\beta \in \mathrm{O}(\perp)$ die Spiegelungen an g bzw. h. Dann ist also auch $\alpha \neq \beta$. Wegen $P = P^\alpha \mathrm{I} h^\alpha \perp g^\alpha = g$ ist $h^\alpha = h$. Somit ist $\alpha^{-1}\beta\alpha$ eine Spiegelung in $\mathrm{O}(\perp)$ an h. Mit 6.1 folgt $\alpha^{-1}\beta\alpha = \beta$, dh. $\alpha\beta = \beta\alpha$. Wegen $\alpha^{-1} = \alpha \neq \beta$ ist $\alpha\beta \neq 1$. Ferner ist $(\alpha\beta)^2 = \alpha^2\beta^2 = 1$, so daß $\rho = \alpha\beta$ eine Involution aus X ist. Weil ρ das Produkt zweier Spiegelungen ist, liegt ρ in der projektiven Gruppe des projektiven Abschlusses Π von A. Nach III.2.4 kann ρ wegen $\rho \neq 1$ keinen Rahmen von Π festlassen, da Π ja pappossch ist. Andererseits kann ρ in A auch keinen von P verschiedenen Fixpunkt auf der Achse von α oder der Achse von β haben. Folglich ist $\rho \in \Gamma(P, g_\infty)$.

b) Es sei $\tau \in \mathrm{T}$. Es gibt dann, wieder ohne Beschränkung der Allgemeinheit $\mathrm{A} = \pi(V)$ angenommen, ein $a \in V$ mit $Y^\tau = Y + a$ für alle $Y \in V$. Es sei $P = -\frac{1}{2}a$ und σ sei die Involution aus $\Gamma(P, g_\infty)$. Ferner sei ρ die Involution aus $\Gamma((0,0), g_\infty)$. Dann ist $Y^\rho = -Y$ für alle $Y \in V$. Nach III.1.3 ist $\rho\sigma \in \mathrm{T}$. Es sei $Y^{\rho\sigma} = Y + b$. Dann folgt

$$-\tfrac{1}{2}a + b = P + b = P^{\rho\sigma} = -P^\sigma = -P = \tfrac{1}{2}a,$$

so daß $b = a$ ist. Also ist $\tau = \rho\sigma \in X$.

c) Es sei $\xi \in X_P$. Es gibt dann Spiegelungen $\sigma_1, \ldots, \sigma_n$ mit $\xi = \sigma_1 \ldots \sigma_n$. Es sei a_i die Achse von σ_i. Es gibt dann ein $\tau_i \in \mathrm{T}$ mit $P^{\tau_i} \mathrm{I} a_i$. Dann ist $\rho_i = \tau_i\sigma_i\tau_i^{-1}$ eine Spiegelung mit der Achse

$$a_i^{\tau_i^{-1}}.$$

Aus b) folgt $\rho_i \in X$. Nun ist

$$\xi = \tau_1^{-1}\rho_1\tau_1\tau_2^{-1}\rho_2\tau_2 \ldots \tau_n^{-1}\rho_n\tau_n.$$

Weil T ein Normalteiler von X ist, gibt es daher ein $\tau \in \mathrm{T}$ mit

$$\xi = \tau\rho_1 \ldots \rho_n.$$

Nun sind ξ, $\rho_1, \ldots, \rho_n \in X_P$ und folglich $\tau \in X_P \cap \mathrm{T} = \{1\}$. Damit ist alles bewiesen.

6.9. Satz. Es sei $\pi(V)$ eine pappossche affine Ebene mit von 2 verschiedener Charakteristik und $\perp$ sei eine thaletische Orthogonalitätsrelation ohne selbstorthogonale Geraden. Dann sind äquivalent:

a) Ist X die von den Spiegelungen, die in $\mathrm{O}(\perp)$ liegen, erzeugte Untergruppe von $\mathrm{O}(\perp)$, so ist $\mathrm{O}(\perp) = X\Gamma((0,0), g_\infty)$.

b) Der Koordinatenkörper von $\pi(V)$ ist pythagoräisch und $\perp$ ist zu $\perp_{-1}$ äquivalent.

Beweis. a) impliziert b): Es sei also $X\Gamma = O(\perp)$, wobei wir abkürzend Γ statt $\Gamma((0,0), g_\infty)$ geschrieben haben. Weil $\perp$ thaletisch ist, gibt es ein D im Koordinatenkörper K von $\pi(V)$, so daß $\perp$ zu $\perp_D$ äquivalent ist. Wir können also $\perp = \perp_D$ annehmen. Dann ist $\Gamma X_{(0,0)} = G_D H$. Weil Γ alle Geraden durch $(0,0)$ einzeln festläßt und $G_D H$ auf den Geraden durch $(0,0)$ transitiv operiert, ist $X_{(0,0)}$ auf der Menge der Geraden durch $(0,0)$ transitiv. Wegen $H \subseteq X_{(0,0)}$ folgt aus dem modularen Gesetz, daß

$$X_{(0,0)} = X_{(0,0)} \cap G_D H = (X_{(0,0)} \cap G_D)H$$

ist. Weil H die Gerade $[0,1,0]$ festläßt und $X_{(0,0)}$ auf der Menge der Geraden durch $(0,0)$ transtiv operiert, folgt, daß $Y = X_{(0,0)} \cap G_D$ auf der Menge der Geraden durch $(0,0)$ transitiv ist.

Nach 6.8 wird $X_{(0,0)}$ von Spiegelungen erzeugt, deren Achsen durch $(0,0)$ gehen. Weil die Determinante einer solchen Spiegelung (diese wird ja durch eine lineare Abbildung von V induziert) offensichtlich gleich -1 ist, ist $\det(\xi) = 1$ oder -1 für alle $\xi \in X_{(0,0)}$ und die Gruppe

$$Z = \{\xi \mid \xi \in X_{(0,0)}, \det(\xi) = 1\}$$

hat den Index 2 in $X_{(0,0)}$. Andererseits hat auch Y den Index 2 in $X_{(0,0)}$, woraus zunächst $Z \subseteq Y$ und dann $Z = Y$ folgt.

Es sei nun $[u, v, 0]$ eine Gerade durch $(0,0)$. Es gibt dann ein $A \in Y$ und ein $\lambda \in K$ mit $(0,1)A^* = \lambda(u,v)$. Wegen $Y \subseteq G_D$ gibt es $a, b \in K$ mit $A^* = \left(\begin{smallmatrix} a & b \\ Db & a \end{smallmatrix}\right)$. Also ist $(Db, a) = \lambda(u,v)$. Wählt man $v = 0$, so ist $a = 0$ und daher

$$1 = \det(A) = \det(A^*) = -Db^2,$$

so daß $\perp_D$ zu $\perp_{-1}$ äquivalent ist. Wir können daher weiterhin annehmen, daß $D = -1$ ist. Wählt man $v = 1$, so ist also

$$(-b, a) = (Db, a) = \lambda(u, 1),$$

dh. $-b = \lambda u = au$. Andererseits ist

$$1 = \det(A^*) = a^2 - Db^2 = a^2 + b^2 = a^2(1 + u^2).$$

Es folgt, daß $1 + u^2$ für alle $u \in K$ ein Quadrat in K ist, woraus unmittelbar folgt, daß K pythagoräisch ist.

b) impliziert a): Weil $X_{(0,0)}$ nach 6.8 von den in $X_{(0,0)}$ liegenden Spiegelungen erzeugt wird, ist $X_{(0,0)}$ auf der Menge der Geraden durch $(0,0)$ transitiv, denn zwei Geraden durch $(0,0)$ lassen sich nach 6.7 durch eine Spiegelung ineinander überführen. Dies hat zur Folge, daß $\Gamma X_{(0,0)}$ auf der Menge der Punkte von $\pi(V)$, die von $(0,0)$ verschieden sind, transitiv operiert. Überdies gilt in jedem Falle

$$\Gamma X_{(0,0)} \subseteq O(\perp_{-1})_{(0,0)} = G_{-1} H.$$

Es sei nun $\delta \in G_{-1}H$ und P sei ein von $(0,0)$ verschiedener Punkt auf $[0,1,0]$. Es gibt dann ein $\xi \in \Gamma X_{(0,0)}$ mit $P^{\delta\xi} = P$. Nun läßt $\delta\xi$ auf $(0,0) \vee P$ die drei verschiedenen Punkte $(0,0)$, P und $\big((0,0) \vee P\big) \cap g_\infty$ fest. Wegen $\delta\xi \in G_{-1}H \subseteq GL(V,K)$ liegt $\delta\xi$ in der projektiven Gruppe des projektiven Abschlusses von $\pi(V)$, so daß $\delta\xi$ nach III.2.4, da K ja kommutativ ist, auf $(0,0)\vee P$ die Identität induziert. Weil die von 1 verschiedenen Kollineationen aus G_{-1} außer $(0,0)$ keine Fixpunkte haben, folgt weiter, $\delta\xi \in H$. Nun ist $H \subseteq X_{(0,0)}$ und damit $G_{-1}H = \Gamma X_{(0,0)}$. Hieraus folgt schließlich, da nach 6.8 ja $\mathrm{T} \subseteq X$ gilt, daß $X\Gamma = \mathrm{O}(\perp_{-1})$ ist.

VI

Metrische Eigenschaften der Kegelsschnitte

Mit diesem Kapitel stellen wir nun vollends den Anschluß an die Elementargeometrie her. Dabei sind unsere Betrachtungen immer noch viel allgemeiner, da sie sich allesamt auf Ebenen über beliebigen euklidischen Körpern beziehen. Dies macht deutlich, daß man in der Elementargeometrie meist nicht voll ausnutzt, daß der zugrunde liegende Körper der Körper der reellen Zahlen ist. Schlösse man noch die Winkelmessung mit in die Untersuchungen ein, was wir nicht tun, so ergäben sich weitere Einschränkungen. Aber auch dann bliebe noch eine Vielzahl von Ebenen in der Konkurrenz.

Dieses Kapitel handelt von Ellipsen, Parabeln, Hyperbeln und ihren Achsen und Brennpunkten. Herz des Ganzen ist jedoch der Abschnitt über Kreise in Ebenen über euklidischen Körpern. Sie werden mit Hilfe des Satzes von Thales definiert. Ihre algebraische Beschreibung liefert dann unmittelbar eine Metrik der Ebene, die unter der Bewegungsgruppe, die unabhängig von der Metrik definiert wird, invariant ist. Diese Metrik ist die aus den Elementen gewohnte.

Ungewohnt sind wohl die meisten Definitionen der uns hier beschäftigenden Objekte, da sie in der Regel vom projektiven Abschluß der betrachteten affinen Ebene Gebrauch machen. Die Sätze aber zeigen, daß es sich um die vertrauten Dinge handelt. Dies ist ein Vorteil dieses Kapitels, daß nämlich viele Sätze genauso lauten wie in der Elementargeometrie und daß viele Beweise den Beweisen der Elementargeometrie nachmodelliert sind. Das Schwergewicht dieses Kapitels liegt also im Methodischen, dh. in der projektiven Deutung affiner und metrischer Eigenschaften der Kegelschnitte und des Kreises. Die Definitionen und die Beweise sind daher besonders wichtig. Vergleichen Sie diese mit dem, was Ihnen aus der Elementargeometrie noch in Erinnerung ist. Das Durchschauen ist bei diesem Kapitel das Wichtigste, wie auch das Erkennen der Eigenschaften des Körpers der reellen Zahlen, die hinter den Sätzen der Elementargeometrie stehen.

1. Projektive Ebenen über euklidischen Körpern. Bevor wir mit der Untersuchung der metrischen Eigenschaften der Kegelschnitte beginnen, betrachten wir noch einmal Kegelschnitte in projektiven Ebenen. Diese Untersuchungen dienen vor allem dazu klarzumachen, warum wir uns im folgenden auf die Untersuchungen affiner Ebenen über euklidischen Körpern beschränken. Darüberhinaus erhalten wir auch noch Resultate, die wir später benötigen werden.

Es sei Π eine pappossche projektive Ebene mit von 2 verschiedener Charakteristik und C sei ein Kegelschnitt von Π. Ist P ein Punkt von Π mit $P \notin C$, so gehen durch P nach IV.3.8 entweder 0 oder genau 2 Tangenten an C. Gehen durch P zwei Tangenten, so legt es unsere am Kreis geschulte Anschauung nahe, P einen äußeren Punkt von C zu nennen. Es wäre dann naheliegend, die übrigen Punkte, die nicht auf C liegen, innere Punkte von C zu nennen. Andererseits sagt aber unsere Anschauung, daß jede Gerade durch einen inneren Punkt eines Kreises Sekante des Kreises ist. Dies zeigt uns eine zweite Möglichkeit, innere Punkte von C zu definieren, und diese zweite Möglichkeit werden wir uns als die natürlichere zu eigen machen. Dabei wird sich herausstellen, daß ein Kegelschnitt in der Regel überhaupt keinen inneren Punkt besitzt. Ist aber jeder Kandidat auch wirklich ein innerer Punkt, so ist der Koordinatenkörper von Π euklidisch. Diesen Dingen werden wir hier zunächst nachgehen.

1.1. Satz. Es sei K ein kommutativer Körper. Ferner seien σ, $\tau \in \mathrm{GL}(2, K)$ und $x^2 - k$ sei das Minimalpolynom von σ und $x^2 - l$ sei das Minimalpolynom von τ. Sind dann σ^* und τ^* die von σ und τ in $\mathrm{PGL}(2, K)$ induzierten Permutationen, so sind σ^* und τ^* genau dann in $\mathrm{PGL}(2, K)$ konjugiert, wenn es ein $\lambda \in K^*$ gibt mit $k = \lambda^2 l$.

Beweis. Sind σ^* und τ^* in $\mathrm{PGL}(2, K)$ konjugiert, so gibt es ein $\alpha \in \mathrm{GL}(2, K)$ und ein $\lambda \in K^*$ mit $\alpha^{-1}\sigma\alpha = \lambda\tau$. Weil $x^2 - k$ das Minimalpolynom von σ ist, ist $\sigma^2 = k1$. Ebenso ist $\tau^2 = l1$. Daher ist

$$k1 = \alpha^{-1}\sigma^2\alpha = (\lambda\tau)^2 = \lambda^2 l1.$$

Daher ist $k = \lambda^2 l$.

Es sei umgekehrt $k = \lambda^2 l$. Es sind $\begin{pmatrix} 0 & k \\ 1 & 0 \end{pmatrix}$ bzw. $\begin{pmatrix} 0 & l \\ 1 & 0 \end{pmatrix}$ die rationalen Normalformen von σ bzw. τ. Wegen

$$\begin{pmatrix} \lambda^{-1} & 0 \\ 0 & 1 \end{pmatrix} \begin{pmatrix} 0 & k \\ 1 & 0 \end{pmatrix} \begin{pmatrix} \lambda & 0 \\ 0 & 1 \end{pmatrix} = \begin{pmatrix} 0 & \lambda^{-1}k \\ \lambda & 0 \end{pmatrix} = \lambda \begin{pmatrix} 0 & l \\ 1 & 0 \end{pmatrix}$$

sind daher σ^* und τ^* in $\mathrm{PGL}(2, K)$ konjugiert, q. e. d.

1.2. Definition. Es sei Π eine pappossche projektive Ebene mit von 2 verschiedener Charakteristik und C sei ein Kegelschnitt in Π. Ist P ein Punkt von Π mit $P \notin C$ und gehen durch P zwei Tangenten von C, so nennen wir P einen *äußeren Punkt* von C. Ist P kein äußerer Punkt von C, so nennen wir P *quasiinneren Punkt* von C.

1.3. Satz. Es sei C ein Kegelschnitt der papposschen Ebene Π und die Charakteristik von Π sei ungleich 2. Ferner sei P ein nicht auf C liegender Punkt von Π. Genau dann ist P ein äußerer Punkt von C, wenn die Polare von P bzg. C (dh. bzg. der C definierenden Polarität) eine Sekante von C ist. Genau dann ist P ein quasiinnerer Punkt von C, wenn die Polare von P bzg. C eine Passante von C ist.

Der Beweis ist völlig banal.

1.4. Satz. Es sei $\Pi(V)$ eine pappossche projektive Ebene mit von 2 verschiedener Charakteristik und C sei ein Kegelschnitt von $\Pi(V, K)$. Die Menge der Bahnen, in die $\mathrm{PGL}(V, K)_\mathcal{C}$ die Menge der nicht auf $\mathcal{C}$ liegenden Punkte zerlegt, läßt sich bijektiv auf K^*/K^{*2} abbilden. Dabei bezeichne K^{*2} die Gruppe der Quadrate in K^*. Die äußeren Punkte von $\mathcal{C}$ bilden stets eine Bahn von $\mathrm{PGL}(V, K)_\mathcal{C}$.

Beweis. Ist P ein äußerer Punkt, so ist die Polare von P nach 1.3 eine Sekante von $\mathcal{C}$. Nun operiert $G = \mathrm{PGL}(V, K)_\mathcal{C}$ nach IV.3.11 auf $\mathcal{C}$ dreifach transitiv. Hieraus folgt, daß G auf der Menge der Sekanten von $\mathcal{C}$ transitiv operiert. Dies impliziert wiederum, daß die äußeren Punkte von $\mathcal{C}$ eine Bahn von G bilden.

Es seien nun P, $Q \notin \mathcal{C}$. Nach IV.3.9 gibt es involutorische Streckungen σ, $\tau \in G$, die sogar eindeutig bestimmt sind, so daß P das Zentrum von σ und Q das Zentrum von τ ist. Ist nun $\gamma \in G$ und $P^\gamma = Q$, so ist $\gamma^{-1}\sigma\gamma \in G$ eine involutorische Streckung mit dem Zentrum Q. Daher ist $\gamma^{-1}\sigma\gamma = \tau$, so daß σ und τ konjugiert sind. Ist umgekehrt $\gamma \in G$ und $\gamma^{-1}\sigma\gamma = \tau$, so folgt, daß P^γ das Zentrum von τ ist. Daher ist $P^\gamma = Q$. Da andererseits jede Involution aus G eine Streckung ist, deren Zentrum nicht auf $\mathcal{C}$ liegt, und jeder Punkt, der nicht auf $\mathcal{C}$ liegt, Zentrum einer involutorischen Streckung aus G ist, folgt, daß die von $\mathcal{C}$ verschiedenen Punktbahnen von G bijektiv den Konjugiertenklassen von Involutionen aus G entsprechen. Nach IV.6.1 gilt $\mathrm{PGL}(V, K)_\mathcal{C} \cong \mathrm{PGL}(2, K)$. Hieraus folgt nun mittels 1.1 die Behauptung, wenn man nur beachtet, daß die Involutionen aus $\mathrm{PGL}(2, K)$ gerade von den Elementen von $\mathrm{GL}(2, K)$ induziert werden, deren Minimalpolynom von der Form $x^2 - k$ mit $k \in K^*$ ist und daß auch jedes k wirklich vorkommt, wie man an Hand der Matrix $\left(\begin{smallmatrix} 0 & k \\ 1 & 0 \end{smallmatrix}\right)$ sieht. Damit ist 1.4 bewiesen.

1.5. Hilfssatz. Es sei K ein kommutativer Körper mit von 2 verschiedener Charakteristik. Sind a_1, a_2, $a_3 \in K$, so gibt es genau dann ein $(x_1, x_2, x_3) \in K \oplus K \oplus K - \{(0,0,0)\}$ mit

$$x_1 a_2 + x_2 a_1 - 2a_3 x_3 = 0$$

$$x_1 x_2 - x_3^2 = 0,$$

wenn $a_3^2 - a_1 a_2$ ein Quadrat in K ist.

Beweis. Es sei x_1, x_2, x_3 eine nicht triviale Lösung des Gleichungssystems. Da $a_3^2 - a_1 a_2$ sicherlich ein Quadrat ist, falls $a_1 a_2 = 0$ ist, können wir also $a_1 a_2 \neq 0$ annehmen. Dann ist aber $x_3 \neq 0$, da $x_3 = 0$ zur Folge hätte, daß $x_1 = 0$ oder $x_2 = 0$ wäre. Wegen $a_1 \neq 0 \neq a_2$ folgt dann aber $x_1 = x_2 = 0$: ein Widerspruch. Wir können daher des weiteren annehmen, daß $x_3 = 1$ ist. Dann ist $x_1 x_2 = 1$ und $x_1 a_2 + x_2 a_1 - 2a_3 = 0$. Es folgt

$$a_2 + x_2^2 a_1 - 2a_3 x_2 = 0$$

und weiter

$$0 = x_2^2 a_1^2 - 2a_3 a_1 x_2 + a_3^2 - a_3^2 + a_1 a_2 = (x_2 a_2 - a_3)^2 - (a_3^2 - a_1 a_2),$$

so daß $a_3^2 - a_1 a_2$ ein Quadrat ist.

Es sei umgekehrt $a_3^2 - a_1 a_2 = k^2$. Ist $a_2 \neq 0$, so setzen wir $x_1 = a_2^{-2}(a_3 + k)^2$, $x_2 = 1$, $x_3 = a_2^{-1}(a_3 + k)$. Dann ist $x_1 x_2 - x_3^2 = 0$ und ebenso $x_1 a_2 + x_2 a_1 - 2a_3 x_3 =$

0. Ist $a_1 \neq 0$, so ist x_1, $x_2 = a_1^{-2}(a_3 + k)^2$, $x_3 = a_1^{-1}(a_3 + k)$ eine nicht triviale Lösung. Ist schließlich $a_1 = a_2 = 0$, so ist $x_1 = 1$, $x_2 = 0$, $x_3 = 0$ eine nicht triviale Lösung. Damit ist alles gezeigt.

1.6. Hilfssatz. Es sei K ein Körper mit von 2 verschiedener Charakteristik und C sei der durch die Gleichung $x_1x_2 - x_3^2 = 0$ beschriebene Kegelschnitt von $\Pi(V, K)$, wobei $V = K \oplus K \oplus K$ gesetzt wurde. Schließlich sei $P = (a_1, a_2, a_3)K$ ein Punkt von $\Pi(V, K)$. Genau dann ist P ein quasiinnerer Punkt von C, wenn $a_3^2 - a_1a_2$ kein Quadrat in K ist.

Beweis. Die Polare zu P bzg. C ist die Gerade G, die durch die Gleichung $x_1a_2 + x_2a_1 - 2x_3a_3 = 0$ definiert wird. Nach 1.3 ist P genau dann quasiinner, wenn G eine Passante von C ist. Dies ist genau dann der Fall, wenn die beiden Gleichungen

$$x_1a_2 + x_2a_1 - 2a_3x_3 = 0$$
$$x_1x_2 - x_3^2 = 0$$

keine gemeinsame nicht triviale Lösung haben. Dies ist wiederum nach 1.5 genau dann der Fall, wenn $a_3^2 - a_1a_2$ kein Quadrat in K ist, q. e. d.

1.7. Definition. Es sei C ein Kegelschnitt der papposschen projektiven Ebene Π, deren Charakteristik nicht 2 sei. Ferner sei P ein Punkt von Π. Wir nennen P *inneren Punkt* von C, falls alle Geraden durch P Sekanten von C sind.

Da durch innere Punkte keine Tangenten gehen, sind innere Punkte insbesondere auch quasiinner.

Kegelschnitte endlicher desarguesscher Ebenen ungerader Ordnung besitzen zwar quasiinnere Punkte aber keinen inneren Punkt, denn von den $q + 1$ Geraden durch einen solchen Punkt sind nur $\frac{1}{2}(q + 1)$ Sekanten.

1.8. Definition. Es sei K ein kommutativer Körper. K heißt *euklidisch*, falls die folgenden drei Bedingungen erfüllt sind:

a) -1 ist kein Quadrat in K.

b) Für alle x, $y \in K$ ist $x^2 + y^2$ ein Quadrat in K.

c) Ist $x \in K$, so ist x oder $-x$ ein Quadrat in K.

Euklidische Körper sind insbesondere also pythagoräisch. Während man jedoch das Zornsche Lemma benötigt, um zu zeigen, daß pythagoräische Körper eine Anordnung besitzen, sieht man bei euklidischen Körpern unmittelbar, daß die von Null verschiedenen Quadrate einen Positivbereich bilden. Dieser Positivbereich ist dann aber auch der einzige Positivbereich von K, da von Null verschiedene Quadrate ja bei allen Anordnungen positiv sind. Folglich haben euklidische Körper stets genau eine Anordnung.

Beispiele euklidischer Körper gibt es in Hülle und Fülle. So ist z. B. jeder reell-abgeschlossene Körper euklidisch und diese gibt es schon in großer Zahl, läßt sich doch jeder angeordnete Körper samt Anordnung in einen reell-abgeschlossenen Körper einbetten (s. etwa van der Waerden, Algebra I, 4. Auflage, S. 244). Es gibt jedoch euklidische Körper, die nicht reell-abgeschlossen sind. Interessantes hierzu findet sich in dem im Literaturverzeichnis angegebenen Buch von Degen und Profke auf den Seiten 170–175.

1.9. Satz. Es sei K ein Körper mit von 2 verschiedener Charakteristik und V sei ein Vektorraum vom Rang 3 über K. Dann sind äquivalent:

a) Ist C ein Kegelschnitt von $\Pi(V, K)$, so besitzt C quasiinnere Punkte und jeder quasiinnere Punkt von C ist ein innerer Punkt von C.

b) Es gibt einen Kegelschnitt von $\Pi(V, K)$, der quasiinnere Punkte besitzt und dessen quasiinneren Punkte allesamt innere Punkte sind.

c) K ist euklidisch.

Beweis. Weil jede pappossche Ebene mit von 2 verschiedener Charakteristik einen Kegelschnitt besitzt, ist b) eine Folge von a). Andererseits folgt a) auch aus b), da alle Kegelschnitte von $\Pi(V, K)$ projektiv äquivalent sind, wie unmittelbar aus IV.4.1 folgt.

Es gelte a). Um c) zu beweisen, können wir annehmen, daß $V = K \oplus K \oplus K$ ist. Wir betrachten den Kegelschnitt C, der durch die Gleichung $x_1 x_2 - x_3^2 = 0$ beschrieben wird. Es sei k ein Nichtquadrat in K. Setze $a_1 = k$, $a_2 = -1$, und $a_3 = 0$. Dann ist $a_3^2 - a_1 a_2 = k$, so daß $(k, -1, 0)K$ nach 1.6 ein quasiinnerer Punkt von C ist. Nach Voraussetzung ist $(k, -1, 0)K$ daher ein innerer Punkt von C. Ist $u \in K$, so liegt $(k, -1, 0)K$ auf der Geraden mit der Gleichung $x_1 + kx_2 - 2ux_3 = 0$, so daß diese Gerade eine Sekante von C ist. Folglich haben die beiden Gleichungen

$$x_1 + kx_2 - 2ux_3 = 0$$
$$x_1 x_2 - x_3 = 0$$

eine nicht triviale gemeinsame Lösung. Nach 1.5 ist daher $u^2 - k$ ein Quadrat in K für alle $u \in K$. Insbesondere folgt mit $u = 0$, daß $-k$ ein Quadrat ist. Weil C quasiinere Punkte besitzt, gibt es nach 1.6 ein Nichtquadrat a in K. Dann ist aber $-1 = (-a)a^{-1}$ ein Nichtquadrat in K, da $-a$ ja ein Quadrat ist. Hieraus folgt weiter, daß $-v^2$ ein Nichtquadrat ist für alle $v \in K^*$. Also ist $u^2 + v^2 = u^2 - (-v^2)$ ein Quadrat für alle u, v in K^* und damit für alle $u, v \in K$. Somit ist K euklidisch.

Es gelte c). Wir betrachten den Kegelschnitt C, der durch die Gleichung $x_1 x_2 - x_3^2 = 0$ beschrieben wird. Weil K euklidisch ist, ist $|K^*/K^{*2}| = 2$. Aus 1.4 folgt daher, daß die Menge der quasiinneren Punkte von C eine Bahn von $\mathrm{PGL}(V, K)_C$ ist. Es genügt daher von einem einzigen quasiineren Punkt zu zeigen, daß er ein innerer Punkt ist. Zunächst stellen wir mit Hilfe von 1.6 fest, daß $(1, 1, 0)K$ ein quasiinnerer Punkt ist, da -1 ja kein Quadrat in K ist. Es sei nun G eine Gerade durch $(1, 1, 0)K$. Hat G die Gleichung $x_3 = 0$, so trifft G den Kegelschnitt C in den Punkten $(1, 0, 0)K$ und $(0, 1, 0)K$, ist also eine Sekante. Es sei $x_3 = 0$ nicht die Gleichung von G. Dann gibt es ein $u \in K$, so daß G durch die Gleichung $x_1 - x_2 - 2ux_3 = 0$ dargestellt wird. Nun ist $u^2 - (-1) = u^2 + 1$ ein Quadrat, da

K ja euklidisch ist, so daß die beiden Gleichungen

$$x_1 - x_2 - 2ux_3 = 0$$
$$x_1 x_2 - x_3^2 = 0$$

nach 1.5 eine gemeinsame nicht triviale Lösung haben. Also hat G mit C wenigstens einen Punkt gemein. Da durch quasiinnere Punkte keine Tangenten gehen, folgt schließlich, daß G eine Sekante ist. Also ist $(1,1,0)K$ ein innerer Punkt von C, so daß b) aus c) hergeleitet ist. Damit ist 1.9 vollständig bewiesen.

1.10. Definition. Es sei K ein kommutativer Körper mit von 2 verschiedener Charakteristik. Ferner sei σ eine Involution aus $\mathrm{PGL}(2, K)$. Wir nennen σ *elliptisch*, falls σ keine Fixpunkte hat, andernfalls *hyperbolisch*.

1.11. Satz. Es sei K ein kommutativer Körper mit von 2 verschiedener Charakteristik. Ist σ eine hyperbolische Involution aus $\mathrm{PGL}(2, K)$, so hat σ genau zwei Fixpunkte.

Der Beweis ist eine einfache Übungsaufgabe.

Der nächste Satz gibt eine Kennzeichnung der euklidischen Körper mittels der elliptischen Involutionen aus $\mathrm{PGL}(2, K)$, die uns alsbald sehr nützlich sein wird.

1.12. Satz. Ist K ein kommutativer Körper mit von 2 verschiedener Charakteristik und ist nicht jedes Element von K ein Quadrat in K, so sind die folgenden Bedingungen äquivalent:

a) K ist euklidisch.

b) Ist σ eine elliptische Involution aus $\mathrm{PGL}(2, K)$ und ist τ eine weitere Involution aus $\mathrm{PGL}(2, K)$, so gibt es ein $P \in \mathcal{U}_1(K \oplus K)$ mit $P^\sigma = P^\tau$.

Beweis. Es sei $V = K \oplus K \oplus K$ und C sei ein Kegelschnitt in $\Pi(V, K)$. Nach IV.6.1 ist dann die Wirkung von $\mathrm{PGL}(V, K)_C$ auf C ähnlich der Wirkung von $\mathrm{PGL}(2, K)$ auf $\mathcal{U}_1(K \oplus K)$. Satz 1.12 ist also bewiesen, wenn wir gezeigt haben, daß a) äquivalent ist zu

b$'$) Ist σ eine Involution aus $\mathrm{PGL}(V, K)_C$, die auf C keinen Fixpunkt hat, und ist $\tau \in \mathrm{PGL}(V, K)_C$ eine weitere Involution, so gibt es ein $P \in C$ mit $P^\sigma = P^\tau$.

Es gelte also a) und σ sei eine Involution aus $\mathrm{PGL}(V, K)_C$, die auf C keinen Fixpunkt hat. Weil σ eine Streckung ist, hat σ ein Zentrum C und eine Achse a. Da σ auf C keinen Fixpunkt hat, ist a eine Passante von C, so daß C nach 1.3 ein quasiinnerer Punkt ist. Weil K euklidisch ist, folgt nach 1.9, daß C sogar ein innerer Punkt von C ist. Es sei nun τ eine weitere Involution aus $\mathrm{PGL}(V, K)_C$ und D sei das Zentrum von τ. Es gibt dann eine Gerade G mit $C, D \subseteq G$. Weil C ein innerer Punkt ist, ist G eine Sekante von C. Sind P und Q die beiden Schnittpunkte von G mit C, so folgt $P^\sigma = Q = P^\tau$. Also ist b$'$) eine Folge von a).

Es gelte b$'$). Ferner sei C ein quasiinnerer Punkt von C und G sei eine Gerade durch C. Schließlich sei σ die involutorische Streckung aus $\mathrm{PGL}(V, K)_C$, deren Zentrum C ist. Die Achse von σ ist die Polare von C, also nach 1.3 eine Passante, so daß σ auf C keinen Fixpunkt hat. Weil $\mathrm{Char}(K) \neq 2$ ist, enthält K mindestens drei Elemente, so daß G mindestens vier Punkte trägt. Es gibt also einen Punkt D auf G, der von C verschieden ist und nicht auf C liegt. Es sei τ die involutorische Streckung aus $\mathrm{PGL}(V, K)_C$ mit dem Zentrum D. Nach Voraussetzung gibt es ein $P \in C$ mit $P^\sigma = P^\tau = Q$. Weil σ auf C keinen Fixpunkt hat, ist $P \neq Q$. Es sei H die Verbindungsgerade von P und Q. Wegen $P^\sigma = Q$ ist dann $C \subseteq H$ und wegen $P^\tau = Q$ ist $D \subseteq H$. Weil $C \neq D$ ist, ist daher $G = C + D = H$. Folglich ist G eine Sekante von C. Dies besagt aber, daß C ein innerer Punkt von C ist. Weil also alle quasiinneren Punkte von C innere Punkte von C sind, ist K nach 1.9 euklidisch, da es wegen $K^* \neq K^{*2}$ ja quasiinnere Punkte gibt, q. e. d.

Für spätere Verwendung sei hier noch der folgende Satz formuliert.

1.13. Satz. Es sei Π die projektive Ebene über dem euklidischen Körper K. Ferner sei κ eine den Kegelschnitt C definierende projektive Polarität. Sind dann P, Q, R drei nicht kollineare Punkte von Π mit $P^\kappa = Q + R$, $Q^\kappa = R + P$, $R^\kappa = P + Q$, so ist genau einer der Punkte P, Q, R ein innerer Punkt von C. Die anderen beiden Punkte sind äußere Punkte.

Beweis. Es sei etwa P ein innerer Punkt von C. Dann ist $P^\kappa = Q + R$ eine Passante von C, so daß $Q + R$ nach 1.9 nur äußere Punkte von C trägt. Insbesondere sind also Q und R äußere Punkte von C. Also ist höchstens einer der drei Punkte ein innerer Punkt.

Als nächstes zeigen wir, daß keiner der Punkte auf C liegt. Wäre etwa $P \in C$, so wäre P^κ die Tangente an C in P. Aus $P^\kappa = Q + R$ folgte dann die Kollinearität von P, Q und R im Widerspruch zur Annahme.

Da es unter den Punkten P, Q, R höchstens einen inneren Punkt gibt, können wir annehmen, daß $Q = aK$ und $R = bK$ äußere Punkte von C sind. Wir können ferner annehmen, daß κ durch die Form $f(x, y) = x_1 y_2 + x_2 y_1 - 2 x_3 y_3$ dargestellt wird. Nun ist $2 = 1^2 + 1^2$ ein Quadrat in K. Nach 1.6 ist daher $-f(a, a) = 2(a_3^2 - a_1 a_2)$ ein Quadrat in K. Ebenso ist auch $-f(b, b)$ ein Quadrat in K. Ist $xK \in \mathcal{U}_1(Q + R)$, so ist $x = ak + bl$ mit $k, l \in K$. Ferner ist $f(a, b) = 0$, da ja $Q^\kappa = R + P$ ist. Daher ist

$$-f(x, x) = -f(a, a)k^2 - 2f(a, b)kl - f(b, b)l^2 = -f(a, a)k^2 - f(b, b)l^2.$$

Weil K euklidisch ist, ist also $-f(x, x)$ ein Quadrat in K, so daß xK nach 1.6 kein innerer Punkt von C ist. Wegen $P \not{I} P^\kappa = Q + R$ ist $Q + R$ keine Tangente, so daß $Q + R$ nur aus äußeren Punkten von C besteht, also eine Passante ist. Dann ist aber $P = (Q + R)^\kappa$ ein innerer Punkt von C. Damit ist alles bewiesen.

2. Kegelschnitte in affinen Ebenen. Wir werden bei unseren folgenden Untersuchungen stets eine affine Ebene A über einem euklidischen Körper K zugrunde legen. Weil euklidische Körper angeordnete Körper sind, hat K die Charakteristik 0, so daß A insbesondere eine Mittelpunktsrelation besitzt. Ist C ein Kegelschnitt des projektiven Abschlusses von A, so nennen wir die Menge der Punkte von C, die zu A gehören, einen Kegelschnitt der affinen Ebene A. Affin gesehen gibt es dann drei verschiedene Typen von Kegelschnitten, je nachdem nämlich g_∞ eine Passante, eine Tangente oder eine Sekante ist. Diesen drei Typen geben wir nun Namen durch die folgende

2.1. Definition. Es sei A eine pappossche affine Ebene und C sei ein Kegelschnitt von A. Wir nennen C *Ellipse*, *Parabel* oder *Hyperbel*, je nachdem g_∞ eine Passante, eine Tangente oder eine Sekante des C definierenden Kegelschnitts des projektiven Abschlusses von A ist. Ist π die C definierende Polarität des projektiven Abschlusses von A, so heißt g_∞^π *Mittelpunkt* von C. Im Falle der Ellipse und Hyperbel und nur in diesen Fällen ist der Mittelpunkt ein Punkt von A. Daher nennt man Ellipse und Hyperbel auch *Mittelpunktskegelschnitte*. Jede Gerade von A, die durch den Mittelpunkt von C geht, heißt *Durchmesser* von C.

Der C definierende Kegelschnitt des projektiven Abschlusses von A ist auf Grund von IV.4.7 eindeutig bestimmt, da C stets unendlich viele Punkte enthält, weil K ja unendlich ist.

Der Mittelpunkt einer Ellipse ist stets ein innerer Punkt und der Mittelpunkt einer Hyperbel stets ein äußerer Punkt, da der Pol einer Passanten stets ein quasi-innerer und der Pol einer Sekanten stets ein äußere Punkte ist.

2.2. Satz. Es sei C ein Mittelpunktskegelschnitt von A und Z sei der Mittelpunkt von C. Ist g eine Sekante durch Z und sind P und Q die beiden Schnittpunkte von g mit C, so ist $Z = \frac{1}{2}(P + Q)$.

Der einfache Beweis dieses Satzes, der im übrigen den Namen Mittelpunkt für Z rechtfertigt, sei dem Leser als Übungsaufgabe überlassen.

Projektiv sind alle Kegelschnitte äquivalent, wie wir wissen. Da Kollineationen affiner Ebenen sich zu Kollineationen ihres projektiven Abschlusses fortsetzen lassen, bildet jede Kollineation einer affinen Ebene Ellipsen auf Ellipsen, Parabeln auf Parabeln und Hyperbeln auf Hyperbeln ab. Ist nämlich etwa $\mathcal{E}$ eine Ellipse und γ eine Kollineation von A, so ist $\mathcal{E}^\gamma$ ein Kegelschnitt im projektiven Abschluß Π von A, da γ sich ja zu einer Kollineation von Π fortsetzen läßt. Also ist $\mathcal{E}^\gamma$ eine Ellipse in A. Ist $\mathcal{P}$ eine Parabel, so gibt es einen Punkt P auf g_∞, so daß $\mathcal{P} \cup \{P\}$ ein Kegelschnitt in Π ist. Dann ist $(\mathcal{P} \cup \{P\})^\gamma = \mathcal{P}^\gamma \cup \{P^\gamma\}$ ein Kegelschnitt in Π, so daß $\mathcal{P}^\gamma$ eine Parabel ist. Ganz analog schließt man schließlich, daß γ Hyperbeln auf Hyperbeln abbildet.

Interessant ist nun der folgende Satz. Beachten Sie dabei, daß der Koordinatenkörper stets als euklidisch vorausgesetz wird.

2.3. Satz. Unter der Wirkung der Kollineationsgruppe von A auf der Menge der Kegelschnitte von A bilden die Ellipsen, die Parabeln und die Hyperbeln je eine Bahn.

Beweis. Es seien $\mathcal{E}$ und $\mathcal{E}'$ zwei Ellipsen von A. Dann ist g_∞ Passante von $\mathcal{E}$ und $\mathcal{E}'$. Nun gibt es eine Kollineation γ des projektiven Abschlussen Π von A mit $\mathcal{E}^\gamma = \mathcal{E}'$. Es folgt, daß g_∞^γ eine Passante von $\mathcal{E}'$ ist. Nun ist K euklidisch und daher

$|K^*/K^{*2}| = 2$. Nach 1.4 gibt es folglich eine Kollineation δ von Π mit $\mathcal{E}'^\delta = \mathcal{E}'$ und $g_\infty^{\gamma\delta} = g_\infty$. Damit haben wir in $\gamma\delta$ eine Kollineation von A gefunden, die $\mathcal{E}$ auf $\mathcal{E}'$ abbildet.

Sind $\mathcal{P}$ und $\mathcal{P}'$ Parabeln, so ist g_∞ Tangente an $\mathcal{P}$ und $\mathcal{P}'$. Es sei P der Berührpunkt von g_∞ an $\mathcal{P}$ und P' der Berührpunkt von g_∞ an $\mathcal{P}'$. Dann sind $\mathcal{P} \cup \{P\}$ und $\mathcal{P}' \cup \{P'\}$ Kegelschnitte in Π. Es gibt also wieder eine Kollineation γ von Π mit $(\mathcal{P} \cup \{P\})^\gamma = \mathcal{P}' \cup \{P'\}$. Nach IV.3.11 gibt es eine Kollineation δ von Π mit $(\mathcal{P}' \cup \{P'\})^\delta = \mathcal{P}' \cup \{P'\}$ und $P^{\gamma\delta} = P'$. Dann ist $g_\infty^{\gamma\delta}$ Tangente an $\mathcal{P}' \cup \{P'\}$ in P' und folglich $g_\infty^{\gamma\delta} = g_\infty$. Also ist $\gamma\delta$ eine Kollineation von A mit $\mathcal{P}^{\gamma\delta} = \mathcal{P}'$.

Die letzte Aussage beweist sich schließlich ganz entsprechend, wenn man nur beachtet, daß die Gruppe eines Kegelschnitts nach IV.3.11 auf dem Kegelschnitt dreifach und dann erst recht zweifach transitiv operiert.

2.4. Satz. Es sei C ein Kegelschnitt von A und g und h seien zwei verschiedene parallele Sekanten von C. Sind P und Q die beiden Schnittpunkte von g mit C und R und S die beiden Schnittpunkte von h mit C, so ist $\frac{1}{2}(P+Q) \vee \frac{1}{2}(R+S)$ ein Durchmesser von C.

Beweis. Es sei $X = g \cap g_\infty = h \cap g_\infty$. Ferner sei π die C definierende Polarität. Dann ist X^π ein Durchmesser von C, da ja $g_\infty^\pi \, \mathrm{I} \, X^\pi$ gilt. Nach IV.3.6 ist P, Q, X, $X^\pi \cap g$ ein harmonisches Punktequadrupel, so daß auf Grund unserer Bemerkung über den Zusammenhang des Halbierens von Strecken und von harmonischer Lage im Anschluß an III.4.11 gilt, daß $X^\pi \cap g = \frac{1}{2}(P+Q)$ ist. Ebenso folgt $X^\pi \cap h = \frac{1}{2}(R+S)$. Daher ist

$$X^\pi = \tfrac{1}{2}(P+Q) \vee \tfrac{1}{2}(R+S),$$

q. e. d.

2.5. Definition. Es sei C ein Kegelschnitt und π sei die C definierende Polarität. Sind g und h zwei Geraden, so heißen g und h *konjugiert*, falls $g \cap h \notin C$ gilt und $g^\pi \, \mathrm{I} \, h$ ist. Ist $P \notin C$, ist $P \, \mathrm{I} \, g$ und g^σ die zu g konjugierte Gerade durch P, so ist σ nichts anderes als die π-Abbildung von P auf sich (IV.2.4 und IV.2.6). Wir nennen σ daher auch die *Involution konjugierter Geraden in P*. Ganz entsprechend heißen zwei Punkte P und Q *konjugiert*, falls ihre Verbindungsgerade keine Tangente an C ist und $P \, \mathrm{I} \, Q^\pi$ gilt.

Spricht man von konjugierten Durchmessern von C, so impliziert dies, daß C ein Mittelpunktskegelschnitt ist. Im Falle der Parabel ist nämlich der Mittelpunkt ein Punkt des die Parabel definierenden Kegelschnitts des projektiven Abschlusses, so daß die π-Abbildung für diesen Punkt nicht definiert ist.

Als nächstes zeigen wir nun

2.6. Satz. Es sei C ein Kegelschnitt der affinen Ebene A. Ferner seien P, Q, R, S vier verschiedene Punkte auf C mit $P \vee Q \parallel R \vee S$ und $P \vee R \parallel Q \vee S$. Dann ist C ein Mittelpunktskegelschnitt mit dem Mittelpunkt $(P \vee S) \cap (Q \vee R)$. Überdies sind $P \vee S$, $Q \vee R$ sowie $\frac{1}{2}(P+Q) \vee \frac{1}{2}(R+S)$ und $\frac{1}{2}(P+R) \vee \frac{1}{2}(Q+S)$ Durchmesser von C. Die letzten beiden Durchmesser sind konjugiert.

Beweis. Es sei τ die durch $X^\tau = X + Q - P$ definierte Translation. Dann ist $P^\tau = Q$ und folglich $(P \vee Q)^\tau = P \vee Q$. Es folgt $(R \vee S)^\tau = R \vee S$, da ja $P \vee Q \parallel R \vee S$ ist. Ferner folgt $(P \vee R)^\tau = Q \vee S$, da $Q = P^\tau \; \mathrm{I} \; (P \vee R)^\tau$ und $Q \vee S \parallel P \vee R$ gilt. Also ist $R^\tau \; \mathrm{I} \; R \vee S$ und $R^\tau \; \mathrm{I} \; Q \vee S$, so daß

$$S = R^\tau = R + Q - P$$

gilt. Es folgt

$$\tfrac{1}{2}(P + S) = \tfrac{1}{2}(P + R + Q - P) = \tfrac{1}{2}(Q + R).$$

Daher ist

$$Z = (P \vee S) \cap (Q \vee R) = \tfrac{1}{2}(P + S) = \tfrac{1}{2}(Q + R),$$

weil P, S, $\tfrac{1}{2}(P + S)$ bzw. Q, R, $\tfrac{1}{2}(Q + R)$ ja kollinear sind. Auf Grund unserer Bemerkung über den Zusammenhang vom Halbieren von Strecken und von harmonischer Lage, die wir nach III.4.11 machten, sind folglich P, S, Z, $g_\infty \cap (P \vee S)$ und Q, R, Z, $g_\infty \cap (Q \vee R)$ harmonische Punktequadrupel. Ist π die Polarität, welche $\mathcal{C}$ definiert, so ist also $Z^\pi = g_\infty$, so daß Z der Mittelpunkt von $\mathcal{C}$ ist. Überdies sind $P \vee S$ und $Q \vee R$ Durchmesser von $\mathcal{C}$. Weil die Mittelpunktsrelation unter Parallelprojektion erhalten bleibt, folgt, daß auch

$$G = \tfrac{1}{2}(P + Q) \vee \tfrac{1}{2}(R + S)$$

und

$$G = \tfrac{1}{2}(P + R) \vee \tfrac{1}{2}(Q + S)$$

Durchmesser sind. Dazu sei zunächst σ die involutorische Streckung aus $\Gamma(Z, g_\infty)$. Wegen $Z = g_\infty^\pi$ ist dann $\mathcal{C}^\pi = \mathcal{C}$. Es sei ρ die involutorische Streckung aus $\Gamma(G^\pi, G)$. Wegen $Z \; \mathrm{I} \; G$ ist dann $\rho^{-1}\sigma\rho = \sigma$, was $g_\infty^\rho = g_\infty$ nach sich zieht. Also liegt G^π auf g_∞. Wegen $\tfrac{1}{2}(P + Q) \; \mathrm{I} \; G$ folgt $P^\rho = Q$. Daher ist $P^{\rho\sigma} = Q^\sigma = R$. Hieraus folgt, daß H die Achse der involutorischen Streckung $\rho\sigma$ ist. Andererseits liegt $\rho\sigma$ in $\Gamma(G \cap g_\infty, G^\pi \vee Z)$. Daher ist $H = G^\pi \vee Z$, so daß G und H konjugiert sind.

3. Kreise. Ist K ein euklidischer Körper, so hat K^*/K^{*2} die Ordnung 2, so daß es in der affinen Ebene über K bis auf Äquivalenz genau zwei thaletische Orthogonalitätsrelationen gibt nämlich $\perp_1$ und $\perp_{-1}$. Die erste besitzt selbstorthogonale Geraden, die zweite nicht. Wir werden uns im folgenden nur noch für die zweite Orthogonalitätsrelation interessieren. Wir setzen daher stets voraus, daß A die affine Ebene über dem euklidischen Körper K und daß $\perp$ die thaletische Orthogonalitätsrelation $\perp_{-1}$ ist.

3.1. Definition. Die Punktmenge $\mathcal{K}$ von A heißt *Kreis*, falls es zwei verschiedene Punkte P und Q gibt mit

$$\mathcal{K} = \{g \cap g' \mid P \; \mathrm{I} \; g, \, Q \; \mathrm{I} \; g', \, g \perp g'\}.$$

Weil $\perp$ thaletisch ist, ist jeder Kreis von A ein Kegelschnitt.

3.2. Satz. Genau dann ist $\mathcal{K}$ ein Kreis von A, wenn die folgenden beiden Bedingungen erfüllt sind:

a) $\mathcal{K}$ ist ein Mittelpunktskegelschnitt.

b) Sind g und h konjugierte Durchmesser von $\mathcal{K}$, so ist $g \perp h$.

Beweis. Es sei $\mathcal{K}$ ein Kreis von A. Dann ist K ein Kegelschnitt. Außerdem gibt es zwei Punkte P und S mit

$$\mathcal{K} = \{g \cap g' \mid P \, \mathrm{I} \, g, S \, \mathrm{I} \, g', g \perp g'\}.$$

Es sei nun g eine von $P \vee S$ verschiedene Gerade durch P, die auch nicht zu $P \vee S$ orthogonal ist. Ferner sei g'' die zu g orthogonale Gerade durch S. Dann ist also $R = g \cap g'$ ein Punkt von $\mathcal{K}$, der von P und S verschieden ist. Weiterhin sei h die Parallele zu g' durch P und h' die Parallele zu g durch S. Dann gilt $h \perp h'$, so daß $Q = h \cap h'$ ebenfalls ein Punkt von $\mathcal{K}$ ist. Nach 2.6 ist daher $\mathcal{K}$ ein Mittelpunktskegelschnitt, so daß a) gilt, $G = \frac{1}{2}(P + R) \vee \frac{1}{2}(Q + S)$ und $H = \frac{1}{2}(P + Q) \vee \frac{1}{2}(R + S)$ sind konjugierte Durchmesser von $\mathcal{K}$. Offenbar ist $G \parallel g$ und $H \parallel h$. Wegen $g \perp h$ ist daher auch $G \perp H$. Insbesondere folgt, daß $Z = G \cap H$ der Mittelpunkt von $\mathcal{K}$ ist. Ist σ die Abbildung, die jeder Geraden durch Z ihre Konjugierte durch Z zuordnet, so ist also $G^\sigma = H = G^{i(Z, \perp)}$. Weil die Charakteristik von K gleich 0 ist, gehen durch P unendlich viele Geraden. Es gibt daher sicherlich drei verschiedene Geraden durch P, die von $P \vee S$ verschieden sind und die auch nicht auf $P \vee S$ senkrecht stehen. Nach unserer obigen Bemerkung gibt es also drei verschiedene Geraden durch Z mit $G^\sigma = G^{i(Z, \perp)}$. Weil σ und $i(Z, \perp)$ beides Projektivitäten sind, ist $\sigma = i(Z, \perp)$ nach III.3.4. Also gilt auch b).

Es sei umgekehrt $\mathcal{K}$ ein Mittelpunktskegelschnitt von A mit der Eigenschaft, daß konjugierte Durchmesser von $\mathcal{K}$ aufeinander senkrecht stehen. Es sei Z der Mittelpunkt von $\mathcal{K}$. Bezeichnet σ wieder die Involution, die jeder Geraden durch Z ihre Konjugierte zuordnet, so ist also $\sigma = i(Z, \perp)$. Somit hat σ keine Fixgerade, da es keine selbstorthogonalen Geraden gibt. Daher ist Z ein quasiinnerer und damit ein innerer Punkt von $\mathcal{K}$, da wir ja generell voraussetzen, daß K euklidisch ist. Es sei nun d ein Durchmesser von $\mathcal{K}$. Dann ist d also eine Sekante. P und S seien die Schnittpunkte von d mit $\mathcal{K}$. Schließlich sei R ein von P und S verschiedener Punkt von $\mathcal{K}$. Es sei ρ die involutorische Streckung aus $\Gamma(Z, g_\infty)$. Dann ist $\mathcal{K}^\rho = \mathcal{K}$, $P^\rho = S$ und $S^\rho = P$. Wegen $\mathcal{K}^\rho = \mathcal{K}$ ist $Q = R^\rho \in \mathcal{K}$. Es folgt $P \vee Q \parallel R \vee S$ und $P \vee R \parallel Q \vee S$. Nach 2.6 sind die Geraden $G = \frac{1}{2}(P + Q) \vee \frac{1}{2}(R + S)$ und $H = \frac{1}{2}(P + R) \vee \frac{1}{2}(Q + S)$ konjugierte Durchmesser von $\mathcal{K}$. Daher ist $G \perp H$. Hieraus folgt $P \vee R \perp Q \vee R$. Weil K die Charakteristik 0 hat, enthält $\mathcal{K} - \{P, Q\}$ unendlich viele Punkte. Mittels III.3.4 und IV.4.4 folgt daher

$$\mathcal{K} = \{g \cap g' \mid P \, \mathrm{I} \, g, S \, \mathrm{I} \, g', g \perp g'\},$$

so daß $\mathcal{K}$ in der Tat ein Kreis ist, q. e. d.

Wir haben soeben mehr bewiesen als in Satz 3.2 formuliert. Wir haben nämlich gezeigt, daß auch der Satz von Thales gilt.

3.3. Satz von Thales. Ist $\mathcal{K}$ ein Kreis, sind P, Q, R drei verschiedene Punkte auf $\mathcal{K}$ und ist $P \vee Q$ ein Druchmesser, so gilt $P \vee R \perp Q \vee R$.

Wir haben noch mehr gezeigt, nämlich

3.4. Satz. Ist $\mathcal{K}$ ein Kreis und ist Z der Mittelpunkt von $\mathcal{K}$, so ist Z ein innerer Punkt von $\mathcal{K}$, m. a. W. jeder Kreis ist auch eine Ellipse.

Schließlich haben wir noch bewiesen

3.5. Satz. Es sei $\mathcal{K}$ ein Kreis und Z sei der Mittelpunkt von $\mathcal{K}$. Ist $P \in \mathcal{K}$ und ist t die Tangente an $\mathcal{K}$ in P, so ist $t \perp P \vee Z$.

Eine einfache Folgerung aus 3.2 ist auch der nächste Satz.

3.6. Satz. Es sei $\mathcal{C}$ ein Mittelpunktskegelschnitt. Sind dann g, g' und h, h' zwei verschiedene Paare konjugierter Durchmesser und gilt $g \perp g'$ und $h \perp h'$, so ist $\mathcal{C}$ ein Kreis.

Beweis. Es sei Z der Mittelpunkt von $\mathcal{C}$ und σ sei die Involution konjugierter Durchmesser. Dann ist $g^\sigma = g' = g^{i(Z,\perp)}$, $g'^\sigma = g = g'^{i(Z,\perp)}$ und $h^\sigma = h' = h^{i(Z,\perp)}$. Weil σ und $i(Z, \perp)$ Projektivitäten sind, folgt mit III.3.4, daß $\sigma = i(Z, \perp)$ ist. Nach 3.2 ist $\mathcal{C}$ daher ein Kreis, q. e. d.

3.7. Hilfssatz. Es sei $\mathcal{K}$ ein Kreis von A. Ferner seien P und S zwei verschiedene Punkte von $\mathcal{K}$. Ist dann $\mathcal{K} = \{y \cap y' \mid P \, \mathrm{I} \, y, S \, \mathrm{I} \, y', y \perp y'\}$, so ist $P \vee S$ ein Durchmesser von $\mathcal{K}$ und $Z = \frac{1}{2}(P + S)$ ist der Mittelpunkt von $\mathcal{K}$.

Beweis. Es sei g eine Gerade durch P, die von $P \vee S$ verschieden ist und die auch nicht auf $P \vee S$ senkrecht steht. Ein solches g gibt es, da durch P mindestens drei Geraden gehen. Ferner sei g' die zu g orthogonale Gerade durch S. Dann ist $R = g \cap g'$ ein von P und S verschiedener Punkt von $\mathcal{K}$. Es sei weiterhin h die Parallele zu g' durch P und h' die Parallele zu g durch S. Wegen $g \perp g'$ ist dann auch $h \perp h'$, so daß $Q = h \cap h'$ ebenfalls zu $\mathcal{K}$ gehört. Damit haben wir die Voraussetzung von 2.6 erfüllt, so daß $P \vee S$ ein Durchmesser von $\mathcal{K}$ ist. Daß $\frac{1}{2}(P + S)$ der Mittelpunkt von $\mathcal{K}$ ist, folgt nun aus 2.2. Damit ist alles bewiesen.

3.8. Satz. Sind Z und P zwei verschiedene Punkte von A, so gibt es genau einen Kreis $\mathcal{K}$ von A mit $P \in \mathcal{K}$, dessen Mittelpunkt Z ist.

Beweis. Es sei $\mathcal{K}$ ein solcher Kreis. Nach 3.4 ist dann Z ein innerer Punkt von $\mathcal{K}$, so daß $g = Z \vee P$ eine Sekante von $\mathcal{K}$ ist. Ist Q der zweite Schnittpunkt von g mit $\mathcal{K}$, so ist $Z = \frac{1}{2}(P + Q)$ und daher $Q = 2Z - P$, so daß Q nur von P und Z abhängt. Ferner gilt nach dem Satz von Thales $\mathcal{K} = \{x \cap x' \mid P \, \mathrm{I} \, x, Q \, \mathrm{I} \, x', x \perp x'\}$, so daß $\mathcal{K}$ durch P und Z eindeutig bestimmt ist.

Um die Existenz zu beweisen, sei $S = 2Z - P$. Dann ist $Z = \frac{1}{2}(P + S)$. Wegen $P \neq Z$ und $\mathrm{Char}(K) \neq 2$ ist $S \neq P$ und folglich

$$\mathcal{K} = \{y \cap y' \mid P \, \mathrm{I} \, y, S \, \mathrm{I} \, y', y \perp y'\}$$

ein Kreis, der überdies P und S enthält. Nach 3.7 ist daher Z der Mittelpunkt von $\mathcal{K}$, womit alles bewiesen ist.

3.9. Satz. Sind P, Q, R drei nicht kollineare Punkte von A, so gibt es genau einen Kreis $\mathcal{K}$ von A mit P, Q, $R \in \mathcal{K}$.

Beweis. Es sei $\mathcal{K}$ ein Kreis, der P, Q und R enthält. Ferner sei Z der Mittelpunkt von $\mathcal{K}$. Ist $P \vee Q$ ein Durchmesser, so ist $Z = \frac{1}{2}(P+Q)$ nach 2.2, so daß Z eindeutig bestimmt ist. Mit 3.7 folgt daher die Eindeutigkeit von $\mathcal{K}$ in diesem Falle. Wir können daher annehmen, daß $P \vee Q$ wie auch $Q \vee R$ keine Durchmesser sind. Nach 2.4 sind dann $Z \vee \frac{1}{2}(P+Q)$ und $Z \vee \frac{1}{2}(Q+R)$ Durchmesser von $\mathcal{K}$. Wie der Beweis von 2.4 zeigt, sind $P \vee Q$ und $Z \vee \frac{1}{2}(P+Q)$ konjugierte Geraden durch $\frac{1}{2}(P+Q)$. Ist G die Parallele zu $P \vee Q$ durch Z, so sind daher auch G und $Z \vee \frac{1}{2}(P+Q)$ konjugiert. Weil $\mathcal{K}$ ein Kreis ist, folgt mit 3.2, daß G und $Z \vee \frac{1}{2}(P+Q)$ orthogonal sind. Daher sind auch $P \vee Q$ und $Z \vee \frac{1}{2}(P+Q)$ orthogonal. Ebenso folgt, daß auch $Q \vee R$ und $Z \vee \frac{1}{2}(Q+R)$ orthogonal sind. Weil P, Q und R nicht kollinear sind, sind die Geraden $P \vee Q$ und $Q \vee R$ nicht parallel, so daß auch $Z \vee \frac{1}{2}(P+Q)$ und $Z \vee \frac{1}{2}(Q+R)$ nicht parallel sind. Daher ist

$$Z = \left(Z \vee \tfrac{1}{2}(P+Q)\right) \cap \left(Z \vee \tfrac{1}{2}(Q+R)\right).$$

Dies zeigt, daß Z einzig von P, Q, R abhängt, so daß Z einzig von P, Q, R abhängt, so daß $\mathcal{K}$ nach 3.7 eindeutig bestimmt ist.

Und nun zur Existenz. Es sei g die zu $P \vee Q$ orthogonale Gerade durch $\frac{1}{2}(P+Q)$ und h sei die zu $Q \vee R$ orthogonale Gerade durch $\frac{1}{2}(Q+R)$. Dann sind g und h nicht parallele Geraden, da P, Q, R nicht kollinear sind. Daher ist $Z = g \cap h$ ein Punkt von A. Offenbar ist $Z \neq Q$. Nach 3.8 gibt es also einen Kreis $\mathcal{K}$ durch Q mit dem Zentrum Z. Weil $Z \vee Q$ nicht zu $P \vee Q$ orthogonal ist — die einzige zu $P \vee Q$ orthogonale Gerade durch Z ist ja $g = Z \vee \frac{1}{2}(P+Q)$ — ist $P \vee Q$ nach 3.5 keine Tangente von $\mathcal{K}$. Daher ist $P \vee Q$ eine Sekante, so daß es einen von Q verschiedenen Punkt P' im Schnitt von $\mathcal{K}$ mit $P \vee Q$ gibt. Dann ist aber, wie zu Beginn dieses Beweises gesehen, $Z \vee \frac{1}{2}(P'+Q)$ orthogonal zu $P \vee Q$. Daher ist $g = Z \vee \frac{1}{2}(P'+Q)$. Dies hat $\frac{1}{2}(P+Q) = \frac{1}{2}(P'+Q)$, dh. $P = P'$ zur Folge. Also ist $P \in \mathcal{K}$. Ebenso folgt $R \in \mathcal{K}$. Damit ist alles bewiesen.

3.10. Satz. Ist $\mathcal{K}$ ein Kreis von A und ist $\gamma \in O(\perp)$, so ist auch $\mathcal{K}^\gamma$ ein Kreis von A. Ist Z der Mittelpunkt von $\mathcal{K}$, so ist Z^γ der Mittelpunkt von $\mathcal{K}^\gamma$.

Beweis. Es gibt Punkte P und Q auf $\mathcal{K}$ mit

$$\mathcal{K} = \{x \cap x' \mid P \mathbin{I} x, Q \mathbin{I} x', x \perp x'\}.$$

Wegen $\gamma \in O(\perp)$ ist daher

$$\mathcal{K}^\gamma = \{y \cap y' \mid P^\gamma \mathbin{I} y, Q^\gamma \mathbin{I} y', y \perp y'\}$$

ein Kreis. Wegen

$$Z^\gamma = \left(\tfrac{1}{2}(P+Q)\right)^\gamma = \tfrac{1}{2}(P^\gamma + Q^\gamma)$$

ist Z^γ nach 3.7 der Mittelpunkt von K^γ, q. e. d.

3.11. Satz. Sind $\mathcal{K}$ und $\mathcal{K}'$ Kreise von A, so gibt es ein $\gamma \in O(\perp)$ mit $\mathcal{K}^\gamma = \mathcal{K}'$.

Beweis. Es sei Z der Mittelpunkt von $\mathcal{K}$ und Z' der Mittelpunkt von $\mathcal{K}'$. Ferner sei $P \in \mathcal{K}$ und $P' \in \mathcal{K}'$. Nach V.4.5 gibt es ein $\gamma \in O(\perp)$ mit $Z^\gamma = Z'$ und $P^\gamma = P'$. Daher ist $P' \in \mathcal{K}^\gamma$. Aus 3.10 folgt weiter, daß Z' der Mittelpunkt von K^γ ist. Mittels 3.8 folgt hieraus $\mathcal{K}^\gamma = \mathcal{K}'$, q. e. d.

3.12. Satz. Es sei $\mathcal{K}$ ein Kreis von A. Ist $\sigma \in O(\perp)$ die Spiegelung an einem Durchmesser von $\mathcal{K}$, so ist $O(\perp)_\mathcal{K} = D\langle\sigma\rangle$ mit einer Untergruppe D von $O(\perp)_\mathcal{K}$, die $D \cap \langle\sigma\rangle = \{1\}$ erfüllt. D operiert scharf transitiv auf $\mathcal{K}$.

Beweis. Nach 3.10 ist $\mathcal{K}^\sigma$ ein Kreis. Weil σ Spiegelung an einem Durchmesser von $\mathcal{K}$ ist, läßt σ zwei Punkte auf $\mathcal{K}$ und auch den Mittelpunkt fest. Mit 3.10 folgt, daß der Mittelpunkt von $\mathcal{K}$ auch der von $\mathcal{K}^\sigma$ ist. Nach 3.8 ist somit $\mathcal{K}^\sigma = \mathcal{K}$, so daß $\sigma \in O(\perp)_\mathcal{K}$ gilt.

Die vor V.4.5 beschriebene Gruppe TG_{-1} operiert scharf zweifach transitiv auf der Menge der Punkte von A. Es sei D der Stabilisator von $\mathcal{K}$ in dieser Gruppe. Es sei ferner Z der Mittelpunkt von $\mathcal{K}$. Sind P und Q Punkte auf $\mathcal{K}$, so gibt es ein $\delta \in TG_{-1}$ mit $Z^\delta = Z$ und $P^\delta = Q$. Aus 3.10 und 3.8 folgt $\delta \in D$, so daß D auf $\mathcal{K}$ transitiv operiert. Es sei $X \in \mathcal{K}$ und $\eta \in D$ und es gelte $X^\eta = X$. Weil Z^η nach 3.10 der Mittelpunkt von $\mathcal{K}^\eta = \mathcal{K}$ ist, folgt $Z^\eta = Z$. Also läßt η zwei verschiedene Punkte von A fest. Wegen $D \subseteq TG_{-1}$ ist daher $\eta = 1$. Somit operiert D scharf transitiv und es gilt weiter $\sigma \notin D$. Weil nach V.4.6 gilt, daß $O(\perp) = TG_{-1}\langle\sigma\rangle$ ist, folgt schließlich auch noch $O(\perp)_\mathcal{K} = D\langle\sigma\rangle$, q. e. d.

3.13. Satz. Es sei D die in 3.12 beschriebene Gruppe. Dann hat D genau einen Fixpunkt Z. Ist P ein von Z verschiedener Punkt von A, so ist $\{P^\delta \mid \delta \in D\}$ ein Kreis von A mit dem Mittelpunkt Z.

Beweis. Daß D nur den Fixpunkt Z hat, liegt daran, daß die Identität die einzige Kollineation aus D ist, die zwei Fixpunkte hat, wie wir weiter oben schon bemerkten.

Es sei nun O der Nullpunkt von A und τ sei die Translation, die O auf Z abbildet. Dann ist $E = \tau^{-1}G_{-1}\tau$ eine abelsche Gruppe, die Z zum Fixpunkt hat und die auf der Menge der von Z verschiedenen Punkte von A transitiv operiert. Überdies gilt $D \subseteq E$. Nach der Konstruktion von D gibt es einen Kreis $\mathcal{K}$ mit dem Zentrum Z, der eine Punktbahn von D ist. Es sei $Q \in \mathcal{K}$. Dann ist $Q \neq Z$, so daß es ein $\eta \in E$ gibt mit $Q^\eta = P$. Weil E abelsch ist und D in E liegt, gilt $P^\delta = Q^{\eta\delta} = Q^{\delta\eta} \in \mathcal{K}^\eta$, dh. es gilt $\{P^\delta \mid \delta \in D\} \subseteq \mathcal{K}^\eta$. Ist $X \in \mathcal{K}^\eta$, so gibt es ein $Y \in \mathcal{K}$ mit $Y^\eta = X$. Weil D auf $\mathcal{K}$ transitiv operiert, gibt es ferner ein $\delta \in D$ mit $Q^\delta = Y$. Daher ist

$$X = Y^\eta = Q^{\delta\eta} = Q^{\eta\delta} = P^\delta.$$

Also ist $\{P^\delta \mid \delta \in D\} = \mathcal{K}^\eta$. Nach 3.10 ist aber K^η ein Kreis mit dem Zentrum $Z^\eta = Z$, q. e. d.

3.14. Satz. Es sei $\mathcal{K}$ ein Kreis der affinen Ebene A. Ferner sei $G = O(\perp)_\mathcal{K}$. Dann ist TG die von den Spiegelungen aus $O(\perp)$ erzeugte Untergruppe von $O(\perp)$.

Beweis. Es sei Z der Mittelpunkt von $\mathcal{K}$. Dann ist Z ein Fixpunkt von G. Weil Z nach 3.4 ein innerer Punkt von $\mathcal{K}$ ist, folgt aus 3.12, daß G auf der Menge der Geraden durch Z transitiv operiert. Daher operiert TG transitiv auf der Menge der Geraden von A. Weil nun G nach 3.12 eine Spiegelung enthält, weil es an jeder Geraden nach V.6.1 genau eine Geradenspiegelung gibt und weil TG auf der Menge der Geraden von A transitiv operiert, enthält TG alle Spiegelungen aus $\mathrm{O}(\perp)$. Es sei X die von den Spiegelungen erzeugte Untergruppe von $\mathrm{O}(\perp)$. Dann ist also $X \subseteq TG$. Weil euklidische Körper insbesondere pythagoräisch sind, folgt aus V.6.9, daß $\mathrm{O}(\perp) = X\Gamma(Z, g_\infty)$ ist. Ist nun $\gamma \in TG$, so gibt es also ein $\xi \in X$ und ein $\delta \in \Gamma(Z, g_\infty)$ mit $\gamma = \xi\delta$. Wegen $X \subseteq TG$ ist dann $\delta \in TG \cap \Gamma(Z, g_\infty)$. Es gibt also ein $\tau \in T$ und ein $\eta \in G$ mit $\delta = \tau\eta$. Aus $Z^\delta = Z = Z^\eta$ folgt, $\tau = 1$, so daß $\delta \in G$ gilt. Dies bedeutet aber $\mathcal{K}^\delta = \mathcal{K}$, was $\delta^2 = 1$ zur Folge hat. Nach V.6.8 ist daher $\delta \in X$, so daß $TG \subseteq X$ gilt. Also ist $X = TG$, q. e. d.

Der Beweis von 3.14 zeigt auch noch die Gültigkeit von

3.15. Korollar. Es ist $|G \cap \Gamma(Z, g_\infty)| = 2$.

Die von den Spiegelungen aus $\mathrm{O}(\perp)$ erzeugte Untergruppe von $\mathrm{O}(\perp)$ ist so wichtig, daß sie einen eigenen Namen verdient. Sie heißt die *Bewegungsgruppe* von A. Wir bezeichnen sie mit $\mathrm{B}(\perp)$. Sie hat die wichtige Eigenschaft, daß $\mathrm{B}(\perp)_\mathcal{K} = \mathrm{O}(\perp)_\mathcal{K}$ ist für alle Kreise $\mathcal{K}$ von A.

Die Gruppe $\mathrm{O}(\perp)$ ist nach 3.11 auf der Menge der Kreise von A transitiv. Andererseits zerlegt $\mathrm{B}(\perp)$ die Menge der Kreise in Bahnen. Weil $\mathrm{B}(\perp)$ ein Normalteiler von $\mathrm{O}(\perp)$ ist — Spiegelungen werden von inneren Automorphismen auf Spiegelungen abgebildet —, operiert $\mathrm{O}(\perp)$ daher transitiv auf der Menge dieser Bahnen. Ist Z ein Punkt von A, so ist $\mathrm{O}(\perp) = \mathrm{B}(\perp)\Gamma(Z, g_\infty)$ nach V.6.9. Daher permutiert bereits $\Gamma(Z, g_\infty)$ diese Bahnen transitiv untereinander. Nun ist $\Gamma(Z, g_\infty)$ zu K^* isomorph. Wegen $|K^*/K^{*2}| = 2$ und $-1 \notin K^{*2}$ ist $K^* = \langle -1 \rangle K^{*2}$, wobei $\langle -1 \rangle$ die von -1 erzeugte zyklische Untergruppe der Ordnung 2 von K^* ist. Ist σ die Involution aus $\Gamma(Z, g_\infty)$, so gibt es also eine Untergruppe Γ_0 von $\Gamma(Z, g_\infty)$ mit $\sigma \notin \Gamma_0$ und $\Gamma(Z, g_\infty) = \langle \sigma \rangle \Gamma_0$. Mit 3.15 folgt, daß bereits Γ_0 die Menge der Bahnen transitiv permutiert, in die $\mathrm{B}(\perp)$ die Menge der Kreise von A zerlegt. Es sei nun $\mathcal{B}$ eine solche Bahn. Ferner sei $\gamma \in \Gamma_0$ und $\mathcal{B}^\gamma = \mathcal{B}$. Weil $\mathrm{B}(\perp)$ die Translationsgruppe von A umfaßt, ist $\mathrm{B}(\perp)$ auf der Punktmenge von A transitiv. Es gibt daher einen Kreis $\mathcal{K} \in \mathcal{B}$, dessen Mittelpunkt Z ist. Dann ist $\mathcal{K}^\gamma$ ein Kreis mit dem Mittelpunkt $Z^\gamma = Z$. Mit 3.10 folgt $Z^\delta = Z$. Haben D und σ die gleiche Bedeutung wie in 3.12, so ist $\mathrm{B}(\perp) = TD\langle \sigma \rangle$. und daher $\mathcal{K}^\delta = \mathcal{K}$. Dies impliziert $\gamma \in D\langle \sigma \rangle \cap \Gamma(Z, g_\infty)$, was nach 3.15 zur Folge hat, daß $\gamma^2 = 1$ ist. Wegen $\gamma \neq \sigma$ ist daher $\gamma = 1$. Also gilt

3.16. Satz. Γ_0 operiert auf der Menge der Bahnen, in die $\mathrm{B}(\perp)$ die Menge der Kreise von A zerlegt, scharf transitiv.

Auf Grund dieses Satzes läßt sich Γ_0 bijektiv auf die Kreisbahnen von $\mathrm{B}(\perp)$ abbilden und da Γ_0 zu K^{*2} isomorph ist, lassen sich diese Bahnen wiederum bijektiv auf die positiven Elemente von K abbilden. Die Frage ist nun, ob es eine, sagen wir überschaubare, Abbildung ρ der Menge der Kreise von A auf die Menge der positiven Elemente von K gibt, so daß für zwei Kreise $\mathcal{K}$ und $\mathcal{K}'$ genau dann $\rho(\mathcal{K}) = \rho(\mathcal{K}')$ gilt, wenn es ein $\gamma \in \mathrm{B}(\perp)$ gibt mit $\mathcal{K}^\gamma = \mathcal{K}'$. Die Antwort lautet Ja, wie wir jetzt sehen werden, und $\rho(\mathcal{K})$ wird nichts anderes sein als der Radius von $\mathcal{K}$.

Wir betrachten zunächst den Kreis $\mathcal{K}_r$ mit dem Mittelpunkt $(0,0)$, der durch den Punkt $(r,0)$ geht. Nach 3.8 gibt es genau einen solchen Kreis. Wegen $(0,0) = \frac{1}{2}((r,0) + (-r,0))$ liegt $(-r,0)$ ebenfalls auf $\mathcal{K}_r$ und die Gerade $(r,0) \vee (-r,0) = V(0)$ ist ein Durchmesser von $\mathcal{K}_r$. Die Geraden durch $(-r,0)$ sind von der Form $[\alpha, \beta, \alpha r]$ und die Geraden durch $(r,0)$ sind von der Form $[\alpha, \beta, -\alpha r]$. Die zu $[\alpha, \beta, \alpha r]$ orthogonale Gerade durch $(r,0)$ ist daher $[-\beta, \alpha, \beta r]$. Auf Grund des Satzes von Thales ist also

$$\mathcal{K}_r = \{(x,y) \mid \alpha x + \beta y + \alpha r = 0, -\beta x + \alpha y + \beta r = 0\}.$$

Dabei ist in der Klammer noch über alle $\alpha, \beta \in K$ mit $\alpha^2 + \beta^2 \neq 0$ zu quantifizieren. Das lineare Gleichungssystem hat auf Grund dessen stets eine Lösung. Beachtet man dies, so folgt nach einer banalen Rechnung, daß

$$\mathcal{K}_r = \{(x,y) \mid x, y \in K, x^2 + y^2 = r^2\}$$

ist. Wegen $\mathcal{K}_r = \mathcal{K}_{-r}$ können wir stets $r > 0$ annehmen.

Weil die Summe zweier Quadrate in K stets wieder ein Quadrat ist, gibt es zu $x, y \in K$ genau ein $\|(x,y)\| \in K$ mit $\|(x,y)\| \geq 0$ und

$$\|(x,y)\|^2 = x^2 + y^2.$$

Mit dieser Bezeichnung gilt also

$$\mathcal{K}_r = \{(x,y) \mid x, y \in K, \|(x,y)\| = r\}$$

für alle $r \in K$ mit $r > 0$. Ist nun $\sigma \in \mathrm{B}(\perp)_{(0,0)}$, so ist $\mathcal{K}_r^\sigma = \mathcal{K}_r$ für alle $r > 0$. Daher gilt $\|(x,y)^\sigma\| = \|(x,y)\|$ für alle $x, y \in K$. Definiert man nun für alle Punkte X und Y von A das Element $\delta(X,Y) \in K$ durch $\delta(X,Y) = \|X - Y\|$, so hat δ alle Eigenschaften einer *Distanzfunktion*, auch *Metrik* genannt. Dies wollen wir hier nicht näher ausführen. Wir beweisen jedoch

3.17. Satz. Für alle Punkte X und Y von A und alle $\sigma \in \mathrm{B}(\perp)$ gilt $\delta(X^\sigma, Y^\sigma) = \delta(X, Y)$.

Beweis. Es ist $\mathrm{B}(\perp) = \mathrm{TB}(\perp)_{(0,0)}$, wie wir wissen. Daher ist $\sigma = \tau\rho$ mit $\tau \in \mathrm{T}$ und $\rho \in \mathrm{B}(\perp)_{(0,0)}$. Ferner ist $X^\tau = X + t$ für alle Punkte X von A und einem nur von τ abhängenden t. Überdies ist ρ wegen $(0,0)^\rho = (0,0)$ eine lineare Abbildung. Daher ist

$$\begin{aligned}
\delta(X^\sigma, Y^\sigma) &= \delta(X^{\tau\rho}, Y^{\tau\rho}) = \delta((X+t)^\rho, (Y+t)^\rho) \\
&= \delta(X^\rho + t^\rho, Y^\rho + t^\rho) = \|X^\rho + t^\rho - Y^\rho - t^\rho\| \\
&= \|X^\rho - Y^\rho\| = \|(X-Y)^\rho\| = \|X - Y\| \\
&= \delta(X, Y),
\end{aligned}$$

q. e. d.

3.18. Definition. Es sei $\mathcal{K}$ ein Kreis mit dem Mittelpunkt Z. Ist $P \in \mathcal{K}$, so setzen wir $\rho(\mathcal{K}) = \delta(P, Z)$ und nennen $\rho(\mathcal{K})$ den *Radius* von $\mathcal{K}$. Aus 3.17 und 3.12 folgt, daß $\rho(\mathcal{K})$ nicht von der Wahl von $P \in \mathcal{K}$ abhängt.

Der Radius ist nun in der Tat die gesuchte Invariante. Es gilt nämlich

3.19. Satz. Sind $\mathcal{K}$ und $\mathcal{K}'$ Kreise von A, so gibt es genau dann ein $\gamma \in \mathrm{B}(\bot)$ mit $\mathcal{K}^\gamma = \mathcal{K}'$, wenn $\rho(\mathcal{K}) = \rho(\mathcal{K}')$ ist.

Beweis. Es sei $\gamma \in \mathrm{B}(\bot)$ und es gelte $\mathcal{K}^\gamma = \mathcal{K}'$. Ist Z der Mittelpunkt von $\mathcal{K}$, so ist Z^γ der Mittelpunkt von $\mathcal{K}'$. Mit $P \in \mathcal{K}$ folgt daher

$$\rho(\mathcal{K}') = \delta(P^\gamma, Z^\gamma) = \delta(P, Z) = \rho(\mathcal{K}).$$

Es sei umgekehrt $\rho(\mathcal{K}) = \rho(\mathcal{K}')$. Weil Translationen in der Bewegungsgruppe liegen und Bewegungen Radien nicht ändern, wie wir gerade gesehen haben, können wir annehmen, daß $(0,0)$ Mittelpunkt der beiden Kreise $\mathcal{K}$ und $\mathcal{K}'$ ist. Weil $(0,0)$ ein innerer Punkt beider Kreise ist, ist $V(0) = \{(x,0) \mid x \in K\}$ Sekante beider Kreise. Es gibt daher r, $r' \in K$ mit $r > 0$ und $r' > 0$ sowie $(r,0) \in \mathcal{K}$ und $(r',0) \in \mathcal{K}'$. Also ist $\mathcal{K} = \mathcal{K}_r$ und $\mathcal{K}' = \mathcal{K}_{r'}$. Es folgt

$$r' = \delta((r',0),(0,0)) = \rho(\mathcal{K}') = \rho(\mathcal{K}) = \delta((r,0),(0,0)) = r.$$

Folglich ist $\mathcal{K} = \mathcal{K}'$, q. e. d.

Wir schließen diesen Abschnitt mit einer Kennzeichnung der inneren Punkte eines Kreises, die wiederum unsere gewohnte Anschauung widerspiegelt.

3.20. Satz. Es sei $\mathcal{K}$ ein Kreis von A mit dem Mittelpunkt Z. Genau dann ist der Punkt P von A ein innerer Punkt von $\mathcal{K}$, wenn $\delta(Z, P) < \rho(\mathcal{K})$ ist.

Beweis. Wegen 3.17 und 3.19 können wir annehmen, daß $Z = (0,0)$ ist. Ist $r = \rho(\mathcal{K})$, so ist also $\mathcal{K} = \mathcal{K}_r$. Auf Grund von 3.12 können wir ferner annehmen, daß $P = (0,p)$ mit $p \geq 0$ ist. Dann ist

$$\delta(Z, P)^2 = 0^2 + p^2 = p^2,$$

so daß $\delta(Z, P) = p$ ist.

Nehmen wir nun an, daß $\delta(Z, P) < \rho(\mathcal{K})$ ist, so ist also $p < r$. Die Geraden durch P haben alle die Form $[\alpha, \beta, \beta p]$. Ist $\alpha = 0$ so können wir $\beta = 1$ annehmen. Wegen p, r gibt es dann, da K euklidisch ist, ein $x \in K^*$ mit $x^2 + p^2 = r^2$. Daher sind (x,p) und $(-x,p)$ zwei verschiedene Punkte, die sowohl auf $\mathcal{K}$ als auch auf $[0, 1, -p]$ liegen, so daß $[0, 1, -p]$ eine Sekante ist. Ist $\alpha \neq 0$, so können wir $\alpha = 1$ annehmen. Wegen $r > p \geq 0$ ist $r^2 > p$. Ferner ist $\beta^2 + 1 > \beta^2 \geq 0$. Daher ist $f^2(\beta^2 + 1) - p^2\beta^2 > 0$, so daß es ein $k \in K^*$ gibt mit

$$r^2(\beta^2 - p^2\beta^2) = k^2,$$

da in einem euklidischen Körper alle positiven Element Quadrate sind. Triviale Rechnungen zeigen nun, daß $(\beta^2 + 1)^{-1}(\beta p - k, \beta^2 p + k)$ und $(\beta^2 + 1)^{-1}(\beta p + k, \beta^2 p - k)$ zwei verschiedene Punkte sind, die sowohl auf $[1, \beta, -\beta p]$ als auch auf $\mathcal{K}$ liegen. Also sind alle Geraden durch P Sekanten, so daß P in der Tat ein innerer Punkt von $\mathcal{K}$ ist.

Ist $p \geq r$, so hat die Gerade $[0, 1, -p]$ höchstens einen Punkt mit $\mathcal{K}$ gemeinsam, so daß sie keine Sekante ist. Daher ist P in diesem Falle kein innerer Punkt von $\mathcal{K}$. Damit ist alles bewiesen.

4. Die Achsen der Kegelschnitte. Es sei weiterhin A die affine Ebene über dem euklidischen Körper K und es sei $\perp = \perp_{-1}$.

4.1. Definition. Es sei $\mathcal{C}$ ein Kegelschnitt von A und g sei eine Gerade. Wir nennen g *Achse* von $\mathcal{C}$, falls die Spiegelung $\sigma \in \mathrm{O}(\perp)$ an g den Kegelschnitt $\mathcal{C}$ invariant läßt.

Wir werden nun sehen, daß auch unter unseren allgemeineren Voraussetzungen gilt, daß die Parabel genau eine, daß Ellipse und Hyperbel genau zwei und daß der Kreis unendlich viele Achsen hat. Beginnen wir mit dem Kreis.

4.2. Satz. Es sei $\mathcal{K}$ ein Kreis von A. Ist g eine Gerade von A, so ist g genau dann Achse von $\mathcal{K}$, wenn g Durchmesser von $\mathcal{K}$ ist.

Beweis. Ist Z der Mittelpunkt von $\mathcal{K}$ und ist g eine Achse, so folgt $Z^\sigma = Z$ nach 3.10, wenn σ die Spiegelung an g ist. Weil alle (affinen) Fixpunkte von σ auf g liegen, folgt $Z \mathrm{I} g$, so daß g ein Durchmesser ist. Umgekehrt folgt aus 3.12, daß jeder Durchmesser von $\mathcal{K}$ auch Achse von $\mathcal{K}$ ist, q. e. d.

4.3. Satz. Ist $\mathcal{C}$ ein Mittelpunktskegelschnitt aber kein Kreis, so hat $\mathcal{C}$ genau zwei Achsen. Die beiden Achsen sind aufeinander senkrecht stehende, konjugierte Durchmesser von $\mathcal{C}$. Ist $\mathcal{C}$ eine Ellipse, so sind die beiden Achsen Sekanten von $\mathcal{C}$. Ist $\mathcal{C}$ eine Hyperbel, so trägt genau eine der Achsen zwei Punkte von $\mathcal{C}$, die andere ist eine Passante.

Beweis. Es sei g eine Achse von $\mathcal{C}$ und σ sei die Spiegelung an g. Ferner sei Π der projektive Abschluß von A. Wir können dann σ auch als Kollineation von Π auffassen (I.2.3). Es gibt nun einen Kegelschnitt $\mathcal{D}$ von Π mit $\mathcal{C} \subseteq \mathcal{D}$. Es folgt, daß auch $\mathcal{D}^\sigma$ ein Kegelschnitt ist mit $\mathcal{C} = \mathcal{C}^\sigma \subseteq \mathcal{D}^\sigma$. Daher ist, wie schon früher bemerkt, $\mathcal{D}^\sigma = \mathcal{D}$. Nach IV.4.2 gibt es genau eine projektive Polarität κ, die $\mathcal{D}$ definiert. Weil $\sigma^{-1}\kappa\sigma$ ebenfalls eine $\mathcal{D}$ definierende projektive Polarität ist, ist also $\kappa = \sigma^{-1}\kappa\sigma$, dh., es gilt $\kappa\sigma = \sigma\kappa$. Daher ist $g_\infty^{\kappa\sigma} = g_\infty^{\sigma\kappa} = g_\infty^\kappa$, so daß der Mittelpunkt $Z = g_\infty^\kappa$ von $\mathcal{C}$ ein Fixpunkt von σ ist. Es folgt $Z \mathrm{I} g$, da das Zentrum von σ auf g_∞ liegt. Also ist g ein Durchmesser von $\mathcal{C}$. Ist h der zu g konjugierte Durchmesser, so ist $h \neq g$, da g keine Tangente an $\mathcal{C}$ ist, denn die Spiegelungen an Tangenten von $\mathcal{C}$ lassen $\mathcal{C}$ nicht invariant. Weil $\sigma\kappa = \kappa\sigma$ ist, folgt $h^\sigma = h$. Wegen $\sigma \in \mathrm{O}(\perp)$ ist daher $g \perp h$. Es sei nun τ die involutorische Streckung aus $\Gamma(g \cap g_\infty, h)$. Dann ist $\mathcal{D}^\tau = \mathcal{D}$ und $g_\infty^\tau = g_\infty$, so daß auch $\mathcal{C}^\tau = \mathcal{C}$ ist. Nach I.4.9 ist $\sigma\tau = \tau\sigma$ eine Involution, so daß $\rho = \sigma\tau$ eine Involution ist. Weil ρ das Produkt zweier Streckungen ist, liegt ρ in der projektiven Gruppe von Π, kann also nach III.2.4 keinen Rahmen von Π festlassen, da Π ja pappossch ist. Also ist ρ eine involutorische Streckung. Wegen $\rho \neq \sigma, \tau$, ist $\rho \in \Gamma(g \cap h, g_\infty)$. Nach V.6.8 gilt $\rho \in \mathrm{O}(\perp)$. Daher ist $\tau = \sigma\rho \in \mathrm{O}(\perp)$. Folglich ist auch h eine Achse. Nach 3.6 sind g und h die sämtlichen Achsen von $\mathcal{C}$, da $\mathcal{C}$ kein Kreis ist. Damit ist gezeigt, daß $\mathcal{C}$ entweder 0 oder 2 Achsen hat.

Als nächstes zeigen wir, daß $\mathcal{C}$ stets zwei Achsen hat. Dazu sei α die Involution der konjugierten Durchmesser in Z. Weil $i(Z, \perp)$ eine elliptische Involution ist, gibt es nach 1.12 eine Gerade g durch Z mit $g^\alpha = g^{i(Z,\perp)} = h$. Es sei σ die Spiegelung an g. Ferner sei $P \in \mathcal{C}$ und h' sei die Parallele zu h durch P. Dann sind auch g und h' konjugierte Geraden, so daß h' wegen $h' \neq g$ keine Tangente ist. Also ist h' eine Sekante. Es sei Q der zweite Schnittpunkt von h' mit $\mathcal{C}$. Der Beweis von 2.4 zeigt, daß $g \cap h' = \frac{1}{2}(P+Q)$ ist. Hieraus folgt $P^\sigma = Q$, so daß $\mathcal{C}^\sigma = \mathcal{C}$ ist. Also ist g eine Achse von $\mathcal{C}$, so daß $\mathcal{C}$ stets zwei Achsen hat.

Ist $\mathcal{C}$ eine Ellipse, so ist Z ein innerer Punkt, so daß die Achsen von $\mathcal{C}$ Sekanten sind. Es sei also $\mathcal{C}$ eine Hyperbel und g und h seien die beiden Achsen. Ferner sei $\mathcal{D}$ der Kegelschnitt von Π, der $\mathcal{C}$ enthält. Dann erfüllen $Z = G \cap h$, $g \cap g_\infty$ und $h \cap g_\infty$ die Voraussetzungen von 1.13. Also ist genau einer dieser Punkte ein innerer Punkt von $\mathcal{D}$. Weil $\mathcal{C}$ eine Hyperbel ist, ist g_∞ eine Sekante von $\mathcal{D}$. Also ist genau einer der beiden Punkte $g \cap g_\infty$ und $h \cap g_\infty$ ein innerer Punkt von $\mathcal{D}$. Daher ist genau eine der Achsen eine Sekante, die andere eine Passante von $\mathcal{C}$, q. e. d.

4.4. Satz. Ist $\mathcal{C}$ eine Parabel, so hat $\mathcal{C}$ genau eine Achse.

Beweis. Es sei g eine Achse von $\mathcal{C}$ und σ sei die Spiegelung an g. Es sei $P \in \mathcal{C}$ und $P^\sigma \neq P$. Dann ist $g \perp P \vee P^\sigma$ und $\frac{1}{2}(P + P^\sigma) \, \mathrm{I} \, g$. Da $\mathcal{C}$ mit g höchstens zwei Punkte gemeinsam hat, $\mathcal{C}$ aber unendlich viele Punkte enthält, gibt es P, $Q \in \mathcal{C}$ mit $P \neq P^\sigma$ und $Q \neq Q^\sigma$ und $\{P, P^\sigma\} \cap \{Q, Q^\sigma\} = \emptyset$. Mit 2.4 folgt daher aus der zuvor gemachten Bemerkung, daß g ein Durchmesser von $\mathcal{C}$ ist.

Es sei h eine zweite Achse von $\mathcal{C}$ und τ sei die Spiegelung an h. Dann ist auch h ein Durchmesser von $\mathcal{C}$, so daß g und h parallel sind, da $\mathcal{C}$ ja eine Parabel ist. Als Durchmesser haben g und h je einen Punkt mit $\mathcal{C}$ gemein. Es gibt also unendlich viele $P \in \mathcal{D}$ mit $P^\sigma \neq P \neq P^\tau$. Nach der oben gemachten Bemerkung ist $P \vee P^\sigma \perp g$ und $P \vee P^\tau \perp h$. Weil g und h parallel sind, sind auch $P \vee P^\sigma$ und $P \vee P^\tau$ parallel. Folglich ist $P \vee P^\sigma = P \vee P^\tau$. Hieraus folgt weiter $P^\sigma = P^\tau$. Weil es unendlich viele solcher P gibt, ist $\sigma = \tau$ und folglich $g = h$. Damit ist gezeigt, daß $\mathcal{C}$ höchstens eine Achse hat.

Es sei h irgendein Durchmesser von $\mathcal{C}$. Ferner seien P, Q, R drei verschiedene Punkte auf $\mathcal{C}$ und l_P, l_Q, l_R seien die zu h senkrechten Geraden durch P, Q bzw. R. Da g_∞ Tangente an den $\mathcal{C}$ definierenden Kegelschnitt $\mathcal{D}$ des projektiven Abschlusses Π von A ist, sind nach IV.3.8 keine zwei Tangenten an $\mathcal{D}$, deren Berührpunkte in $\mathcal{C}$ liegen, in A parallel. Weil andererseits die Geraden l_P, l_Q, L_R paarweise parallel sind, sind mindestens zwei von ihnen, etwa l_P und l_Q Sekanten von $\mathcal{D}$, treffen also $\mathcal{C}$ in einem zweiten Punkt P' bzw. Q', da sie ja nicht parallel zu h sind. Nun ist $g = \frac{1}{2}(P + P') \vee \frac{1}{2}(Q + Q')$ nach 2.4 ein Durchmesser von C. Weil C eine Parabel ist, folgt $g \parallel h$ und damit $g \perp l_P$, l_Q. Ist σ die Spiegelung an g, so ist also $P^\sigma = P'$, $P'^\sigma = P$, $Q^\sigma = Q'$, $Q'^\sigma = Q$. Ist S der Schnittpunkt von g mit C, so ist $S^\sigma = S$. Es folgt

$$S, P, Q, P', Q' \in \mathcal{D} \cap C^\sigma.$$

Also ist $\mathcal{D} = \mathcal{D}^\sigma$ nach IV.4.7. Dies hat $C^\sigma = C$ zur Folge, so daß auch die Existenzaussage bewiesen ist.

Ist C eine Ellipse von A, so ist C auch ein Kegelschnitt des projektiven Abschlusses Π von A. Hieraus folgt, daß eine Gerade von A die Ellipse C in 0, 1 oder 2 Punkten von A schneidet, wenn sie den C definierenden Kegelschnitt von Π, der ja C ist, in 0, 1 oder 2 Punkten schneidet. Anders liegen die Verhältnisse bei Parabel und Hyperbel. Den einfacheren Fall der Parabel behandeln wir zuerst.

4.5. Satz. Ist C eine Parabel von A, so gibt es zu jedem $P \in C$ genau zwei Geraden von A, die mit C nur P gemeinsam haben. Genau eine dieser Geraden ist ein Durchmesser von C.

Beweis. Es sei $\mathcal{D}$ der Kegelschnitt des projektiven Abschlusses Π von A, der C enthält. Ferner sei X der Berührpunkt von g_∞ an $\mathcal{D}$. Dann sind die Tangente t von $\mathcal{D}$ in P und die Verbindungsgerade g von P und X die einzigen Geraden von A, die C nur in P treffen, da ja jede von t verschiedene Gerade durch P eine Sekante von $\mathcal{D}$ ist. Wegen $X \, \mathrm{I} \, g$ ist g ein Durchmesser von C, q. e. d.

4.6. Satz. Ist C eine Hyperbel von A, so gibt es zwei verschiedene Geraden g und h von A mit den Eigenschaften:

a) Der Mittelpunkt Z von C liegt auf g und auf h, dh., die Geraden g und h sind Durchmesser von C.

b) Die Geraden g und h tragen keinen Punkt von C.

c) Ist P ein von Z verschiedener Punkt auf g oder h, so gehen durch P genau zwei Geraden, die mit C je genau einen Punkt gemeinsam haben. Liegt P auf g, so ist eine der Geraden parallel zu h, liegt P auf h, so ist eine der Geraden parallel zu g.

d) Ist P ein Punkt von A, geht durch P eine Gerade, die C nicht trifft, und liegt P auf genau zwei Geraden, die C nur in einem Punkt treffen, so liegt P auf g oder auf h.

Beweis. Es sei Π wieder der projektive Abschluß von A und $\mathcal{D}$ sei der C definierende Kegelschnitt von Π. Dann hat $\mathcal{D}$ mit g_∞ genau zwei verschiedene Punkte X und Y gemein, da C ja eine Hyperbel ist. Weil Z ein äußerer Punkt von $\mathcal{D}$ ist, gehen durch Z zwei Tangenten g und h an $\mathcal{D}$, und weil Z unter der $\mathcal{D}$ definierenden Polarität auf g_∞ abgebildet wird, sind X und Y die Berührpunkte von g und h. Die Geraden g und h erfüllen also a) und b). Wir können $X \, \mathrm{I} \, g$ und $Y \, \mathrm{I} \, h$ annehmen. Es sei nun P ein von Z verschiedener affiner Punkt auf g. Dann geht durch P genau eine von g verschiedene Tangente g' an $\mathcal{D}$. Wegen $P \neq Z$ ist $g' \neq h$, so daß der Berührpunkt von g' zu $\mathcal{C}$ gehört. Neben g' gibt es dann noch genau eine weitere Gerade h' durch P, die mit $\mathcal{C}$ nur einen Punkt gemeinsam hat, nämlich die Verbindungsgerade von P mit Y. Offenbar sind h und h' in A parallel. Ebenso behandelt man den Fall, daß P ein von Z-verschiedener Punkt auf h ist. Damit ist c) bewiesen.

Um d) zu beweisen, sei P ein Punkt von A, der die Voraussetzungen von d) erfülle. Weil es dann eine Gerade durch P gibt, die $\mathcal{C}$ nicht trifft, liegt P nicht auf $\mathcal{C}$. Überdies ist P auch kein innerer Punkt von $\mathcal{D}$, da sonst wegen $P \, \mathcal{I} \, g_\infty$ jede Gerade durch P die Menge $\mathcal{C}$ in wenigstens einem Punkte träfe. Somit ist P ein äußerer Punkt von $\mathcal{D}$. Wäre nun $P \, \mathcal{I} \, g, h$, so berührten die beiden Tangenten durch P an $\mathcal{D}$ in Punkten von $\mathcal{C}$. Darüberhinaus gäbe es noch zwei weitere Geraden durch P, die $\mathcal{C}$ nur in einem Punkte träfen, nämlich die Verbindungsgeraden von P mit X und Y. Also ist doch $P \, \mathrm{I} \, g$ oder $P \, \mathrm{I} \, h$, womit alles bewiesen ist.

4.7. Definition. Die durch Satz 4.6 charakterisierten Geraden g und h heißen die *Asymptoten* der Hyperbel $\mathcal{C}$.

Zum Schluß diese Abschnitts beweisen wir noch eine weitere Kennzeichnung der Asymptoten einer Hyperbel.

4.8. Satz. Es sei $\mathcal{H}$ eine Hyperbel und g sei eine Gerade von A. Genau dann ist g eine Asymptote von $\mathcal{H}$, wenn jede von g verschiedene Parallele von g mit $\mathcal{H}$ genau einen Schnittpunkt hat.

Beweis. Es sei Π der projektive Abschluß von A und $\mathcal{C}$ sei der $\mathcal{H}$ definierende Kegelschnitt von Π. Dann hat $\mathcal{C}$ mit g_∞ zwei Punkte P und Q gemein. Ist nun g Asymptote von $\mathcal{H}$, so ist g Tangente an $\mathcal{C}$ in P oder Q. Wir können $P = g \cap g_\infty$ annehmen. Ist $g' \parallel g$ und $g' \neq g$, so ist g' eine Sekante von $\mathcal{C}$, die wegen $g' \neq g_\infty$ mit $\mathcal{H}$ genau einen Punkt gemeinsam hat.

Es gelte umgekehrt, daß jede Parallele g' von g mit $g \neq g'$ mit $\mathcal{H}$ genau einen Punkt gemeinsam hat. Weil keine drei Tangenten von $\mathcal{H}$ parallel sind, gibt es eine Parallele g' von g, die von g verschieden ist und die nicht Tangente an $\mathcal{H}$ ist. Weil g' einen Punkt mit $\mathcal{H}$ gemeinsam hat, ist g' daher eine Sekante von $\mathcal{C}$, so daß $P \, \mathrm{I} \, g'$ oder $Q \, \mathrm{I} \, g'$ gilt. Wir können annehmen, daß $P \, \mathrm{I} \, g'$ ist. Dann ist auch $P \, \mathrm{I} \, g$, da ja g und g' parallel sind. Es sei nun h die Tangente an $\mathcal{C}$ in P. Dann ist h Asymptote von $\mathcal{H}$. Insbesondere hat h mit $\mathcal{H}$ keinen Punkt gemein. Wegen $h \parallel g$ ist daher $h = g$, q. e. d.

5. Die Brennpunkte der Kegelschnitte. Als nächstes definieren wir die Brennpunkte der Kegelschnitte und beweisen einige fundamentale Tatsachen über sie. Dazu sei weiterhin A die affine Ebene über dem euklidischen Körper K und $\perp = \perp_1 -$.

5.1. Definition. Es sei $\mathcal{C}$ ein Kegelschnitt in A und F sei ein nicht auf $\mathcal{C}$ liegender Punkt. F heißt *Brennpunkt* von $\mathcal{C}$, falls die Involution konjugierter Geraden in F gleich $i(F, \perp)$ ist.

Ist F ein Brennpunkt von $\mathcal{C}$, so ist F also ein innerer Punkt von $\mathcal{C}$, da $i(F, \perp)$ ja elliptisch ist.

5.2. Hilfssatz. Ist $\mathcal{C}$ ein Kegelschnitt und sind F und F' verschiedene Brennpunkte von $\mathcal{C}$, so ist $F \vee F'$ eine Achse von $\mathcal{C}$.

Beweis. Es seien g und h Geraden durch F bzw. F' mit $g, h \perp F \vee F'$. Dann sind g und h zu $F \vee F'$ aufgrund von 5.1 konjugiert, so daß der Pol von $F \vee F'$ auf g_∞ liegt. Ist $\mathcal{D}$ der $\mathcal{C}$ in Π definierende Kegelschnitt, so läßt die involutorische Streckung $\sigma \in \Gamma(P, F \vee F')$ nach IV.3.9 den Kegelschnitt $\mathcal{D}$ invariant. Wegen $P \mathrel{I} g_\infty$ folgt $g_\infty^\sigma = g_\infty$ und daher $\mathcal{C}^\sigma = \mathcal{C}$. Ist $\tau \in \mathrm{O}(\perp)$ die Spiegelung an $F \vee F'$, so folgt $g^\tau = g$, da ja $g \perp F \vee F'$ ist. Also ist $\tau \in \Gamma(P, F \vee F')$. Weil $\Gamma(P, F \vee F')$ nur eine Involution enthält, folgt schließlich $\sigma = \tau$, so daß $F \vee F'$ eine Achse von $\mathcal{C}$ ist, q. e. d.

5.3. Hilfssatz. Alle Brennpunkte eines Kegelschnitts sind kollinear.

Beweis. Es seien F, F', F'' drei nicht kollineare Brennpunkte des Kegelschnitts $\mathcal{C}$. Dann sind $F \vee F'$, $F' \vee F''$, $F'' \vee F$ nach 5.2 drei verschiedene Achsen von $\mathcal{C}$. Nach 4.3 und 4.4 ist $\mathcal{C}$ also ein Kreis, so daß die Geraden nach 4.2 konfluent sind. Weil

$$F = (F \vee F') \cap (F'' \vee F)$$

ist, folgt, daß F auf $F' \vee F''$ liegt im Widerspruch zur Annahme. Also sind doch alle Brennpunkte von $\mathcal{C}$ kollinear.

5.4. Satz. Es sei $\mathcal{K}$ ein Kegelschnitt. Genau dann ist $\mathcal{K}$ ein Kreis, wenn der Mittelpunkt von $\mathcal{K}$ ein Brennpunkt ist. Ist $\mathcal{K}$ ein Kreis, so ist der Mittelpunkt der einzige Brennpunkt von $\mathcal{K}$.

Beweis. Die erste Aussage ist nur eine Umformulierung von 3.2. Ist $\mathcal{K}$ ein Kreis und ist F ein vom Mittelpunkt von $\mathcal{K}$ verschiedener Brennpunkt, so ist die Bahn von F unter $\mathrm{O}(\perp)_{\mathcal{K}}$ nach 3.13 ein Kreis $\mathcal{K}'$. Andererseits läßt $\mathrm{O}(\perp)_{\mathcal{K}}$ die $\mathcal{K}$ definierende Polarität invariant, so daß jeder Punkt von $\mathcal{K}'$ ein Brennpunkt von $\mathcal{K}$ ist. Dies widerspricht aber 5.3.

Bevor wir die Existenz von Brennpunkten bei beliebigen Kegelschnitten nachweisen, benötigen wir noch einen allgemeineren Satz über Kegelschnitte in projektiven Ebenen über beliebigen Körpern. Dabei sei daran erinnert, daß der bislang nicht benutzte Begriff der konjugierten Punkte in 2.5 definiert wurde.

5.5. Satz. Es sei $\Pi(V, K)$ eine pappossche Ebene, von der wir nur voraussetzen, daß ihre Charakteristik nicht 2 ist. Ferner sei $\mathcal{C}$ ein Kegelschnitt in $\Pi(V, K)$ und P, Q, R seien drei äußere Punkte von $\mathcal{C}$ und $P + Q$, $Q + R$, $R + P$ seien drei Tangenten von $\mathcal{C}$. Ist dann X ein zu P konjugierter Punkt, so sind die Geraden $Q + X$ und $R + X$ konjugiert.

Beweis. Es sei f eine $\mathcal{C}$ darstellende symmetrische Bilinearform auf V. Ferner seien A, B, C die drei Punkte auf $\mathcal{C}$ mit $t(A) = Q + R$, $t(B) = R + P$ und $t(C) = P + Q$. Es gibt dann Vektoren a, b, c, r in V mit $r = a + b + c$ und $A = aK$, $B = bK$, $C = cK$ und $R = rK$. Es sei weiterhin $P = pK$, $Q = qK$ und $X = xK$.

Ist κ die durch f dargestellte Polarität, so ist zu zeigen, daß $(X+Q)^\kappa \subseteq R+X$ ist. Nun ist

$$(X+Q)^\kappa = \{y \mid y \in V, f(x,y) = f(q,y) = 0\}.$$

Gesucht sind also $k,\, l \in K$, die nicht beide Null sind, mit

$$0 = f(x, xk + rl) = f(x,x)k + f(x,r)l$$
$$0 = f(q, xk + rl) = f(q,x)k + f(q,r)l.$$

Solche k und l gibt es genau dann, wenn

$$f(x,x)f(q,r) - f(q,x)f(x,r) = 0$$

ist. Dies müssen wir also nachweisen.

Wegen A, B, $C \in \mathcal{C}$ ist $f(a,a) = f(b,b) = f(c,c) = 0$ und wegen $P^\kappa = B + C$ ist $f(p,b) = f(p,c) = 0$. Entsprechend folgt $f(q,c) = f(q,a) = 0$ und $f(r,a) = f(r,b) = 0$. Nun ist X zu P konjugiert. Daher ist B, $C \neq X \subseteq B + C$, so daß es α, $\beta \in K$ gibt mit $\alpha\beta \neq 0$ und $x = b\alpha + c\beta$. Es folgt

$$f(x,x) = f(b,b)\alpha^2 + 2f(b,c)\alpha\beta + f(c,c)\beta^2 = 2f(b,c)\alpha\beta,$$
$$f(q,x) = f(q,b)\alpha + f(q,c)\beta = f(q,b)\alpha,$$
$$f(x,r) = f(b,r)\alpha + f(c,r)\beta = f(c,r)\beta.$$

Also ist

$$\varphi = f(x,x)f(q,r) - f(q,x)f(x,r) = \alpha\beta\big(2f(b,c)f(q,r) - f(b,q)f(c,r)\big).$$

Ferner ist $f(q,r) = f(q, a+b+c) = f(q,b)$. Daher ist

$$\varphi = \alpha\beta f(q,b)\big(f(b,c) - f(c,a)\big).$$

Schließlich ist $0 = f(r,a) = f(r,b)$, dh., $f(b,a) + f(c,a) = f(a,b) + f(c,b)$. Hieraus folgt $f(c,a) = f(c,b)$, so daß in der Tat $\varphi = 0$ ist, q. e. d.

5.6. Definition. Der Punkt S des Kegelschnitts $\mathcal{C}$ heißt *Scheitel* von $\mathcal{C}$, falls S Schnittpunkt von $\mathcal{C}$ mit einer Achse von $\mathcal{C}$ ist. Eine Parabel hat also genau einen, eine Hyperbel genau zwei und eine Ellipse genau vier Scheitel. Ist $\mathcal{C}$ ein Kreis, so ist jeder Punkt von $\mathcal{C}$ Scheitel.

5.7. Satz. Ist $\mathcal{C}$ eine Parabel, so hat $\mathcal{C}$ genau einen Brennpunkt. Ist S der Scheitel, ist B ein von S verschiedener Punkt von $\mathcal{C}$ und ist g die zu $t(B)$ orthogonale Gerade durch $t(B) \cap t(S)$, ist schließlich a die Achse von $\mathcal{C}$, so ist $F = g \cap a$ dieser Brennpunkt.

Beweis. Der Pol von a ist der Punkt $t(S) \cap g_\infty$. Ist Q der Schnittpunkt von $t(B)$ mit $t(S)$ und R der Schnittpunkt von $t(B)$ mit g_∞, so besagt der Hilfssatz 5.5, da ja F zu P konjugiert ist, daß die Gerade g zu der Parallelen h von $t(B)$, die durch

F geht, konjugiert ist. Wegen $g \perp t(B)$ ist also $g \perp h$, dh., es ist $g^\gamma = g^{i(F,\perp)}$, falls γ die Involution konjugierter Geraden in F ist. Ist $b = a^{i(F,\perp)}$, so ist $b = a^\gamma$, denn a^γ ist ja eine Fixgerade der Spiegelung an a. Wegen $\{a, b\} \cap \{g, h\} = \emptyset$ folgt, wie schon früher bemerkt, $\gamma = i(F, \perp)$. Somit ist F ein Brennpunkt von $\mathcal{C}$.

Es sei F' ein weiterer Brennpunkt von $\mathcal{C}$. Dann liegt F' nach 5.2 auf a. Also ist F' zu P konjugiert. Ist h' die Parallele zu $t(B)$ durch F' und ist g' die Verbindung von F' mit $t(B) \cap t(S)$, so sind also g' und h' nach 5.5 konjugiert. Weil F' Brennpunkt ist, folgt $g' \perp h'$ und damit $g' \perp t(B)$. Daher ist $g = g'$ und endlich $F = F'$, q. e. d.

5.8. Satz. Ist $\mathcal{C}$ eine Hyperbel, so hat $\mathcal{C}$ genau zwei Brennpunkte. Ist Z der Mittelpunkt von $\mathcal{C}$, ist S ein Scheitel und $\mathcal{K}$ der Kreis mit dem Mittelpunkt Z durch den Schnittpunkt von $t(S)$ mit einer Asymptoten, so sind die Schnittpunkte derjenigen Achse von $\mathcal{C}$ mit $\mathcal{K}$, die Sekante ist, die Brennpunkte von $\mathcal{C}$.

Beweis. Es sei b eine Asymptote und S' sei der zweite Scheitel von $\mathcal{C}$. Dann ist also $a = S \vee S'$ die Achse von $\mathcal{C}$, die Sekante ist. Die Spiegelung an a läßt $t(S)$ wie auch $t(S')$ invariant, so daß $t(S)$ und $t(S')$ auf a senkrecht stehen. Somit sind $t(S)$ und $t(S')$ parallel zueinander. Ist $P = t(S) \cap g_\infty$, so ist P also der Pol von a, so daß jeder Punkt auf a, der von S und S' verschieden ist, zu P konjugiert ist. Es seien nun F und F' die Schnittpunkte von $\mathcal{K}$ mit a. Ferner seien Q und R die Schnittpunkte von $\mathcal{K}$ mit b. Nach 5.5 sind die Geraden $F \vee Q$ und $F \vee R$, bzw. $F' \vee Q$ und $F' \vee R$ konjugiert. Nach dem Satz von Thales (3.3) gilt auch $F \vee Q \perp R \vee R$ bzw. $F' \vee Q \perp F' \vee R$. Wie im Falle der Parabel folgt daher, daß F und F' Brennpunkte von $\mathcal{C}$ sind.

Um die Einzigkeit von F und F' zu erschließen, bemerkt man zunächst, daß alle Brennpunkte von $\mathcal{C}$ wgen 5.3 auf a liegen und schließt dann wie im Falle der Parabel weiter.

5.9. Satz. Es sei $\mathcal{C}$ eine Ellipse und a und b seien zwei verschiedene Achsen von $\mathcal{C}$. Ferner seien A und A' die beiden Schnittpunkte von a mit $\mathcal{C}$ und B und B' seien die beiden Schnittpunkte von b mit $\mathcal{C}$. Genau dann ist $\mathcal{C}$ ein Kreis, wenn $\delta(A, A') = \delta(B, B')$ ist.

Beweis. Ist $\mathcal{C}$ ein Kreis, so ist $\delta(A, A') = 2\rho(\mathcal{C}) = \delta(B, B')$. Es sei also umgekehrt $\delta(A, A') = \delta(B, B')$. Ferner sei $Z = a \cap b$. Es gibt dann einen Kreis $\mathcal{K}$ mit dem Zentrum Z und $A, A', B, B' \in \mathcal{K}$. Ist $t(A)$ die Tangente in A an $\mathcal{C}$, so ist $t(A) \perp a$, da a ja Achse von $\mathcal{C}$ ist. Nach 3.5 ist $t(A)$ auch Tangente an $\mathcal{K}$ in A. Ebenso ist $t(A')$ Tangente von $\mathcal{C}$ und $\mathcal{K}$ in A'. Mittels der Sätze IV.4.4 und IV.4.5 folgt daher $\mathcal{C} = \mathcal{K}$, q. e. d.

Wir setzen $\lambda(a) = \frac{1}{2}\delta(A, A')$ und $\lambda(b) = \frac{1}{2}\delta(B, B')$.

5.10. Satz. Ist $\mathcal{C}$ eine Ellipse, jedoch kein Kreis, so hat $\mathcal{C}$ genau zwei Brennpunkte. Sind a und b die beiden Achsen von $\mathcal{C}$ und ist $\lambda(b) \leq \lambda(a)$, ist ferner S ein auf b liegender Scheitel von $\mathcal{C}$, so trifft der Kreis mit dem Mittelpunkt S und dem Radius $\lambda(a)$ die Achse a in den beiden Brennpunkten von $\mathcal{C}$.

Beweis. Es sei $\mathcal{K}$ der Kreis um S mit dem Radius $\lambda(a)$. Weil $\mathcal{C}$ kein Kreis ist, ist $\lambda(b) < \lambda(a)$ nach 5.9. Ist Z der Mittelpunkt von $\mathcal{C}$, so ist $\delta(S, Z) = \lambda(b)$, so daß Z

nach 3.20 ein innerer Punkt von $\mathcal{K}$ ist. Folglich ist a eine Sekante von $\mathcal{K}$, trifft also $\mathcal{K}$ in zwei Punkten F und F'. Es seien A und B die beiden auf a liegenden Scheitel von $\mathcal{C}$. Dann sind $t(A)$ und $t(B)$ wieder orthogonal zu a und daher parallel. Es sei $P = t(A) \cap g_\infty$. Dann ist also P der Pol von a, so daß F und F' zu P konjugiert sind. Ist $Q = t(S) \cap t(A)$ und $R = t(S) \cap t(B)$, so sind die Geraden $Q \vee F$ und $R \vee F$ bzw. $Q \vee F'$ und $R \vee F'$ nach 5.5 konjugiert. Nach dem Satz von Thales sind sie jeweils auch orthogonal, so daß F und F' nach früheren Schlüssen Brennpunkte sind.

Die Einzigkeit von F und F' beweist sich ebenso leicht wie in den beiden früheren Fällen.

6. Algebraische Beschreibung von Ellipse, Parabel und Hyperbel. Achsen, Mittelpunkte, Brennpunkte, Asymptoten der Hyperbel, Tangenten etc. obwohl meist mit Hilfe des projektiven Abschlusses von A definiert, haben wir auf Grund der vorangegangenen Entwicklungen auch affin völlig im Griff. Einzig die Kegelschnitte selbst sind bislang nur mit Hilfe des projektiven Abschlusses von A definiert. Was also noch fehlt, ist eine affine Beschreibung der Kegelschnitte: die Gärtnerkonstruktion etwa für die Ellipse und das Analogon für die Hyperbel, daß nämlich die Menge derjenigen Punkte von A, deren Differenz ihrer Abstände zu zwei gegebenen Punkten konstant ist, eine Hyperbel ist, während sich die Parabel beschreiben läßt als eine Menge von Punkten, deren Abstand zu einem gegebenen Punkt gleich dem Abstand zu einer ebenfalls gegebenen Geraden ist. Dieses Programm werden wir hier jedoch nicht durchführen. Wir begnügen uns vielmehr damit, algebraische Beschreibungen für Ellipse, Parabel und Hyperbel anzugeben, die zeigen, daß Ellipse, Parabel und Hyperbel mit den Objekten gleichen Namens, die wir aus den Elementen her kennen, übereinstimmen. Damit stehen uns dann auch die Konstruktionsmethoden der Elementargeometrie zur Verfügung.

Es sei also weiterhin A die affine Ebene über einem euklidischen Körper K und es sei $\perp = \perp_{-1}$.

Für positive $\alpha, \beta \in K$ setzen wir

$$\mathcal{E}_{\alpha,\beta} = \left\{ (x,y) \mid x,y \in K, \frac{x^2}{\alpha^2} + \frac{y^2}{\beta^2} = 1 \right\}.$$

Dann ist $\mathcal{E}_{\alpha,\beta}$ als Nullstellengebilde einer quadratischen Form ein Kegelschnitt von A. Wie unmittelbar zu sehen, sind $[1,0,0]$ und $[0,1,0]$ Achsen von $\mathcal{E}_{\alpha,\beta}$, da ja $(x,y) \in \mathcal{E}_{\alpha,\beta}$ genau dann ist, wenn $(-x,y) \in \mathcal{E}_{\alpha,\beta}$ gilt. Nun schneidet $[1,0,0]$ die Menge $\mathcal{E}_{\alpha,\beta}$ in den Punkten $(0,\beta)$ und $(0,-\beta)$ und $[0,1,0]$ schneidet sie in den Punkten $(\alpha,0)$ und $(-\alpha,0)$. Daher ist $\mathcal{E}_{\alpha,\beta}$ eine Ellipse.

Sind a und b die beiden Achsen der Ellipse $\mathcal{E}$, sind A, A' die auf a und B, B' die auf b liegenden Scheitel von $\mathcal{E}$, so setzen wir wieder $\lambda(a) = \frac{1}{2}\delta(A,A')$ und $\lambda(b) = \frac{1}{2}\delta(B,B')$. Ist $\mathcal{E} = \mathcal{E}_{\alpha,\beta}$, so ist also $\{\lambda(a),\lambda(b)\} = \{\alpha,\beta\}$.

6.1. Satz. Es seien $\mathcal{E}$ und $\mathcal{E}'$ Ellipsen von A mit den Achsen a und b bzw. a' und b'. Genau dann gibt es ein $\gamma \in B(\perp)$ mit $\mathcal{E}^\gamma = \mathcal{E}'$, wenn $\{\lambda(a),\lambda(b)\} = \{\lambda(a'),\lambda(b')\}$ ist.

Beweis. Es sei $\gamma \in \mathrm{B}(\perp)$ und $\mathcal{E}^\gamma = \mathcal{E}'$. Dann ist $\mathcal{E}$ genau dann ein Kreis, wenn $\mathcal{E}'$ ein Kreis ist. In diesem Falle ist

$$\lambda(a) = \lambda(b) = \rho(\mathcal{E}) = \rho(\mathcal{E}') = \lambda(a') = \lambda(b').$$

Es sei also $\mathcal{E}$ kein Kreis. Dann ist auch $\mathcal{E}'$ kein Kreis. Nach 4.3 sind a, b die einzigen Achsen von $\mathcal{E}$ und a', b' die einzigen Achsen von $\mathcal{E}'$. Daher ist $\{a^\gamma, b^\gamma\} = \{a', b'\}$. Mit 3.17 folgt hieraus $\{\lambda(a), \lambda(b)\} = \{\lambda(a'), \lambda(b')\}$.

Es sei umgekehrt $\{\lambda(a), \lambda(b)\} = \{\lambda(a'), \lambda(b')\}$. Ist $\mathcal{E}$ ein Kreis, so ist $\lambda(a) = \lambda(b) = \rho(\mathcal{E})$. Es folgt $\lambda(a') = \lambda(b')$, so daß auch $\mathcal{E}'$ nach 5.9 ein Kreis ist. Es folgt $\lambda(a') = \lambda(b') = \rho(\mathcal{E}')$ und somit $\rho(\mathcal{E}) = \rho(\mathcal{E}')$. Nach 3.19 gibt es folglich ein $\gamma \in \mathrm{B}(\perp)$ mit $\mathcal{E}^\gamma = \mathcal{E}'$. Es sei also $\mathcal{E}$ kein Kreis. Es sei ferner, was wir oBdA annehmen können, $\lambda(a) = \lambda(a') = \alpha$ und $\lambda(b) = \lambda(b') = \beta$. Es gibt ein $\gamma \in \mathrm{B}(\perp)$ mit $(a \cap b)^\gamma = (0,0)$ und $a^\gamma = [0,1,0]$. Weil $\mathcal{E}$ kein Kreis ist, sind a und b die einzigen Achsen von $\mathcal{E}$ und folglich gilt $a \perp b$. Es folgt $b^\gamma = [1,0,0]$. Mit 3.17 folgt weiter, daß $(\alpha, 0)$, $(-\alpha, 0)$, $(0, \beta)$, $(0, -\beta)$ die Scheitel von $\mathcal{E}^\gamma$ sind. Somit haben $\mathcal{E}^\gamma$ und $\mathcal{E}_{\alpha,\beta}$ vier Punkte und die vier Tangenten in diesen Punkten gemein, so daß $\mathcal{E}^\gamma = \mathcal{E}_{\alpha,\beta}$ ist. Ebenso folgt die Existenz eines $\zeta \in \mathrm{B}(\perp)$ mit $\mathcal{E}'^\zeta = \mathcal{E}_{\alpha,\beta}$. Setzt man $\eta = \gamma \zeta^{-1}$, so ist also $\eta \in \mathrm{B}(\perp)$ und $\mathcal{E}^\eta = \mathcal{E}'$, q. e. d.

Für positive α, $\beta \in K$ setzen wir

$$\mathcal{H}_{\alpha,\beta} = \left\{ (x,z) \mid x, y \in K, \frac{x^2}{\alpha^2} - \frac{y^2}{\beta^2} = 1 \right\}.$$

Dann ist $\mathcal{H}_{\alpha,\beta}$ ein Kegelschnitt mit den Achsen $[1,0,0]$ und $[0,1,0]$. Weil -1 kein Quadrat in K ist, hat $[1,0,0]$ keinen Punkt mit $\mathcal{H}_{\alpha,\beta}$ gemeinsam, so daß $\mathcal{H}_{\alpha,\beta}$ eine Hyperbel ist.

6.3. Satz. Die Asymptoten von $\mathcal{H}_{\alpha,\beta}$ sind die Geraden $g = [\beta, \alpha, 0]$ und $h = [\beta, -\alpha, 0]$.

Beweis. Die Spiegelung an der Achse $[1,0,0]$ bildet g auf h ab, so daß es genügt zu zeigen, daß g eine Asymptote von $\mathcal{H}_{\alpha,\beta}$ ist. Nach 4.8 genügt es dazu zu zeigen, daß alle von g verschiedenen Parallelen von g, die Hyperbel $\mathcal{H}_{\alpha,\beta}$ in genau einem Punkte treffen. Ist g' eine solche Gerade, so ist $g' = [\beta, \alpha, u]$ mit $u \neq 0$. Nun ist genau dann (x,y) ein Schnittpunkt von g' mit $\mathcal{H}_{\alpha,\beta}$, wenn

$$\beta x + \alpha y + u = 0$$
$$\beta^2 x^2 - \alpha^2 y^2 = \alpha^2 \beta^2$$

ist. Ist (x,y) ein Schnittpunkt, so folgt

$$\alpha^2 \beta^2 = (\beta x + \alpha y)(\beta x - \alpha y) = u(\alpha y - \beta x),$$

so daß (x,y) der Schnittpunkt der beiden Geraden $[\beta, \alpha, u]$ und $[\beta, -\alpha, -\alpha^2 \beta^2 u^{-1}]$ ist. Andererseits liegt der Schnittpunkt dieser beiden Geraden auch wirklich auf $\mathcal{H}_{\alpha,\beta}$. Damit ist g als Asymptote erkannt und der Satz bewiesen.

Die Schnittpunkte von $[0,1,0]$ mit $\mathcal{H}_{\alpha,\beta}$ sind die beiden Punkte $(\alpha,0)$ und $(-\alpha,0)$. Somit sind $(\alpha,0)$ und $(-\alpha,0)$ die beiden Scheitel der Hyperbel $\mathcal{H}_{\alpha,\beta}$. Ist S einer dieser Scheitel, so ist also $\alpha = \delta(S,Z)$, wenn Z der Mittelpunkt von $\mathcal{H}_{\alpha,\beta}$ ist. Damit haben wir eine geometrische Interpretation von α gewonnen. Ist $S = (\alpha,0)$, so ist

$$t(S) \cap [\beta,\alpha,0] = (\alpha,-\beta)$$

und

$$t(S) \cap [\beta,-\alpha,0] = (-\alpha,-\beta).$$

In jedem Fall ist der Abstand von S zum Schnittpunkt von $t(S)$ mit der Asymptoten gleich β, so daß auch β einer geometrischen Interpretation fähig ist. Ist nun $\mathcal{H}$ irgendeine Hyperbel, so bezeichnen wir mit $\alpha(\mathcal{H})$ den Abstand eines Scheitels S von $\mathcal{H}$ zum Mittelpunkt von $\mathcal{H}$ und mit $\beta(\mathcal{H})$ den Abstand von S zum Schnittpunkt von $t(S)$ mit einer Asymptoten von $\mathcal{H}$. Nach allem, was wir bislang gemacht haben, ist es nun nicht mehr schwer, den folgenden Satz zu beweisen.

6.3 Satz. Sind $\mathcal{H}$ und $\mathcal{H}'$ Hyperbeln von A, so gibt es genau dann ein $\gamma \in \mathrm{B}(\perp)$ mit $\mathcal{H}^\gamma = \mathcal{H}'$, wenn $\alpha(\mathcal{H}) = \alpha(\mathcal{H}')$ und $\beta(\mathcal{H}) = \beta(\mathcal{H}')$ ist.

Für $0 < a \in K$ sei schließlich

$$\mathcal{P}_a = \{(x,y) \mid x,y \in K, y^2 = 4ax\}.$$

Dann ist $\mathcal{P}_a$ ein Kegelschnitt und $[0,1,0]$ ist eine Achse von $\mathcal{P}_a$. Es folgt, daß $(0,0)$ ein Scheitel von $\mathcal{P}_a$ ist. Weil $(0,0)$ der einzige Schnittpunkt von $\mathcal{P}_a$ mit $[0,1,0]$ ist, ist $\mathcal{P}_a$ eine Parabel.

6.4. Satz. Der Punkt $(a,0)$ ist der Brennpunkt der Parabel $\mathcal{P}_a$.

Beweis. Wegen $a > 0$ gibt es ein $k \in K$ mit $k^2 = a$. Daher ist $(1,2k)$ ein Punkt von $\mathcal{P}_a$. Nun sind $[0,1,-2k]$ und $[k,-1,k]$ die beiden Geraden durch $(1,2k)$, die mit $\mathcal{P}_a$ nur den Punkt $(1,2k)$ gemeinsam haben, wie man leicht nachrechnet. Da die erste zur Achse von $\mathcal{P}_a$ parallel ist, ist $[k,-1,k]$ die Tangente an $\mathcal{P}_a$ in $(1,2k)$. Nun ist $t((0,0)) = [1,0,0]$ und $[1,0,0] \cap [k,-1,k] = (0,k)$. Die zu $[k,-1,k]$ orthogonale Gerade durch $(0,k)$ ist $[1,k,-k^2] = [1,k,-a]$. Schließlich ist $[1,k,-a] \cap [0,1,0] = (a,0)$, so daß $(a,0)$ nach 5.7 der Brennpunkt von $\mathcal{P}_a$ ist, q. e. d.

Der Wert a gestattet also wieder eine geometrische Interpretation. Es ist der Abstand des Brennpunktes von $\mathcal{P}_a$ vom Scheitel von $\mathcal{P}_a$. Ist $\mathcal{P}$ eine beliebige Parabel, so bezeichnen wir diesen Abstand mit $\alpha(\mathcal{P})$.

6.5. Satz. Sind $\mathcal{P}$ und $\mathcal{P}'$ Parabeln von A, so gibt es genau dann ein $\gamma \in \mathrm{B}(\perp)$ mit $\mathcal{P}^\gamma = \mathcal{P}'$, wenn $\alpha(\mathcal{P}) = \alpha(\mathcal{P}')$ ist.

Beweis. Daß die Bedingung notwendig ist, ist wieder trivial. Es sei also $\alpha(\mathcal{P}) = \alpha(\mathcal{P}') = a$. Ist S der Scheitel und F der Brennpunkt von $\mathcal{P}$, so gibt es, wie wir wissen, ein $\gamma \in \mathrm{B}(\perp)$ mit $S^\gamma = (0,0)$ und $F^\gamma = (a,0)$. Wegen $t(S) \perp S \vee F$ folgt $t(S)^\gamma \perp [0,1,0]$, so daß $t(S)^\gamma = [1,0,0]$ ist. Ist nun t irgendeine Tangente von $\mathcal{P}$, so ist $(t \cap t(S)) \vee F \perp t$ und daher $(t \cap t(S))^\gamma \vee (a,0) \perp t^\gamma$. Wegen $(t \cap t(S))^\gamma$ I $[1,0,0]$ folgt, daß t^γ eine Tangente von $\mathcal{P}_a$ und auch von $\mathcal{P}^\gamma$ ist. Wendet man γ^{-1} auf $\mathcal{P}_a$ an, so folgt, daß auch jede Tangente von $\mathcal{P}_a$ von der Form t^γ ist. Da die Tangentenmengen von $\mathcal{P}^\gamma$ und $\mathcal{P}_a$ übereinstimmen, ist also $\mathcal{P}^\gamma = \mathcal{P}_a$. Ebenso folgt die Existenz eines $\delta \in O(\perp)$ mit $\mathcal{P}'^\delta = \mathcal{P}_a$. Wegen $\gamma\delta^{-1} \in B(\perp)$ und $\mathcal{P}^{\gamma\delta^{-1}} = \mathcal{P}'$ ist nun alles bewiesen.

Die Entwicklungen dieses Abschnitts zeigen, daß wir in $\mathcal{E}_{\alpha.\beta}$ und $\mathcal{H}_{\alpha,\beta}$ sowie $\mathcal{P}_a$ Prototypen der Ellipsen, Hyperbeln und Parabeln gefunden haben, so daß wir die Kegelschnitte auch affin völlig im Griff haben.

VII

Die reelle Ebene

Ziel dieses letzten Kapitels dieses Buches ist, eine Kennzeichnung der affinen Ebene über dem Körper der reellen Zahlen zu erhalten. Dabei stellte sich bei den Vorbereitungen dieses Buches heraus, daß keine der Charakterisierungen, die ich in der Literatur fand, in den Rahmen dieses Buches paßte. Ich habe mir daher eine weitere Charakterisierung überlegt, deren präzise Formulierung Sie in Satz 4.3 finden. Dabei kommt man mit erstaunlich wenig an Voraussetzungen aus, die darüberhinaus, wie ich glaube, durch die Erfahrungen an der Elementargeometrie gut motiviert sind. Man braucht nämlich nur, daß die affine Ebene A eine Mittelpunktsrelation besitzt, daß man also anschaulich gesprochen Strecken halbieren kann, daß man ferner entscheiden kann, wann ein Punkt zwischen zwei anderen liegt, und daß diejenigen Intervallschachtelungen, die man durch fortgesetztes Halbieren gewinnt, genau einen Punkt definieren, um sicherzustellen, daß A die affine Ebene über **R** ist. Bei der Vorbereitung des Beweises dieses Satzes, der nicht ganz einfach ist, werden wir noch eine Reihe weiterer interessanter Ergebnisse kennenlernen und unter anderem die desarguesschen affinen Ebenen geometrisch kennzeichnen, deren Koordinatenkörper eine Anordnung gestatten.

Im folgenden wird ganz wesentlich von Eigenschaften angeordneter abelscher Gruppen Gebrauch gemacht. Sollten Ihnen hier Vorkenntnisse fehlen, so konsultieren Sie etwa meine Einführung in die Algebra oder das auch im Literaturverzeichnis angeführte Buch von W. Felscher. Dieses Buch wird Ihnen auch zu einem besseren Verständnis von 4.3 verhelfen.

1. Zwischenbeziehungen und Anordnungen. Im fünften Kapitel sahen wir, daß die uneingeschränkte Möglichkeit des Winkelhalbierens in papposschen Ebenen gleichbedeutend damit ist, daß der Koordinatenkörper pythagoräisch ist. Ferner sahen wir im letzten Kapitel, daß euklidische Körper dadurch gekennzeichnet sind, daß die quasiinneren Punkte eines Kegelschnitts in einer Ebene über einem solchen Körper die Eigenschaft haben, daß alle Geraden durch sie Sekanten sind. Damit begegneten uns zum ersten Male, wenn auch implizit, Anordnungsphänomene in der Geometrie, da pythagoräische und euklidische Körper formal reell sind und folglich wenigstens eine Anordnung besitzen. Da es außer pythagoräischen und euklidischen Körpern noch weitere angeordnete Körper gibt, darunter auch solche, die nicht kommutativ sind, erhebt sich die Frage, ob es eine adäquate geometrische Interpretation der Anordnung des Koordinatenkörpers gibt. In der Zwischenbeziehung werden wir eine solche Interpretation finden. Bevor wir uns jedoch diesen Fragen zuwenden, werden wir uns zunächst das nötige Rüstzeug verschaffen und Zwischenbeziehungen auf beliebigen Mengen und ihren Zusammenhang mit Anordnungen studieren.

1.1. Definition. Es sei X eine Menge, die wenigstens drei Elemente enthalte. Ist $\mathcal{Z}$ eine Relation auf der Menge der Tripel paarweise verschiedener Elemente von X, so nennen wir $\mathcal{Z}$ eine *Zwischenbeziehung* auf X, falls gilt:

(1) Ist $(x, y, z) \in \mathcal{Z}$, so ist $(z, y, x) \in \mathcal{Z}$.

(2) Aus $(x, y, z) \in \mathcal{Z}$ folgt $(x, z, y) \notin \mathcal{Z}$.

(3) Sind x, y, z drei verschiedene Elemente von X, so gilt wenigstens eine der Aussagen: $(x, y, z) \in \mathcal{Z}$, $(z, x, y) \in \mathcal{Z}$, $(y, z, x) \in \mathcal{Z}$.

(4) Sind u, x, y, z vier verschiedene Elemente aus X und gilt $(x, y, z) \in \mathcal{Z}$, so gilt $(x, y, u) \in \mathcal{Z}$ oder $(u, y, z) \in \mathcal{Z}$.

Daß X wenigstens drei Elemente enthält, wird vorläufig keine wesentliche Rolle spielen.

Am einfachsten konstruiert man Zwischenbeziehungen mit Hilfe von Anordnungen. Dazu sei daran erinnert, daß eine Anordnung auf X eine binäre Relation $<$ auf X ist, die die folgenden beiden Bedingungen erfüllt:

(A1) Sind x, $y \in X$, so gilt genau eine der Beziehungen $x < y$, $x = y$, $y < x$.

(A2) Sind x, y, $z \in X$ und gilt $x < y$ und $y < z$, so gilt auch $x < z$.

Ist nun $<$ eine Anordnung auf X und definiert man $\mathcal{Z}_<$ durch $(x, y, z) \in \mathcal{Z}_<$ genau dann, wenn $x < y < z$ oder $z < y < x$ ist, so ist $\mathcal{Z}_<$ eine Zwischenbeziehung auf X. Wir sagen im folgenden, daß die Zwischenbeziehung $\mathcal{Z}_<$ durch $<$ definiert ist.

Ist $<$ eine Anordnung auf X, so bezeichnen wir mit $<^\epsilon$ die zu $<$ entgegengesetzte Anordnung auf X, dh. die Anordnung, die durch $x <^\epsilon y$ genau dann, wenn $y < x$ ist, definiert ist. Offenbar wird $\mathcal{Z}_<$ auch durch $<^\epsilon$ definiert.

1.2. Satz. Es sei X eine Menge mit mindestens drei Elementen und $<$, $<'$ seien zwei Anordnungen auf X. Genau dann ist $\mathcal{Z}_< = \mathcal{Z}_{<'}$, wenn $<' \in \{<, <^\epsilon\}$ ist.

Beweis. Es ist nur noch zu zeigen, daß $<' \in \{<, <^\epsilon\}$ gilt, wenn $<$ und $<'$ die gleiche Zwischenbeziehung $\mathcal{Z}$ definieren. Dazu seien o und e zwei verschiedene Elemente von X mit $o < e$. Weil $<'$ und $<'^\epsilon$ die gleiche Zwischenbeziehung definieren, können wir ggf. $<'$ durch $<'^\epsilon$ ersetzen und annehmen, daß $o <' e$ ist. Es ist dann zu zeigen, daß $< = <'$ ist.

Es seien x, $y \in X$ und es gelte $x < y$. Wir zeigen, daß auch $x <' y$ gilt. Dies ist gewiß richtig, falls $\{o, e\} = \{x, y\}$ ist, da in diesem Falle aus $o < e$ und $x < y$ folgt, daß $o = x$ und $e = y$, also $x <' y$ ist.

Es sei $|\{o, e\} \cap \{x, y\}| = 1$. Ist $x = e$, so ist $o < e = x < y$. Also gilt $(o, x, y) \in \mathcal{Z}$ und folglich $0 <' x <' y$ oder $y <' x <' o$. Nun ist aber $o <' e = x$ und daher $o <' x <' y$, so daß $x <' y$ gilt. Ist $x = o$, so gibt es die beiden Fälle $x = o < e < y$ und $x = o < y < e$. Im ersten Falle ist entweder $x = o <' e <' y$ oder $y <' e <'$ $o = x$. Wegen $o <' e$ tritt der erste Fall ein, so daß $x <' y$ ist. Im zweiten Fall ist entweder $x = o <' y <' e$ oder $e <' y <' o = x$. Aus $e <' y <' o = x$ folgte aber der Widerspruch $e <' o$. Also ist auch hier $x <' y$. Ebenso erledigen sich die beiden Fälle $y = e$ und $y = o$.

Es sei schließlich $\{o, e\} \cap \{x, y\} = \emptyset$. Ist $e < y$, so gibt es die drei Fälle $o < e < x < y$, $o < x < e < y$ und $x < o < e < y$. Im ersten Falle folgt, wie schon gesehen, $e <' x$ und damit $e <' x <' y$, so daß $x <' y$ ist. Im zweiten Falle ist $x <' e$ und $e <' y$, woraus wieder $x <' y$ folgt. Im dritten Falle folgt $x <' o$ und $o <' y$ und daher $x <' y$.

Ist $o < y < e$, so gibt es die Fälle $o < x < y < e$ und $x < o < y < e$. Im ersten Fall ist $x <' e$ und entweder $x <' y <' e$ oder $e <' y <' x$. Letzteres hätte aber $e <' x$ zur Folge. Also ist $x <' y$. Im zweiten Falle folgt $x <' o$ und $o <' y$ und daher $x <' y$.

Die einzige noch zu betrachtende Situation ist die, daß $x < y < o < e$ ist. Dann ist aber $y <' o$ und entweder $x <' y <' o$ oder $o <' y <' x$. Letzteres ist aber falsch, so daß auch hier $x <' y$ ist.

Wir haben gezeigt, daß aus $x < y$ stets $x <' y$ folgt. Da die Voraussetzungen in $<$ und $<'$ symmetrisch sind, impliziert $x <' y$ also auch $x < y$. Daher ist $< = <'$, q. e. d.

Jede Anordnung definiert also eine Zwischenbeziehung und die entgegengesetzte Anordnung, und unter den von der ersten Anordnung verschiedenen nur diese, definiert die gleiche Zwischenbeziehung. Das nächste Ziel ist nun zu zeigen, daß jede Zwischenbeziehung von einer Anordnung definiert wird. Dazu zunächst zwei Hilfssätze.

1.3. Hilfssatz. Ist $\mathcal{Z}$ eine Zwischenbeziehung auf X und sind x, y, z drei verschiedene Elemente von X, so gilt genau eine der drei Aussagen: $(x, y, z) \in \mathcal{Z}$, $(z, x, y) \in \mathcal{Z}$, $(y, z, x) \in \mathcal{Z}$.

Beweis. Auf Grund von 1.1 (3) gilt wenigstens eine dieser Aussagen. Es mögen also zwei der Aussagen gelten. Da die drei Aussagen durch zyklische Vertauschung von x, y, z auseinander hervorgehen, können wir (z, x, y), $(y, z, x) \in \mathcal{Z}$ annehmen. Auf Grund von 1.1 (1) gilt dann auch (y, x, z), $(y, z, x) \in \mathcal{Z}$ im Widerspruch zu 1.1 (2).

Ebenso wie dieser Hilfssatz, der besagt, daß von drei verschiedenen Punkten genau einer zwischen den beiden anderen liegt, zeigt auch der nächste Hilfssatz, daß Zwischenbeziehungen unserer Vorstellung von der gegenseitigen Lage von Punkten auf einer Geraden nachgebildet sind.

1.4. Hilfssatz. Ist $\mathcal{Z}$ eine Zwischenbeziehung auf X, so gilt:

a) Aus (x, y, z), $(y, z, u) \in \mathcal{Z}$ folgt $(x, z, u) \in \mathcal{Z}$.

b) Aus (x, y, z), $(y, z, u) \in \mathcal{Z}$ folgt $(x, y, u) \in \mathcal{Z}$.

c) Aus (x, y, z), $(x, z, u) \in \mathcal{Z}$ folgt $(y, z, u) \in \mathcal{Z}$.

d) Aus (x, y, z), $(x, z, u) \in \mathcal{Z}$ folgt $(x, z, u) \in \mathcal{Z}$.

Beweis. — a) Aus (x, y, z), $(y, z, u) \in \mathcal{Z}$ folgt zunächst, daß x, y, z sowie y, z, u paarweise verschieden sind. Wäre $x = u$, so wäre $(u, y, z) = (x, y, z) \in \mathcal{Z}$. Mit 1.1 (1) folgt aus $(y, z, u) \in \mathcal{Z}$, daß $(u, z, y) \in \mathcal{Z}$ ist. Dies ergäbe mit $(u, y, z) \in \mathcal{Z}$ einen Widerspruch zu 1.1 (2). Also ist $x \neq u$. Somit sind x, y, z, u paarweise verschieden. Nach 1.1 (1) ist $(u, z, y) \in \mathcal{Z}$. Nach 1.1 (4) gilt daher entweder $(u, z, x) \in \mathcal{Z}$ oder $(x, z, y) \in \mathcal{Z}$. Letzteres widerspräche aber 1.1 (2). Also ist $(u, z, x) \in \mathcal{Z}$ und damit auch $(x, z, u) \in \mathcal{Z}$.

b) Wie unter a) folgt, daß x, y, z, u paarweise verschieden sind. Nach 1.1 (4) angewandt auf (x, y, z) und u gilt daher $(x, y, u) \in \mathcal{Z}$ oder $(u, y, z) \in \mathcal{Z}$. Wegen $(y, z, u) \in \mathcal{Z}$ ist aber auch $(u, z, y) \in \mathcal{Z}$, so daß $(u, y, z) \notin \mathcal{Z}$ ist. Also ist $(x, y, u) \in \mathcal{Z}$.

c) Zunächst folgt wieder, daß x, y, z, u paarweise verschieden sind. Anwendung von 1.1 (4) auf (x, z, u) und y liefert $(y, z, u) \in \mathcal{Z}$ oder $(x, z, y) \in \mathcal{Z}$. Letzteres ist aber mit $(x, y, z) \in \mathcal{Z}$ unverträglich.

d) Die Elemente x, y, z, u sind wieder paarweise verschieden. Anwendung von 1.1 (4) auf (x, y, z) und u ergibt $(x, y, u) \in \mathcal{Z}$ oder $(u, y, z) \in \mathcal{Z}$. Nach c) gilt aber $(y, z, u) \in \mathcal{Z}$ und damit $(u, z, y) \in \mathcal{Z}$, so daß $(u, y, z) \notin \mathcal{Z}$ gilt. Daher ist $(x, y, u) \in \mathcal{Z}$, q. e. d.

Und nun der bereits angekündigte Satz.

1.5. Satz. Ist $\mathcal{Z}$ eine Zwischenbeziehung auf der Menge X, so gibt es eine Anordnung von X, die $\mathcal{Z}$ definiert.

Beweis. Es seien o und e zwei verschiedene Elemente von X. Wir definieren $<$ wie folgt: Ist $x \in X$ und $x \neq o$, so gelte

$$x < o, \ \text{falls} \ (x, o, e) \in \mathcal{Z},$$
$$o < x, \ \text{falls} \ (x, o, e) \notin \mathcal{Z}.$$

Sind x, $y \in X - \{o\}$ und ist $x \neq y$, so gelte $x < y$ genau dann, wenn wenigstens eine der folgenden Bedingungen erfüllt ist:

$$o < x \ \text{und} \ (o, x, y) \in \mathcal{Z},$$
$$y < o \ \text{und} \ (x, y, o) \in \mathcal{Z},$$
$$x < o \ \text{und} \ o < y.$$

Weil nicht gleichzeitig $x < o$ und $o < x$ gelten kann, sind die erste und die dritte Bedingung nicht miteinander verträglich. Aus dem gleichen Grund sind auch die zweite und dritte Bedingung unverträglich. Die erste und zweite Bedingung schließen sich auf Grund von 1.1 (2) gegenseitig aus. Also gilt $x < y$ genau dann, wenn genau eine der Bedingungen erfüllt ist.

Um zu zeigen, daß $<$ eine Anordnung von X ist, müssen wir die Bedingungen (A1) und (A2) nachweisen. Wir zeigen zuerst die Gültigkeit von (A2). Dazu sei zunächst $y < o$ und $x < y$. Dann ist $x \neq o$, da nicht gleichzeitig $y < o$ und $o < y$ gelten kann. Wegen $x < y$ und $y < x$ gilt dann nach dem oben Bemerkten $o < x$

und $(o, x, y) \in \mathcal{Z}$ oder aber $(x, y, o) \in \mathcal{Z}$. Nun ist $(y, o, e) \in \mathcal{Z}$. Wäre $o < x$ und $(o, x, y) \in \mathcal{Z}$, so wäre (y, x, o), $(y, o, e) \in \mathcal{Z}$. Mit 1.4 c) folgte $(x, o, e) \in \mathcal{Z}$, dh. $x < o$. Also ist $(x, y, o) \in \mathcal{Z}$. Mit 1.4 a) angewandt auf (x, y, o), $(y, o, e) \in \mathcal{Z}$ folgt $(x, o, e) \in \mathcal{Z}$, so daß $x < o$ ist. Also gilt

   a) Ist $x < y$ und $y < o$, so ist $x < o$.

Hieraus folgt

   b) Ist $x < y$ und $o < x$, so ist $o < y$.

Wäre nämlich $y < o$, so folgte $x < o$ nach a).

   Damit ist gezeigt, daß (A2) sicher dann gilt, wenn $x = o$ oder $z = o$ ist. (A2) gilt auf Grund der Definition aber auch, falls $y = o$ ist. Wir können daher im folgenden x, y, $z \neq o$ annehmen.

   1. Fall: $o < x$. Nach b) ist dann $o < y$ und daher auch $o < z$. Also gilt (o, x, y), $(o, y, z) \in \mathcal{Z}$. Nach 1.4 d) folgt $(o, x, z) \in \mathcal{Z}$, so daß $x < z$ gilt.

   2. Fall: $x < o$. Ist $o < z$, so ist natürlich $x < z$. Wir können daher $z < o$ annehmen. Nach a) ist dann auch $y < o$. Also ist $(x, y, o) \in \mathcal{Z}$ und $(y, z, o) \in \mathcal{Z}$. Es folgt (o, z, y), $(o, y, x) \in \mathcal{Z}$, so daß nach 1.4 d) auch $(o, z, x) \in \mathcal{Z}$ gilt. Also ist $z < o$ und $(x, z, o) \in \mathcal{Z}$, so daß $x < z$ gilt. Damit ist (A2) nachgewiesen.

   Um (A1) zu beweisen, können wir $x \neq y$ annehmen, da auf Grund der Definition von $<$ die Gleichheit von x und y mit keiner der Beziehungen $x < y$ und $y < x$ verträglich ist. Ist $o \in \{x, y\}$ und $o = y$, wie wir oBdA annehmen können, so gilt genau eine der Aussagen $x < o = y$ und $y = o < x$ auf Grund der Defintion von $<$. Wir können des weiteren daher x, $y \neq o$ annehmen. Ist $x < o < y$, so ist $x < y$ nach (A2). Wäre außerdem $y < x$, so folgte $y < o$ im Widerspruch zu $o < y$. Ist $y < o < x$ so folgt genauso $y < x$, wie auch die Falschheit von $x < y$. Wir können daher annehmen, daß x, $y < o$ oder $o < x$, y ist. Nach 1.3 gilt genau eine der Aussagen $(o, x, y) \in \mathcal{Z}$, $(o, y, x) \in \mathcal{Z}$, $(x, o, y) \in \mathcal{Z}$. Daher sind wir fertig, wenn wir zeigen können, daß der dritte Fall nicht eintritt. Wir nehmen daher an, daß $(x, o, y) \in \mathcal{Z}$ doch gelte. Ist $e \in \{x, y\}$ und dann oBdA $e = x$, so ist $o < x$ und $(e, o, y) = (x, o, y) \in \mathcal{Z}$, dh. $y < o$. Also ist $e \neq x$, y. Nach 1.1 (4) ist dann aber $(x, o, e) \in \mathcal{Z}$ oder $(e, o, y) \in \mathcal{Z}$, da ja $(x, o, y) \in \mathcal{Z}$ ist. Folglich ist in jedem Falle $x < o$ und $y < o$. Dies besagt (x, o, e), $(y, o, e) \in \mathcal{Z}$. Überdies gilt eine der Aussagen $(x, e, y) \in \mathcal{Z}$, $(y, x, e) \in \mathcal{Z}$, $(e, y, x) \in \mathcal{Z}$. Wäre $(x, e, y) \in \mathcal{Z}$, so folgte mit 1.4 c) angewandt auf (x, o, e), $(o, e, y) \in \mathcal{Z}$, daß $(o, e, y) \in \mathcal{Z}$ wäre im Widerspruch zu $(y, o, e) \in \mathcal{Z}$ (Hilfssatz 1.3). Wäre $(y, x, e) \in \mathcal{Z}$, so wäre (e, o, x), $(e, x, y) \in \mathcal{Z}$. Mit 1.4 c) folgte $(o, x, y) \in \mathcal{Z}$ im Widerspruch zu $(x, o, y) \in \mathcal{Z}$. Also ist $(e, y, x) \in \mathcal{Z}$. Aber auch hiermit folgt ein Widerspruch, da (e, o, y), $(e, y, x) \in \mathcal{Z}$ gemäß 1.4 c) nach sich zieht, daß $(o, y, x) \in \mathcal{Z}$ ist. Unsere Annahme ist also zu verwerfen, so daß $<$, wie oben bemerkt, in der Tat eine Anordnung von X ist.

   Es bleibt zu zeigen, daß $\mathcal{Z}$ durch $<$ definiert wird. Dazu sei $(x, y, z) \in \mathcal{Z}_<$. Dann ist auch $(z, y, x) \in \mathcal{Z}_<$, so daß wir $x < y < z$ annehmen können. Wir werden nun $(x, y, z) \in \mathcal{Z}$ nachweisen.

   1. Fall: $o \in \{x, y, z\}$. Ist $x = o$, so ist $(x, y, z) = (o, y, z) \in \mathcal{Z}$ auf Grund der Definition von $<$. Ist $o = y$, so ist $(x, o, z) \in \mathcal{Z}$ wieder auf Grund der Definition

von $<$. Ist $z = o$, so folgt $(x, y, o) \in \mathcal{Z}$, so daß auch in diesem Falle $(x, y, z) \in \mathcal{Z}$ gilt.

2. Fall: x, y, $z \neq o$. Ist $o < x$, so ist (o, x, y), $(o, y, z) \in \mathcal{Z}$. Nach 1.4 c) ist daher $(x, y, z) \in \mathcal{Z}$. Ist $z < o$, so ist $(x, y, o) \in \mathcal{Z}$ und $(y, z, o) \in \mathcal{Z}$. Mit 1.1 (1) und 1.4 c) folgt wieder $(x, y, z) \in \mathcal{Z}$. Ist $x < o < y < z$, so ist (x, o, y), $(o, y, z) \in \mathcal{Z}$. Nach 1.4 a) ist daher $(x, y, z) \in \mathcal{Z}$. Ist schließlich $x < y < o < z$, so ist (x, y, o), $(y, o, z) \in \mathcal{Z}$, dh. (z, o, y), $(o, y, x) \in \mathcal{Z}$. Mit 1.4 a) folgt auch hier $(z, y, x) \in \mathcal{Z}$, dh. $(x, y, z) \in \mathcal{Z}$.

Es ist also $\mathcal{Z}_< \subseteq \mathcal{Z}$. Angenommen es sei $\mathcal{Z}_< \neq \mathcal{Z}$. Es gibt dann ein $(x, y, z) \in \mathcal{Z}$ mit $(x, y, z) \notin \mathcal{Z}_<$. Dann ist aber $(z, x, y) \in \mathcal{Z}_< \subseteq \mathcal{Z}$ oder $(y, z, x) \in \mathcal{Z}_< \subseteq \mathcal{Z}$, was beides nach 1.3 aber $(x, y, z) \in \mathcal{Z}$ widerspräche. Also ist doch $\mathcal{Z}_< = \mathcal{Z}$, womit alles bewiesen ist.

Es sei $\mathcal{Z}$ eine Zwischenbeziehung auf X und π sei eine Bijektion von X auf sich. Wir sagen π *lasse $\mathcal{Z}$ invariant*, wenn genau dann $(x, y, z) \in \mathcal{Z}$ gilt, wenn $(x^\pi, y^\pi, z^\pi) \in \mathcal{Z}$ ist. Es folgt, daß dann $\mathcal{Z}$ auch von π^{-1} invariant gelassen wird.

1.6. Satz. Es sei $\mathcal{Z}$ eine Zwischenbeziehung auf der Menge X und π sei eine Bijektion von X auf sich, die $\mathcal{Z}$ invariant lasse. Ist dann $<$ eine $\mathcal{Z}$ definierende Anordnung von X und sind a, $b \in X$ mit $a < b$, so gilt:

a) Ist $a^\pi < b^\pi$, so gilt für x, $y \in X$ genau dann $x < y$, wenn $x^\pi < y^\pi$ ist.

b) Ist $b^\pi < a^\pi$, so gilt für x, $y \in X$ genau dann $x < y$, wenn $y^\pi < x^\pi$ ist.

Beweis. — a) Es seien x, $y \in X$ und es gelte $x < y$. Ist $\{a, b\} = \{x, y\}$, so ist $a = x$ und $b = y$ und folglich $x^\pi < y^\pi$.

Es sei $|\{a, b\} \cap \{x, y\}| = 1$. Ist $b = x$, so ist $a < b < y$ und folglich $(a, b, y) \in \mathcal{Z}$. Daher ist $(a^\pi, b^\pi, y^\pi) \in \mathcal{Z}$. Wegen $a^\pi < b^\pi$ folgt $a^\pi < b^\pi < y^\pi$ und somit $x^\pi < y^\pi$. Ist $a = x$, so ist entweder $a < y < b$ oder $a < b < y$. Weil $\mathcal{Z}$ von π invariant gelassen wird, folgt $a^\pi < y^\pi < b^\pi$ oder $a^\pi < b^\pi < y^\pi$. In jedem Falle ist $x^\pi < y^\pi$. Ist $y \in \{a, b\}$, so gehe man genauso vor.

Es sei $\{a, b\} \cap \{x, y\} = \emptyset$. Ist $b < y$, so gibt es die Fälle

$$a \; < \; b \; < \; x \; < \; y,$$
$$a \; < \; x \; < \; b \; < \; y,$$
$$x \; < \; a \; < \; b \; < \; y.$$

Im ersten Falle folgt $b^\pi < x^\pi$ und damit $b^\pi < x^\pi < y^\pi$, was $x^\pi < y^\pi$ zur Folge hat. In den verbleibenden Fällen, sowie den noch nicht aufgelisteten, schließt man ganz analog. Somit ist $x^\pi < y^\pi$ eine Folge von $x < y$.

Weil $\mathcal{Z}$ auch von π^{-1} invariant gelassen wird, braucht man in den vorstehenden Argumenten nur a, b durch a^π, b^π zu ersetzen, um zu sehen, daß $x < y$ eine Folge von $x^\pi < y^\pi$ ist.

b) beweist sich völlig analog.

2. Eine Charakterisierung der Anordnung eines Körpers. Auch die Untersuchungen dieses Abschnitts dienen dazu, unser Rüstzeug zu vervollkommnen, damit wir uns dann anschließend wieder ungehindert der Geometrie zuwenden können.

Es sei G eine additiv geschriebene abelsche Gruppe und $<$ sei eine Anordnung von G. Ferner sei

$$P = \{x \mid x \in G, 0 < x\}$$

und

$$P^* = \{x \mid x \in G, x < 0\}.$$

Dann ist

$$G = P^* \cup \{0\} \cup P$$

und die Mengen P, P^*, $\{0\}$ sind paarweise disjunkt. Damit $<$ nicht nur eine Anordnung der G zugrunde liegenden Menge, sondern auch eine Anordnung der Gruppe G ist, muß P ein *Positivbereich* von G sein, dh. es muß $P + P \subseteq P$ und $P^* = \{-x \mid x \in P\}$ gelten.

2.1. Satz. Es sei V ein Vektorraum über dem Körper K und V habe mindestens drei Elemente. Ferner sei $<$ eine Anordnung der Menge V. Genau dann ist $<$ eine Anordnung der Gruppe V, wenn die durch $<$ auf V definierte Zwischenbeziehung $\mathcal{Z}_<$ von allen Abbildungen der Form $x \to x + v$ mit $v \in V$ invariant gelassen wird. In diesem Falle hat K die Charakteristik Null.

Beweis. Ist $<$ eine Anordnung der Gruppe V, so gilt bekanntlich genau dann $x < y$, wenn $x + v < y + v$ ist. Damit ist die triviale Richtung des Satzes bewiesen.

Es sei nun $<$ eine Anordnung der Menge V und $\mathcal{Z}_<$ werde von allen Abbildungen der Form $x \to x + v$ invariant gelassen. Wir zeigen zunächst, daß $\mathrm{Char}(K) \neq 2$ ist. Dazu nehmen wir das Gegenteil an. Nach Voraussetzung gibt es zwei verschiedene Elemente $a,\, b \in V$, die auch beide von Null verschieden sind. Es gibt dann eine Permutation x, y, z von a, b, 0 mit $(x,y,z) \in \mathcal{Z}_<$. Wegen $x + x = 0$ ist dann auch $(0, y+x, z+x) \in \mathcal{Z}_<$, so daß wir $(0,a,b) \in \mathcal{Z}_<$ annehmen können. Wegen $a + a = 0 = b + b$ gilt dann $(a, 0, a+b) \in \mathcal{Z}_<$ und $(b, a+b, 0) \in \mathcal{Z}$ und somit auch $(a, 0, a+b),\, (0, a+b, b) \in \mathcal{Z}_<$. Wendet man hierauf 1.4 b) an, so erhält man $(a, 0, b) \in \mathcal{Z}_<$. Da aber $(0, a, b) \in \mathcal{Z}$ gilt, widerspricht dies 1.3. Also ist doch $\mathrm{Char}(K) \neq 2$.

Weil V ein Vektorraum über K und $\mathrm{Char}(K) \neq 2$ ist, ist die Abbildung $x \to 2x = x + x$ ein Automorphismus von V. Es gibt also zu jedem $x \in V$ genau ein Element $y \in V$ mit $2y = x$. Wir bezeichnen y, wie üblich, mit $\frac{x}{2}$. Es sei nun $0 \neq x \in V$. Wir wollen zeigen, daß $(-x, 0, x) \in \mathcal{Z}_<$ ist. Wie wir wissen, gilt eine der folgenden Aussagen: $(-\frac{x}{2}, 0, \frac{x}{2}) \in \mathcal{Z}$, $(0, -\frac{x}{2}, \frac{x}{2}) \in \mathcal{Z}$, $(0, \frac{x}{2}, -\frac{x}{2}) \in \mathcal{Z}$.

Ist $(-\frac{x}{2}, 0, \frac{x}{2}) \in \mathcal{Z}$, so folgt durch Addition von $-\frac{x}{2}$ bzw. $\frac{x}{2}$ die Gültigkeit von

$$\left(-x, -\frac{x}{2}, 0\right) \in \mathcal{Z}_<$$

und

$$\left(0, \frac{x}{2}, x\right) \in \mathcal{Z}_<.$$

Ist $-\frac{x}{2} < 0 < \frac{x}{2}$, so folgt

$$-x < -\frac{x}{2} < 0 < \frac{x}{2} < x$$

und folglich $(-x, 0, x) \in \mathcal{Z}_<$. Ist $\frac{x}{2} < 0 < -\frac{x}{2}$, und dies ist der Fall, falls nicht $-\frac{x}{2} < 0 < \frac{x}{2}$ ist, so folgt

$$x < \frac{x}{2} < 0 < -\frac{x}{2} < -x,$$

so daß auch hier $(-x, 0, x) \in \mathcal{Z}_<$ gilt.

Ist $(0, -\frac{x}{2}, \frac{x}{2}) \in \mathcal{Z}_<$, so folgt durch Addition von $-\frac{x}{2}$ bzw. $\frac{x}{2}$, daß

$$(-\frac{x}{2}, -x, 0) \in \mathcal{Z}_<$$

und

$$(\frac{x}{2}, 0, x) \in \mathcal{Z}_<$$

gilt. Ist nun $0 < -\frac{x}{2} < \frac{x}{2}$, so folgt

$$0 < -x < -\frac{x}{2}$$

und

$$x < 0 < \frac{x}{2}.$$

Daher ist $x < 0 < -x$ und folglich $(x, 0, -x) \in \mathcal{Z}_<$. Ist $\frac{x}{2} < -\frac{x}{2} < 0$, so folgt $-\frac{x}{2} < -x < 0$ und $\frac{x}{2} < 0 < x$, so daß auch hier $(x, 0, -x) \in \mathcal{Z}_<$ gilt.

Ist $(0, \frac{x}{2}, -\frac{x}{2}) \in \mathcal{Z}_<$, so ersetze man x durch $-x$, um zum gleichen Ergebnis zu gelangen.

Ist nun

$$P = \{x \mid x \in V, 0 < x\}$$

und

$$P^* = \{x \mid x \in V, x < 0\},$$

so gilt wegen $(-x, 0, x) \in \mathcal{Z}_<$ also genau dann $x \in P$, wenn $-x \in P^*$ ist. Damit ist die erste Bedingung nachgewiesen, die P erfüllen muß, um ein Positivbereich von V zu sein.

Es sei nun $x \in P$. Aus $(-x, 0, x) \in \mathcal{Z}_<$ folgt $(0, x, x + x) \in \mathcal{Z}_<$. Wegen $0 < x$ ist also $0 < x < x + x$ und daher $x + x \in P$. Sind $x, y \in P$ und oBdA $0 < x < y$, so ist $(0, x, y) \in \mathcal{Z}_<$ und auch $(x, x + x, x + y) \in \mathcal{Z}_<$. Wegen $x < x + x$ folgt $x < x + y$. Weil schließlich $0 < x$ ist, ist daher $x + y \in P$. Also ist $P + P \subseteq P$, so daß $<$ eine Anordnung der abelschen Gruppe V ist.

Ist nun $0 < v \in V$, so folgt mit Induktion $0 < nv$ für alle natürlichen Zahlen n. Daher ist $\mathrm{Char}(K) = 0$, q. e. d.

Es sei K ein Körper und $<$ sei eine Anordnung von K als Menge. Ferner sei wieder

$$P = \{x \mid x \in K, 0 < x\}$$

und

$$P^* = \{x \mid x \in K, x < 0\}.$$

Damit K bzg. $<$ sogar ein angeordneter Körper ist, müssen die folgenden Bedingungen erfüllt sein:

a) $P^* = \{-x \mid x \in P\}$,

b) $P + P \subseteq P$,

c) $PP \subseteq P$.

Es gilt nun

2.2. Satz. Ist K ein Körper mit mindestens drei Elementen und ist $<$ eine Anordnung der Menge K, so ist K genau dann bzg. $<$ oder $<^\epsilon$ ein angeordneter Körper, wenn $\mathcal{Z}_<$ von allen Abbildungen der Form $x \to x + a$ mit $a \in K$, bzw. $x \to xa$ mit $a \in K^*$ invariant gelassen wird.

Beweis. Ist K ein bzg. $<$ angeordneter Körper, so lassen alle Abbildungen der Form $x \to x + a$ die Relation $<$ invariant, während eine Abbildung $x \to xa$ mit $a \in K^*$ entweder alle Beziehungen der Form $x < y$ erhält oder alle in ihr Gegenteil verkehrt. Folglich wird $\mathcal{Z}_<$ von allen Abbildungen der fraglichen Art invariant gelassen. Ist K ein bzg. $<^\epsilon$ angeordneter Körper, so folgt die gleiche Aussage, da $\mathcal{Z}_<$ ja auch von $<^\epsilon$ definiert wird.

Umgekehrt mögen alle Abbildungen der fraglichen Art $\mathcal{Z}_<$ invariant lassen. Da $\mathcal{Z}_<$ auch von $<^\epsilon$ definiert wird, können wir $0 < 1$ annehmen, da andernfalls $0 <^\epsilon 1$ wäre. Weil K ein K-Vektorraum ist, folgt nach 2.1 für $P = \{x \mid x \in K, 0 < x\}$ und $P^* = \{x \mid x \in K, x < 0\}$, daß $P^* = \{-x \mid x \in P\}$ und $P + P \subseteq P$ ist. Es ist also nur noch zu zeigen, daß $PP \subseteq P$ ist. Dazu seien a, $b \in P$. Wegen $0 < 1$, a ist $(1, 0, a) \notin \mathcal{Z}_<$. Daher gilt entweder $(0, 1, a) \in \mathcal{Z}_<$ oder $(0, a, 1) \in \mathcal{Z}_<$. Im ersten Fall ist $(0, b, ab) \in \mathcal{Z}_<$ und im zweiten ist $(0, ab, b) \in \mathcal{Z}_<$. Wegen $0 < b$ folgt in beiden Fällen $0 < ab$, dh. $ab \in P$. Dieser Schluß versagt, wenn $a = 1$ ist. In diesem Falle ist aber $1b = b$, so daß in der Tat $PP \subseteq P$ ist, q. e. d.

3. Zwischenbeziehungen in desarguesschen affinen Ebenen. Es sei K ein angeordneter Körper, der nicht kommutativ zu sein braucht. Ferner sei A die affine Ebene über K. Mittels der früher definierten Teilverhältnisse von A definieren wir nun eine ternäre Relation $\mathcal{Z}$ auf der Menge der Punkte von A wie folgt: Sind P, Q, R drei Punkte von A, so gelte $(P, R, Q) \in \mathcal{Z}$ genau dann, wenn P, Q, R drei verschiedene kollineare Punkte von A sind, für die es ein $t \in K$ gibt mit $0 < t < 1$ und $P\,t\,Q = R$. Dabei sei wieder

$$P\,t\,Q = P(1 - t) + Qt.$$

Wir zeigen nun, daß $\mathcal{Z}$ die folgenden fünf Eigenschaften hat.

(Z1) Ist $(P, R, Q) \in \mathcal{Z}$, so ist $(Q, R, P) \in \mathcal{Z}$.

(Z2) Aus $(P, R, Q) \in \mathcal{Z}$ folgt $(P, Q, R) \notin \mathcal{Z}$.

(Z3) Sind P, Q, R paarweise verschiedene Punkte, so gilt wenigstens eine der Aussagen: $(P, R, Q) \in \mathcal{Z}$, $(Q, P, R) \in \mathcal{Z}$, $(R, Q, P) \in \mathcal{Z}$.

(Z4) Sind P, Q, R, S vier paarweise verschiedene kollineare Punkte und ist $(P, R, Q) \in \mathcal{Z}$, so gilt $(P, R, S) \in \mathcal{Z}$ oder $(S, R, Q) \in \mathcal{Z}$.

(Z5) Ist π eine Parallelprojektion und liegen P, Q, R im Definitionsbereich von π, so gilt $(P, R, Q) \in \mathcal{Z}$ genau dann, wenn $(P^\pi, R^\pi, Q^\pi) \in \mathcal{Z}$. gilt.

Weil Translationen Teilverhältnisse invariant lassen, bleibt $\mathcal{Z}$ unter allen Translationen invariant. Dies werden wir uns gleich zunutze machen.

(Z1) folgt unmittelbar aus der Bemerkung, daß $(P, R, Q) \in \mathcal{Z}$ genau dann gilt, wenn es α, $\beta \in K$ gibt mit $\alpha > 0$, $\beta > 0$, $\alpha + \beta = 1$ und $R = P\alpha + Q\beta$.

Um (Z2) zu beweisen, sei $(P, R, Q) \in \mathcal{Z}$. Auf Grund unserer Vorbemerkung können wir annehmen, daß $0 \notin P \vee Q$ ist. Dies hat zur Folge, daß P und Q linear unabhängig sind. Es gibt nun α und $\beta \in K$ mit $\alpha > 0$, $\beta > 0$, $\alpha + \beta = 1$ und $R = P\alpha + Q\beta$. Wäre auch $(P, Q, R) \in \mathcal{Z}$, so gäbe es auch α', $\beta' \in K$ mit $\alpha' > 0$, $\beta' > 0$, $\alpha' + \beta' = 1$ und $Q = P\alpha' + R\beta'$. Es folgte

$$Q = P\alpha' + (P\alpha + Q\beta)\beta' = P(\alpha' + \alpha\beta') + Q\beta\beta'.$$

Weil P und Q linear unabhängig sind, wäre insbesondere $\alpha' + \alpha\beta' = 0$. Wegen $\alpha > 0$ und $\beta' > 0$ folgte hieraus der Widerspruch $0 < \alpha' = -\alpha\beta' < 0$. Also gilt (Z2).

Um (Z3) zu beweisen, können wir (Q, P, R), $(R, Q, P) \notin \mathcal{Z}$ annehmen. Ferner können wir auch wieder $0 \, \cancel{I} \, P \vee Q$ voraussetzen. Nach V.1.9 und V.1.8 gibt es σ_1, σ_2, τ_1, $\tau_2 \in K - \{0, 1\}$ mit $P = Q\sigma_1 + R\tau_1$ und $Q = P\sigma_2 + R\tau_2$ sowie $\sigma_1 + \tau_1 = 1$ und $\sigma_2 + \tau_2 = 1$. Wegen $(Q, P, R) \notin \mathcal{Z}$ ist genau einer der Werte σ_1, τ_1 positiv, der andere negativ, da wegen $\sigma_1 + \tau_1 = 1$ nicht beide negativ sein können. Also ist $\tau_1 \sigma_1^{-1} < 0$. Ebenso folgt $\tau_2 \sigma_2^{-1} < 0$.

Es sei zunächst $\tau_1 = \tau_2$. Dann folgt aus $\sigma_1 + \tau_1 = 1 = \sigma_2 + \tau_2$, daß auch $\sigma_1 = \sigma_2$ gilt. Folglich ist

$$P - Q = Q\sigma_1 + R\tau_1 - P\sigma_2 - R\tau_2 = (Q - P)\sigma_1.$$

Weil $P \neq Q$ ist, ist daher $\sigma_1 = -1$ und somit $\tau_1 = 2$. Also ist

$$R = \tfrac{1}{2}(P + Q),$$

so daß $(P, R, Q) \in \mathcal{Z}$ ist.

Es sei also $\tau_1 \neq \tau_2$. Dann folgt

$$R(\tau_1 - \tau_2) = P - Q\sigma_1 - Q + P\sigma_2 = P(1 + \sigma_2) - Q(1 + \sigma_1)$$

und weiter

$$R = P(1 + \sigma_2)(\tau_1 - \tau_2)^{-1} + Q(1 + \sigma_1)(\tau_2 - \tau_1)^{-1}.$$

Nun ist

$$(1 + \sigma_2)(\tau_1 - \tau_2)^{-1} + (1 + \sigma_1)(\tau_2 - \tau_1)^{-1} = (\sigma_2 - \sigma_1)(\tau_1 - \tau_2)^{-1}.$$

Ferner ist $\sigma_i = 1 - \tau_i$ und daher $(\sigma_2 - \sigma_1)(\tau_1 - \tau_2)^{-1} = 1$. Es bleibt zu zeigen, daß $(1 + \sigma_2)(\tau_1 - \tau_2)^{-1}$ und $(1 + \sigma_1)(\tau_2 - \tau_1)^{-1}$ positiv sind. Weil ihre Summe 1 ist, ist höchstens einer der beiden Ausdrücke negativ. Es genügt daher zu zeigen, daß

$$\alpha = (1 + \sigma_2)(\tau_1 - \tau_2)^{-1}\big((1 + \sigma_1)(\tau_2 - \tau_1)^{-1}\big)^{-1} = -(1 + \sigma_2)(1 + \sigma_1)^{-1}.$$

positiv ist. Nun ist

$$P = Q\sigma_1 + R\tau - 1 = P\sigma_2\sigma_1 + R\tau_2\sigma_1 + R\tau_1 = P\sigma_2\sigma_1 + R(\tau_2\sigma_1 + \tau_1).$$

Wegen $0 \, \cancel{I} \, P \vee Q = P \vee R$ sind P und R linear unabhängig. Daher ist $\sigma_2\sigma_1 = 1$ und $\tau_2\sigma_1 + \tau_1 = 0$. Also ist $\tau_2 = -\tau_1\sigma_1 > 0$. Wegen $\tau_2\sigma_2 < 0$ ist daher $-\sigma_2 < 0$. Weiterhin ist

$$\alpha = -(1 + \sigma_2)(1 + \sigma_2)^{-1} = -(1 + \sigma_2)\sigma_2(\sigma_2 + \sigma_1\sigma_2)^{-1}.$$

Nun folgt aus $\sigma_2\sigma_1 = 1$, daß auch $\sigma_1\sigma_2 = 1$ ist. Also ist

$$\alpha = -(1 + \sigma_2)\sigma_2(1 + \sigma_2)^{-1} = -\sigma_2 > 0.$$

Damit ist die Gültigkeit von (Z3) gezeigt.

Um (Z4) zu beweisen, sei $(P, R, Q) \in \mathcal{Z}$ und $(S, R, Q) \notin \mathcal{Z}$. Ferner werde wieder $0 \, \cancel{I} \, P \vee Q$ angenommen, was ja die Allgemeinheit nicht einschränkt. Es gibt dann $\alpha, \beta, \gamma, \delta \in K$ mit $\alpha + \beta = 1$, $\gamma + \delta = 1$, $\alpha > 0$, $\beta > 0$ und $\gamma\delta < 0$ sowie $R = P\alpha + Q\beta$ und $R = S\gamma + Q\delta$. Es folgt $Q = R\delta^{-1} - S\gamma\delta^{-1}$ und weiter

$$R = P\alpha + (R\delta^{-1} - S\gamma\delta^{-1})\beta,$$

dh.

$$R(1 - \delta^{-1}\beta) = P\alpha + S(-\gamma\delta^{-1}\beta).$$

Wegen $0 \, \cancel{I} \, P \vee Q = P \vee S$ sind P und S linear unabhängig, so daß wegen $\alpha \neq 0$ auch $1 - \delta^{-1}\beta \neq 0$ ist. Also ist

$$R = P\alpha(1 - \delta^{-1}\beta)^{-1} + S(-\gamma\delta^{-1}\beta)(1 - \delta^{-1}\beta)^{-1}.$$

Weiter gilt

$$\begin{aligned}
\alpha(1 - \delta^{-1}\beta)^{-1} + (-\gamma\delta^{-1}\beta)(1 - \delta^{-1}\beta)^{-1} &= (\alpha - \gamma\delta^{-1}\beta)(1 - \delta^{-1}\beta)^{-1} \\
&= (\alpha - (\delta^{-1} - 1)\beta)(1 - \delta^{-1}\beta)^{-1} \\
&= (1 - \delta^{-1}\beta)(1 - \delta^{-1}\beta)^{-1} \\
&= 1.
\end{aligned}$$

Ferner ist

$$\alpha(1 - \delta^{-1}\beta)^{-1}(-\gamma\delta^{-1}\beta)(1 - \delta^{-1}\beta)^{-1} > 0,$$

da ja $\alpha > 0$, $-\gamma\delta > 0$ und $\beta > 0$ ist. Hieraus folgt $\alpha(1 - \delta^{-1}\gamma)^{-1} > 0$ und $(-\gamma\delta^{-1}\beta)(1 - \delta^{-1}\beta)^{-1} > 0$, da die Summe dieser Ausdrücke 1 ist, sie also nicht beide kleiner Null sein können. Somit ist $(P, R, S) \in \mathcal{Z}$, so daß auch (Z4) gilt.

(Z5) folgt unmittelbar aus der Tatsache, daß Teilverhältnisse bei Parallelprojektionen invariant sind.

Bezeichnet man mit $\mathcal{Z}^g$ die Einschränkung von $\mathcal{Z}$ auf die Menge der mit der Geraden g inzidierenden Punkte, so ist $\mathcal{Z}^g$ eine Zwischenbeziehung auf dieser Menge. Geometrisch relevant werden all diese Zwischenbeziehungen dadurch, daß sie vermöge (Z5) miteinander verknüpft sind.

3.1. Definition. Es sei A eine affine Ebene und jede Gerade von A trage wenigstens drei Punkte. Ist $\mathcal{Z}$ eine Relation auf der Menge der Tripel paarweise verschiedener kollineare Punkte von A, die (Z1), (Z2), (Z3), (Z4) und (Z5) erfüllen, so heißt $\mathcal{Z}$ eine *Zwischenbeziehung* auf A.

Es gilt also

3.2. Satz. Es sei K ein angeordneter Körper und A sei die affine Ebene über K. Ist $\mathcal{Z}$ die Menge der Punktetripel (P, Q, R) von A, für die es α, $\beta \in K$ gibt mit $\alpha > 0$, $\beta > 0$, $\alpha + \beta = 1$ und $R = P\alpha + Q\beta$, so ist $\mathcal{Z}$ eine Zwischenbeziehung auf A.

Diesen Sachverhalt werden wir nun umkehren und zeigen, daß jede Zwischenbeziehung einer desarguesschen affinen Ebene auf die in 3.2 geschilderte Art erhalten wird.

3.3. Hilfssatz. Es sei A eine affine Ebene über dem Körper K. Sind $a \in K$ und $k \in K^*$, so sind die folgenden Abbildungen Parallelprojektionen.

$$(x, 0) \rightarrow (x, x),$$
$$(x, x) \rightarrow (xk, x),$$
$$(x, x) \rightarrow (x, 0),$$
$$(x, 0) \rightarrow (x + a, a).$$

Insbesondere sind also alle Abbildungen der Form

$$(x, 0) \rightarrow (xk + a, 0)$$

mit $a \in K$ und $k \in K^*$ Produkte von Parallelprojektionen.

Der Beweis ist eine einfache Übungsaufgabe.

3.4. Satz. Es sei A eine desarguessche affine Ebene und jede Gerade von A trage mindestens drei Punkte. Ist $\mathcal{Z}$ eine Zwischenbeziehung auf A, so gibt es eine Anordnung $<$ auf dem Koordinatenkörper K von A, so daß K bzg. $<$ ein angeordneter

Körper ist und daß für drei Punkte P, Q, R von A genau dann $(P, Q, R) \in \mathcal{Z}$ gilt, wenn es α, $\beta \in K$ gibt mit $\alpha > 0$, $\beta > 0$, $\alpha + \beta = 1$ und $R = P\alpha + Q\beta$.

Beweis. Wir definieren auf K eine Zwischenbeziehung $\mathcal{Z}'$ durch $(x, y, z) \in \mathcal{Z}'$ genau dann, wenn $\big((x, 0), (y, 0), (z, 0)\big) \in \mathcal{Z}$ gilt. Nach 1.5 gibt es eine Anordnung der Menge K, die $\mathcal{Z}'$ definiert. Da auch $<^\epsilon$ die Zwischenbeziehung $\mathcal{Z}'$ definiert, können wir annehmen, daß $0 < 1$ gilt. Weil $\mathcal{Z}$ von Parallelprojektionen invariant gelassen wird, folgt aus 3.3, daß die Abbildungen $x \to x+a$ mit $a \in K$ bzw. $x \to xk$ mit $k \in K^*$ die Zwischenbeziehung $\mathcal{Z}'$ invariant lassen. Mit 2.2 folgt daher, daß K bzg. $<$ ein angeordneter Körper ist.

Es seien nun P, Q, R drei verschiedene kollineare Punkte von A. Nach V.1.9 und V.1.6 gibt es dann α, $\beta \in K - \{0, 1\}$ mit $\alpha + \beta = 1$ und $R = P\alpha + Q\beta = P\beta Q$. Nun gibt es ein Produkt π von Parallelprojektionen mit $P^\pi = (0, 0)$ und $Q^\pi = (1, 0)$. Weil Teilverhältnisse unter Parallelprojektionen invarinat sind, folgt

$$R^\pi = P^\pi \, \beta \, Q^\pi = (0, 0)\alpha + (1, 0)\beta = (\beta, 0).$$

Weil Parallelprojektionen $\mathcal{Z}$ invariant lassen, ist genau dann $(P, R, Q) \in \mathcal{Z}$, wenn

$$\big((0, 0), (\beta, 0), (1, 0)\big) = (P^\pi, R^\pi, Q^\pi) \in \mathcal{Z}$$

ist, dh. genau dann, wenn $(0, \beta, 1) \in \mathcal{Z}'$ gilt. Dies ist nun genau dann der Fall, wenn $0 < \beta < 1$ ist, und dies gilt wegen $\alpha + \beta = 1$ genau dann, wenn $\alpha > 0$ und $\beta > 0$ ist. Damit ist 3.4 bewiesen.

4. Eine Kennzeichnug der reellen affinen Ebene. Ist A die affine Ebene über dem Körper **R** der reellen Zahlen, so besitzt A nach V.1.8 eine Mittelpunktsrelation, da $\mathrm{Char}(\mathbf{R}) = 0$ ist. Weil **R** ein angeordneter Körper ist, besitzt A nach 3.2 auch eine Zwischenbeziehung. Die Strecken, die durch diese Zwischenbeziehung definiert werden, sind nichts anderes als die Strecken des $\mathbf{R}^{(2)}$, die man auch in der Analysis betrachtet. Daher gilt in A auch, daß jede Intervallschachtelung aus abgeschlossenen Intervallen, deren Durchmesser eine Nullfolge bilden, in ihrem Durchschnitt genau einen Punkt enthält. Wir werden nun sehen, daß diese drei Eigenschaften die reelle affine Ebene kennzeichnen, wobei wir die letzte Eigenschaft noch etwas abschwächen werden.

Ist $\mathcal{Z}$ eine Zwischenbeziehung der affinen Ebene A und sind P, Q Punkte von A, so sei

$$\mathrm{Stre}[P, Q] = \{X \mid (P, X, Q) \in \mathcal{Z}\} \cup \{P, Q\}.$$

Wir nennen $\mathrm{Stre}[P, Q]$ die *Strecke* mit den Endpunkten P und Q. Ist m außerdem eine Mittelpunktsrelation auf A, so nennen wir *dyadische Intervallschachtelung* von A jede Folge $(I_n \mid n \in \mathbf{N})$ von Strecken, zu der es zwei Punktfolgen $(P_n \mid n \in \mathbf{N})$ und $(Q_n \mid n \in \mathbf{N})$ gibt mit $I_n = \mathrm{Stre}[P_n, Q_n]$, so daß für alle n entweder $P_n = P_{n+1}$ und $Q_{n+1} = P_n \, \mathrm{m} \, Q_n$ oder $P_{n+1} = P_m \, \mathrm{m} \, Q_n$ und $Q_{n+1} = Q_n$ gilt.

Sprechen wir von einer Intervallschachtelung von A, so meinen wir immer Intervallschachtelung zu einer gegebenen Zwischenbeziehung. Da wir immer nur eine

Zwischenbeziehung auf einer affinen Ebene betrachten, werden wir dies jedoch nie extra dazu sagen.

4.1. Hilfssatz. Es sei A eine affine Ebene und $\mathcal{Z}$ sei eine Zwischenbeziehung auf A. Ist dann σ eine Involution aus $\Gamma(P, g_\infty)$, so gilt $(X, P, X^\sigma) \in \mathcal{Z}$ für alle von P verschiedenen Punkte X von A.

Beweis. Es sei $X \neq P$ und $(X, P, X^\sigma) \notin \mathcal{Z}$. Dann ist $(P, X, X^\sigma) \in \mathcal{Z}$ oder $(P, X^\sigma, X) \in \mathcal{Z}$. Nach 1.3 gelten jedoch nicht beide Beziehungen. Indem man gegebenfalls X durch X^σ ersetzt, kann man annehmen, daß $(P, X, X^\sigma) \in \mathcal{Z}$ gilt. Es seien g und h zwei verschiedene Geraden durch X, die auch von $X \vee X^\sigma$ verschieden sind. Ferner sei

$$j = (g \cap h^\sigma) \vee (g^\sigma \cap h).$$

Dann ist j eine Fixgerade von σ, so daß $P \mathrm{I} j$ gilt. Ferner sind g und g^σ sowie h und h^σ parallel. Ist nun π die Parallelprojektion von $X \vee X^\sigma$ entlang der durch g bestimmten Parallelenschar auf j und ρ die Parallelprojektion von j auf $X \vee X^\sigma$ entlang der durch h bestimmten Parallelenschar, so ist $P^{\pi\rho} = P$, $X^{\pi\rho} = X^\sigma$ und $X^{\sigma\pi\rho} = X$. Weil $\mathcal{Z}$ unter Parallelprojektionen invariant bleibt, gilt also

$$(P, X^\sigma, X) = (P^{\pi\rho}, X^{\pi\rho}, X^{\sigma\pi\rho}) \in \mathcal{Z}.$$

Dieser Widerspruch zeigt, daß doch $(X, P, X^\sigma) \in \mathcal{Z}$ gilt, q. e. d.

4.2. Hilfssatz. Es sei A eine affine Ebene mit Mittelpunktsrelation m und Zwischenbeziehung $\mathcal{Z}$. Ist dann $(I_n \mid n \in \mathbf{N})$ eine dyadische Intervallschachtelung von A, so ist $I_{n+1} \subseteq I_n$ für alle $n \in \mathbf{N}$.

Beweis. Es ist $I_n = \mathrm{Stre}[A_n, B_n]$ und $I_{n+1} = \mathrm{Stre}[A_{n+1}, B_{n+1}]$. Ferner gilt entweder $A_n = A_{n+1}$ und $B_{n+1} = A_n \mathrm{m} B_n$ oder $A_n \mathrm{m} B_n = A_{n+1}$ und $B_{n+1} = B_n$.

1. Fall: $A_n = A_{n+1}$ und $B_{n+1} = A_n \mathrm{m} B_n$. Nach V.1.3 gibt es ein $\sigma \in \Gamma(B_{n+1}, g_\infty)$ mit $X^\sigma \mathrm{m} X = B_{n+1}$ für alle Punkte X. Insbesondere folgt $X^{\sigma^2} \mathrm{m} X^\sigma = B^{n+1}$. Nun ist m aber kommutativ, so daß auch $X^\sigma \mathrm{m} X^{\sigma^2} = B_{n+1}$ ist. Folglich ist $\sigma^2 = 1$. Somit ist σ involutorisch, da nach V.1.3 ja $\sigma \neq 1$ ist. Weil schließlich

$$A_n \mathrm{m} B_n = B_{n+1} = B_n^\sigma \mathrm{m} B_n$$

und daher $B_n^\sigma = A_n$ ist, folgt mit 4.1 die Relation $(A_n, B_{n+1}, B_n) \in \mathcal{Z}$. Es sei nun

$$X \in I_{n+1} = \mathrm{Stre}[A_{n+1}, B_{n+1}] = \mathrm{Stre}[A_n, B_{n+1}].$$

Ist $X = A_n$ oder $X = B_{n+1}$, so ist $X \in I_n$. Es sei also $X \neq A_n, B_{n+1}$. Dann gilt (A_n, X, B_{n+1}), $(A_n, B_{n+1}, B_n) \in \mathcal{Z}$. Mit 1.4 d) folgt daher $(A_n, X, B_n) \in \mathcal{Z}$. Folglich ist $X \in I_n$. Also ist $I_{n+1} \subseteq I_n$.

2. Fall: $A_n \mathrm{m} B_n = A_{n+1}$ und $B_{n+1} = B_n$. Vertauscht man hier die Rollen von A und B, so erhält man wieder die Situation des ersten Falles. Damit ist 4.2 bewiesen.

Und nun die versprochene Kennzeichnung der reellen affinen Ebene.

4.3. Satz. Ist A eine affine Ebene, so sind die folgenden Bedingungen äquivalent:

a) A ist die affine Ebene über $\mathbf{R}$.

b) A ist eine Ebene mit Zwischenbeziehung und Mittelpunktsrelation, so daß für jede dyadische Intervallschachtelung $(I_n \mid n \in \mathbf{N})$ von A die Menge $\bigcap_{n=1}^{\infty} I_n$ aus genau einem Punkt besteht.

Beweis. a) impliziert b): Wie wir oben schon bemerkten, besitzt A eine Mittelpunktsrelation und eine Zwischenbeziehung. Es sei nun $(I_n \mid n \in \mathbf{N})$ eine dyadische Intervallschachtelung von A. Da Zwischenbeziehung und Mittelpunktsrelation unter Parallelprojektionen invariant bleiben, können wir annehmen, daß

$$I_1 = \{(x,0) \mid x \in \mathbf{R}, 0 \leq x \leq 1\}$$

ist. Es gibt nun Punkte P_n und Q_n mit $I_n = \mathrm{Stre}[P_n, Q_n]$. Mit 4.2 folgt die Existenz von a_n, $b_n \in \mathbf{R}$ mit $P_n = (a_n, 0)$ und $Q_n = (b_n, 0)$. Wir zeigen nun die Existenz einer Folge $(e_i \mid i \in \mathbf{N} \cup \{0\})$ mit $e_i \in \{0,1\}$ und $a_n = \sum_{i=0}^{n-1} e_i 2^{-i}$ und $b_n = a_n + 2^{1-n}$.

Es ist $a_1 = 0$ und daher $e_0 = 0$ sowie $b_1 = a_1 + 2^{1-1}$. Es seien also $e_0, \ldots, e_{n-1}$ bereits gefunden und es gelte

$$a_n = \sum_{i=0}^{n-1} e_i 2^{-i}$$

und $b_n = a_n + 2^{1-n}$. Ist $P_{n+1} = P_n$, so ist

$$a_{n+1} = \sum_{i=0}^{n} e_i 2^{-i}$$

mit $e_n = 0$. Ferner ist

$$Q_{n+1} = \tfrac{1}{2}(P_n + Q_n) = (\tfrac{1}{2}(a_n + b_n), 0)$$

und daher

$$b_{n+1} = a_n + 2^{-n} = a_{n+1} + 2^{-n}.$$

Ist $P_{n+1} = \tfrac{1}{2}(P_n + Q_n)$, so ist $a_{n+1} = a_n + 2^{-n}$ und daher

$$a_{n+1} = \sum_{i=0}^{n} e_i 2^{-i}$$

mit $e_n = 1$. Ferner ist

$$b_{n+1} = b_n = a_n + 2^{1-n} = a_n + 2^{-n} + 2^{-n} = a_{n+1} + 2^{-n}.$$

Im ersten der beiden betrachteten Fälle ist

$$b_{n+1} - b_n = a_{n+1} + 2^{-n} - a_n - 2^{1-n} = 2^{1-n}$$

und im zweiten $b_{n+1} - b_n = 0$, so daß b eine monoton fallende Folge ist, während a monoton steigt. Ferner ist $a_i \leq b_j$ für alle i und j. Außerdem ist $a - b$ wegen $b_{n+1} - a_{n+1} = 2^{-n}$ eine Nullfolge. Daher ist

$$\bigcap_{b=1}^{\infty} I_n = \left\{ \left(\sum_{i=0}^{\infty} e_i 2^{-i}, 0 \right) \right\}.$$

Somit ist b) eine Folge von a).

b) impliziert a): Weil A eine Mittelpunktsrelation besitzt, ist A nach V.1.8 eine Translationsebene mit von 2 verschiedener Charakteristik. Es sei K ihr Kern. Wir können dann annehmen, daß $A = \pi(V)$ ist, wobei $V = X \oplus X$ die direkte Summe eines geeigneten K-Vektorraumes X mit sich selbst ist und wobei π eine Kongruenz von V ist, die $V(0)$, $V(1)$ und $V(\infty)$ enthält. Dabei sind $V(0)$, $V(1)$ und $V(\infty)$ wie schon früher durch $V(0) = \{(x,0) \mid x \in X\}$, $V(1) = \{(x,x) \mid x \in X\}$ und $V(\infty) = \{(0,x) \mid x \in X\}$ definiert. Nach V.5.3 gibt es ferner eine Teilmenge $\Sigma(\pi)$ von $GL(X, K)$ mit

$$\pi - \{V(0), V(\infty)\} = \{V(\sigma) \mid \sigma \in \Sigma(\pi)\},$$

wobei $V(\sigma) = \{(x, x^\sigma) \mid x \in X\}$ ist.

Als erstes stellen wir fest:

A) Die durch $(x, 0)^\alpha = (x + a, 0)$ definierte Abbildung α von $V(0)$ auf sich ist ein Produkt von Parallelprojektionen.

Es ist ja

$$\big((x, 0) + V(1)\big) \cap \big((0, a) + V(0)\big) = \{(x + a, a)\},$$

so daß $(x, 0) \to (x + a, a)$ eine Parallelprojektion von $V(0)$ auf $(0, a) + V(0)$ ist. Ferner ist

$$\big((x + a, a) + V(\infty)\big) \cap V(0) = \{(x + a, 0)\},$$

so daß auch $(x+a, a) \to (x+a, 0)$ eine Parallelprojektion, und zwar von $(0, a)+V(0)$ auf $V(0)$ ist. Damit ist A) bewiesen.

B) Ist $\sigma \in \Sigma(\pi)$, so ist die durch $(x, 0)^\beta = (x^{\sigma^{-1}}, 0)$ definierte Abbildung β von $V(0)$ auf sich ein Produkt von Parallelprojektionen.

Es ist ja

$$\big((x, 0) + V(\infty)\big) \cap V(1) = \{(x, x)\},$$

so daß $(x, 0) \to (x, x)$ eine Parallelprojektion von $V(0)$ auf $V(1)$ ist. Ferner ist

$$(x, x) + V(0) = (0, x) + V(0)$$

und

$$\big((0,x) + V(0)\big) \cap V(\sigma) = \big\{(x^{\sigma^{-1}}, x)\big\}.$$

Also ist $(x,x) \to (x^{\sigma^{-1}}, x)$ eine Parallelprojektion von $V(1)$ auf $V(\sigma)$. Schließlich ist

$$\big((x^{\sigma^{-1}}, x) + V(\infty)\big) \cap V(0) = \big\{(x^{\sigma^{-1}}, 0)\big\},$$

so daß B) bewiesen ist. (Damit ist auch 3.3 bewiesen.)

Mit Hilfe der Zwischenrelation $\mathcal{Z}$ auf $\pi(V)$ definieren wir wieder eine Zwischenrelation $\mathcal{Z}'$ auf X vermöge $(x,y,z) \in \mathcal{Z}'$ genau dann, wenn $\big((x,0),(y,0),(z,0)\big) \in \mathcal{Z}$ ist. Nach 1.5 gibt es eine Anordnung $<$, die $\mathcal{Z}'$ definiert. Weil $\mathcal{Z}'$ auf Grund von A) von allen Abbildungen der Form $x \to x+a$ invariant gelassen wird, ist X nach 2.1 bzg. $<$ eine angeordnete Gruppe und K hat die Charakteristik 0.

C) X ist bzg. $<$ eine *archimedisch* angeordnete Gruppe, dh. zu a, $b \in X$ mit $a > 0$ gibt es ein $n \in \mathbf{N}$ mit $na > b$.

Angenommen C) sei falsch. Dann gibt es a, $b \in X$ mit $a > 0$ und $na \leq b$ für alle $n \in \mathbf{N}$. Dann ist also auch $2^n a \leq b$ für alle n. Weil $\mathrm{Char}(K) = 0$ ist, gibt es zu jedem $n \in \mathbf{N}$ ein eindeutig bestimmtes $b_n \in X$ mit $2^n b_n = b$. Wir setzen $P_n = (0,0)$ und $Q_n = (b_n, 0)$ sowie $I_n = \mathrm{Stre}[P_n, Q_n]$. Dann gilt $(0,0) \in I_n$ für alle n. Ferner folgt aus $2^n \leq b = 2^n b_n$, daß für alle $n \in \mathbf{N}$ die Ungleichung $a \leq b_n$ gilt. Also ist auch $(a,0) \in I_n$ für alle n. Nun ist $P_{n+1} = P_n = (0,0)$ und $Q_{n+1} = (b_{n+1}, 0)$. Wegen

$$2^n b_n = b = 2^{n+1} b_{n+1}$$

ist $b_n = 2b_{n+1}$, dh., $b_{n+1} = \tfrac{1}{2} b_n$. Also ist

$$Q_{n+1} = \tfrac{1}{2}\big((0,0) + (b_n)\big) = \tfrac{1}{2}\big(P_n + Q_n\big).$$

Folglich ist $(I_n \mid n \in \mathbf{N})$ eine dyadische Intervallschachtelung von A, so daß $\bigcap_{n=1}^{\infty} I_n = W$ nur einen Punkt enthält. Andererseits ist $(0,0)$, $(a,0) \in W$, was wegen $a > 0$ ein Widerspruch ist. Also gilt doch C).

Weil $\mathrm{Char}(K) = 0$ ist, ist $\mathbf{Q} \subseteq K$. Ist nun $0 < e \in X$, so ist $\mu : r \to re$ ein Monomorphismus der additiven Grupe von Q in X, da X ja ein K-Vektorraum ist. Ferner gilt $\mu(r) < \mu(s)$ genau dann, wenn $r < s$ ist. Ist nämlich $z \in \mathbf{Z}$, so ist

$$\mu(z) = ze < ze + e = (z+1)e = \mu(z+1).$$

Hieraus folgt mit Induktion $\mu(z) < \mu(z')$, falls $z < z'$ ist. Umgekehrt folgt aus $\mu(z) < \mu(z')$ auch $z < z'$, da andernfalls $z' \leq z$ und daher $\mu(z') \leq \mu(z)$ wäre. Es seien nun r, $s \in \mathbf{Z}$ und es gelte $r < s$. Ferner sei $r = \frac{a}{m}$ und $s = \frac{b}{n}$ mit a, $b \in \mathbf{Z}$ und m, $n \in \mathbf{N}$. Wäre $\mu(s) \leq \mu(r)$, so hieße dies $\frac{b}{n} e \leq \frac{a}{m} e$. Es folgte $mbe \leq nae$, dh., $\mu(mb) \leq \mu(na)$ und daher $mb \leq na$, was den Widerspruch $\frac{b}{n} \leq \frac{a}{m} < \frac{b}{n}$ nach sich zöge. Also ist doch $\mu(r) < \mu(s)$. Ist umgekehrt $\mu(r) < \mu(s)$, so folgt wie oben $r < s$.

Es sei weiterhin $0 < e \in X$. Für $x \in X$ und $n \in \mathbf{N}$ betrachten wir die Menge

$$M(n,x) = \{z \mid z \in \mathbf{Z}, nx < ze\}.$$

Weil X archimedisch angeordnet ist, ist $M(n,x)$ nicht leer. Ist $X > 0$, so besteht $M(n,x)$ nur aus natürlichen Zahlen, da ja $(-k)e = -(ke)$ ist. Es sei $x < 0$. Dann ist auch $nx < 0$ und folglich $-(nx) > 0$. Es gibt dann ein $m \in \mathbf{N}$ mit $-(nx) < me$. Es folgt $nx > -(me) = (-m)e$. Ist $m' > m$, so ist $(-m')e < (-m)e$. Also ist $z \notin M(n,x)$ für alle $z \leq -m$. Somit ist $M(n,x)$ in jedem Falle nach unten beschränkt. Folglich enthält $M(n,x)$ ein kleinstes Element, welches wir mit $f(n,x)$ bezeichnen. Dann ist also

$$(f(n,x) - 1)e \leq nx < f(n,x)e.$$

Nun ist $(f(1,x) - 1)e \leq 1x = x$ und daher $n(f(1,x) - 1)e \leq nx < f(n,x)e$. Es folgt

$$n(f(1,x) - 1) < f(n,x),$$

so daß für alle $n \in \mathbf{N}$ die Ungleichung $f(1,x) - 1 < n^{-1}f(n,x)$ gilt. In $\mathbf{R}$ existiert also $x^\varphi = \inf(f(n^{-1}f(n,x) \mid n \in \mathbf{N}))$.

D) Es ist

$$n^{-1}(f(n,x) - 1) \leq x^\varphi \leq n^{-1}f(n,x)$$

für alle $n \in \mathbf{N}$ und alle $x \in X$.

Die zweite Ungleichung ist unmittelbare Konsequenz der Definition von φ. Um die erste zu zeigen, sei $n \in \mathbf{N}$, $x \in X$ und $x^\varphi < n^{-1}(f(n,x) - 1)$. Es gibt dann ein $m \in \mathbf{N}$ mit

$$x^\varphi \leq m^{-1}f(m,x) < n^{-1}(f(n,x) - 1).$$

Nach der oben über μ gemachten Bemerkung ist also

$$m^{-1}f(m,x)e < n^{-1}(f(n,x) - 1)e \leq x < m^{-1}f(m,x)e,$$

da ja $(f(n,x) - 1)e \leq nx$ und $mx \leq f(m,x)e$ ist. Dieser Widerspruch zeigt die Gültigkeit von D).

E) Es ist $(x + y)^\varphi = x^\varphi + y^\varphi$ für alle $x, y \in X$.

Es ist $(f(n,x)-1)e \leq nx < f(n,x)e$ und $(f(n,y)-1)e \leq ny < f(n,y)e$. Hieraus folgt

$$(f(n,x) + f(n,y) - 2)e \leq n(x + y) < (f(n,x) + f(n,y))e.$$

Es folgt weiter

$$f(n,x) + f(n,y) - 2 \leq f(n,x + y) - 1 < f(n,x + y) \leq f(n,x) + f(n,y).$$

Wendet man D) auf n, x bzw. n, y bzw. $n, x + y$ an, so folgt hieraus

$$n^{-1}(f(n,x) + f(n,y)) - 2n^{-1} \leq x^\varphi + y^\varphi \leq n^{-1}(f(n,x) + f(n,y))$$

wie auch

$$n^{-1}(f(n,x) + f(n,y)) - 2n^{-1} \leq (x+y)^\varphi \leq n^{-1}(f(n,x) + f(m,y)).$$

Diese beiden Ungleichungsketten implizieren schließlich

$$-2n^{-1} \leq x^\varphi + y^\varphi - (x+y)^\varphi \leq 2n^{-1},$$

so daß in der Tat $(x+y)^\varphi = x^\varphi + y^\varphi$ ist, da die fraglichen Ungleichungen ja für alle $n \in \mathbf{N}$ gelten.

F) Es ist $(rx)^\varphi = rx^\varphi$ für alle $r \in \mathbf{Q}$ und alle $x \in X$. Ferner ist $(re)^\varphi = r$ für alle $r \in \mathbf{Q}$.

Es sei zunächst $r > 0$. Es gibt dann s, $t \in \mathbf{N}$ mit $r = \frac{s}{t}$. Dann ist

$$(f(kt, rx) - 1)e \leq (kt)rx < f(kt, rx)e$$

für alle $k \in \mathbf{N}$. Andererseits gelten für alle $k \in \mathbf{N}$ wegen $ks \in \mathbf{N}$ die Ungleichungen

$$(f(ks, x) - 1)e \leq (ks)x < f(ks, x)e.$$

Nun ist aber $ksx = ktrx$. Es folgt $f(ks, x) = f(kt, rx)$ für alle $k \in \mathbf{N}$. Mit D) folgt

$$(ks)^{-1}(f(ks, x) - 1) \leq x^\varphi \leq (ks)^{-1}f(ks, x).$$

Dies impliziert

$$r(ks)^{-1}(f(ks, x) - 1) \leq rx^\varphi \leq r(ks)^{-1}f(ks, x).$$

Wegen $r(ks)^{-1} = (kt)^{-1}$ und $f(ks, x) = f(kt, rx)$ folgt weiter

$$(kt)^{-1}(f(kt, rx) - 1) \leq rx^\varphi \leq (kt)^{-1}f(kt, rx).$$

Nach D) ist andererseits

$$(kt)^{-1}(f(kt, rx) - 1) \leq (rx)^\varphi \leq (kt)^{-1}f(kt, rx).$$

Also ist $-(kt)^{-1} \leq rx^\varphi - (rx)^\varphi \leq (kt)^{-1}$. Weil dies für alle $k \in \mathbf{N}$ gilt, ist $(rx)^\varphi = rx^\varphi$.

Ist $r = 0$, so ist $(rx)^\varphi = 0^\varphi = 0 = rx^\varphi$ auf Grund von E). Ebenfalls auf Grund von E) und dem bereits Bewiesenen folgt für $r < 0$, daß

$$(rx)^\varphi = ((-r)(-x))^\varphi = (-r)(-x)^\varphi = (-r)(-x^\varphi) = rx^\varphi$$

ist. Also gilt $(rx)^\varphi = rx^\varphi$ für alle $r \in \mathbf{Q}$ und alle $x \in X$.

Es ist $(re)^\varphi = re^\varphi$. Aus $ne < (n+1)e$ folgt $f(n,e) = n+1$. Also ist $1 = \frac{n}{n} \leq e^\varphi \leq \frac{n+1}{n} = 1 + \frac{1}{n}$ für alle n und daher $e^\varphi = 1$. Damit ist F) vollständig bewiesen.

G) Die Abbildung φ ist injektiv.

Auf Grund von E) genügt es zu zeigen, daß $x^\varphi = 0$ impliziert, daß $x = 0$ ist. Es sei also $x^\varphi = 0$ und $x \neq 0$. Weil auch $(-x)^\varphi = 0$ ist, können wir $x > 0$ annehmen. Nach D) ist

$$n^{-1}(f(n,x) - 1) \leq x^\varphi = 0$$

für alle $n \in \mathbf{N}$, so daß für alle n die Ungleichung $f(n,x) \leq 1$ gilt. Weil $x > 0$ ist, gibt es nach C) ein $m \in \mathbf{N}$ mit $e < mx$. Wegen $mx < f(m,x)e$ folgt dann aber der Widerspruch $f(m,x) \leq 1 < f(m,x)$. Also ist doch $x = 0$.

H) Sind x, $y \in X$ so ist genau dann $x < y$, wenn $x^\varphi < y^\varphi$ ist.

Aus $x < y$ folgt unmittelbar $f(n,x) \leq f(n,y)$ und damit $x^\varphi \leq y^\varphi$. Weil φ injektiv ist, ist also $x^\varphi < y^\varphi$. Ist umgekehrt $x^\varphi < y^\varphi$, so kann nicht $y \leq x$ sein, da sonst der Widerspruch $x^\varphi < y^\varphi \leq x^\varphi$ folgte.

I) Die Abbildung φ ist surjektiv.

Es sei $u \in \mathbf{R}$. Es gibt dann eine Folge $(e_i \mid i \in N \cup \{0\})$ mit $e_0 \in \mathbf{Z}$ und $e_i \in \{0,1\}$ für $i \geq 1$, so daß $u = \sum_{i=0}^\infty e_i 2^i$ gilt. Wir setzen $a_n = \sum_{i=0}^{n-1} e_i 2^i$. Ferner $P_n = (a_n e, 0)$ und $Q_n = ((a_n + 2^{1-n})e, 0)$. Ist schließlich $I_n = \mathrm{Stre}[P_n, Q_n]$, so ist $(I_n \mid n \in \mathbf{N})$ eine dyadische Intervallschachtelung, wie man unschwer sieht. Es gibt daher ein $x \in X$ mit $\bigcap_{n=1}^\infty I_n = \{(x,0)\}$. Es folgt $a_n e \leq x \leq (a_n + 2^{1-n})e$. Nach F) und H) ist daher

$$a_n = (a_n e)^\varphi \leq x^\varphi \leq ((a_n + 2^{1-n})e)^\varphi = a_n + 2^{1-n}.$$

Trivialerweise gilt $a_n \leq u \leq a_n + 2^{1-n}$. Also ist

$$-2^{1-n} \leq x^\varphi - u \leq 2^{1-n}.$$

Da dies für alle n gilt, folgt schließlich $x^\varphi = u$, so daß φ tatsächlich surjektiv ist.

J) Zu jedem $\sigma \in \Sigma(\pi)$ gibt es genau ein $k \in \mathbf{R}^*$ mit $u^{\varphi^{-1}\sigma^{-1}\varphi} = uk^{-1}$ für alle $u \in \mathbf{R}$.

Mittels B) folgt, daß σ^{-1} die Zwischenrelation $\mathcal{Z}'$ auf X invariant läßt. Daher ist σ^{-1} nach 1.6 entweder eine monoton steigende oder eine monoton fallende, kurz eine monotone Abbildung von X auf sich. Nach H) und I) ist φ^{-1} eine monoton steigende Abbildung von $\mathbf{R}$ auf X und φ ist eine monoton steigende Abbildung von X auf $\mathbf{R}$. Also ist $\varphi^{-1}\sigma^{-1}\varphi$ eine monotone Abbildung von $\mathbf{R}$ auf sich. Weil monotone Abbildungen von $\mathbf{R}$ in sich höchstens Sprungstellen als Unstetigkeitsstellen haben, Sprünge aber die Surjektivität von monotonen Abbildungen verderben, folgt, daß $\varphi^{-1}\sigma^{-1}\varphi$ stetig ist. Weil σ eine K-lineare Abbildung von X ist, ist σ^{-1} ebenfalls K- und wegen $\mathbf{Q} \subseteq K$ auch $\mathbf{Q}$-linear. φ und φ^{-1} sind $\mathbf{Q}$-linear nach F). Also ist auch $\varphi^{-1}\sigma^{-1}\varphi$ eine $\mathbf{Q}$-lineare Abbildung. Ist nun

$$1^{\varphi^{-1}\sigma^{-1}\varphi} = k^{-1},$$

so folgt

$$r^{\varphi^{-1}\sigma^{-1}\varphi} = rk^{-1}$$

für alle $r \in \mathbf{Q}$. Weil $\varphi^{-1}\sigma^{-1}\varphi$ stetig ist, folgt schließlich

$$x^{\varphi^{-1}\sigma^{-1}\varphi} = xk^{-1}$$

für alle $x \in \mathbf{R}$. Damit ist die Existenz von k gezeigt. Daß es auch nur ein solches k gibt, ist trivial.

K) Ist $k \in \mathbf{R}^*$, so gibt es ein $\sigma \in \Sigma(\pi)$ mit $u^{\varphi^{-1}\sigma^{-1}\varphi} = uk^{-1}$ für alle $u \in \mathbf{R}$.

Nach V.5.3 gibt es wegen $(k^{-1})\varphi \neq 0$ ein $\sigma \in \Sigma(\pi)$ mit $(k^{-1})^{\varphi\sigma} = e$. Nach F) ist $e = 1^{\varphi^{-1}}$. Also gilt $k^{-1} = 1^{\varphi^{-1}\sigma^{-1}\varphi}$. Nach J) gibt es ein $l \in K^*$ mit $u^{\varphi^{-1}\sigma^{-1}\varphi} = ul^{-1}$ für alle $u \in \mathbf{R}$. Mit $u = 1$ folgt $k^{-1} = l^{-1}$, dh. $k = l$.

Es sei nun ξ die durch $(x,y)^\xi = (x^\varphi, y^\varphi)$ definierte Bijektion von $V = X \oplus X$ auf $W = \mathbf{R} \oplus \mathbf{R}$. Dann ist ξ additiv, weil φ ja additiv ist. Ferner ist $V(0)^\xi = [0,1,0]$ und $V(\infty)^\xi = [1,0,0]$, wie man unmittelbar sieht. Nun ist

$$V(\sigma) = \{(x^{\sigma^{-1}}, x) \mid x \in X\}.$$

Nach J) gibt es ein $k \in \mathbf{R}^*$ mit $u^{\varphi^{-1}\sigma^{-1}\varphi} = uk^{-1}$ für alle $u \in \mathbf{R}$. Daher ist

$$\begin{aligned}
V(\sigma)^\xi &= \{(x^{\sigma^{-1}\varphi}, x^\varphi) \mid x \in X\} \\
&= \{(x^\varphi k^{-1}, x^\varphi) \mid x \in X\} = \{(uk^{-1}, u) \mid u \in \mathbf{R}\} \\
&= [k, -1, 0].
\end{aligned}$$

Auf Grund von K) gibt es auch zu jedem $k \in \mathbf{R}^*$ ein $\sigma \in \Sigma(\pi)$ mit $V(\sigma)^\xi = [k, -1, 0]$. Daher ist ξ ein Isomorphismus der Gruppe V auf die Gruppe W, welcher die Kongruenz π auf die Kongruenz $\pi' = \{[1,0,0]\} \cup \{[k, -1, 0] \mid k \in \mathbf{R}\}$ abbildet. Nach II.1.13 ist daher $A = \pi(V)$ zu $\pi'(W)$ isomorph. $\pi'(W)$ ist aber nichts anderes als die affine Ebene über $\mathbf{R}$, q. e. d.

Literaturverzeichnis

Eine grundsätzliche Bemerkung zuvor. In diesem Literaturverzeichnis sind einige Werke aufgeführt, die schon seit langem nicht mehr im Buchhandel erhältlich sind. Diese Werke wird man daher meist vergeblich in jüngeren Universitätsbibliotheken suchen. Jede Universitätsbibliothek wird diese Bücher jedoch gerne über die Fernleihe besorgen.

Unmittelbar mit dem Thema dieses Buches haben zu tun:

— H. S. M. Coxeter, The Real Projective Plane. 2nd ed. Cambridge 1961
— W. Degen, L. Profke, Grundlagen der affinen und euklidischen Geometrie. Stuttgart 1976
— F. Enriques, Vorlesungen über Projektive Geometrie. Leipzig 1903

Die Bücher von Coxeter und Enriques enthalten sehr viel Information über Kegelschnitte in dem Sinne, wie diese Dinge hier vorgetragen wurden. In dem Buch von Degen und Profke werden insbesondere die Themen des 5. und 7. Kapitels weiter ausgesponnen.

Die Spiegelungsgeometrie — ein Thema, das hier gelegentlich anklingt — wird grundlegend dargestellt in

— F. Bachmann, Aufbau der Geometrie aus dem Spiegelungsbegriff. 2. Aufl. Berlin, etc. 1973

Die Untersuchungen der nicht desarguesschen projektiven Ebenen, die in diesem Jahrhundert zu einem Herzensanliegen vieler Geometer wurden und von denen dieses Buch in vielfältiger Weise profitierte, finden sich wiedergegeben in

— P. Dembowski, Finite Geometries. Berlin, etc. 1968
— D. R. Hughes, F. C. Piper, Projective Planes. Berlin, etc. 1973
— M. J. Kallaher, Affine Planes with Transitive Collineation Groups. New York, etc. 1982
— H. Lüneburg, Lectures on Projective Planes. Chicago 1969
— H. Lüneburg, Translation Planes. Berlin, etc. 1980
— G. Pickert, Projektive Ebenen. 2. Aufl. Berlin, etc. 1975

Für einen ersten Überblick in die kombinatorischen Aspekte endlicher projektiver Ebenen, die im übrigen in dem soeben genannten Buch von Dembowski in aller Ausführlichkeit behandelt werden, empfiehlt sich

— H. Lüneburg, Kombinatorik. Basel 1971

Einen Überblick über den Stand der Forschung über Gruppen von Projektivitäten bis zum Jahre 1980 gibt

— P. Plaumann, K. Strambach (Herausg.), Geometry — von Staudt's Point of View. Dordrecht, etc. 1981

Das Buch

— W. Prenowitz, J. Jantosciak, Join Geometries. A Theory of Convex Sets and Linear Geometry. New York, etc. 1979

baut seine Untersuchungen konsequent auf dem Zwischenbegriff auf.

An Büchern über projektive Räume seien genannt

— R. Baer, Linear Algebra and Projective Geometry. New York 1952
— H. Brauner, Geometrie projektiver Räume I & II. Mannheim 1976

Die Bücher über Darstellende Geometrie sind Legion. Hier eine kleine Auswahl.

— B. Hessenberg, Vorlesungen über Darstellende Geometrie. Leipzig 1929
— F. Rehbock, Darstellende Geometrie. 3. Aufl. Berlin, etc. 1969
— F. Rehbock, Geometrische Perspektive. Berlin, etc. 1979
— W. Wunderlich, Darstellende Geometrie I & II. Mannheim 1966/67

Das zuerst genannte Buch enthält wertvolle Hinweise über die Praxis des Zeichnens.

Es hat immer wieder Lehrer gegeben, die Bücher nur zu dem Zweck schrieben, andere zu erfreuen. Zu ihnen gehören im Bereich der Geometrie

— E. H. Lockwood, A Book of Curves. Cambridge 1971
— A. Mitzscherling, Das Problem der Kreisteilung. Leipzig & Berlin 1913

Das erste Buch enthält neben den Kegelschnitten noch viele andere interessante Kurven. Sein wesentliches Anliegen ist zu zeigen, wie man die Kurven zeichnen kann. Im zweiten Buch werden Kegelschnitte zur Lösung mancher Aufgaben, wie etwa der Winkeldreiteilung verwandt. In diesem Zusammenhang ist auch zu erwähnen

— H. Dörrie, Triumph der Mathematik. 5. Auflage. Würzburg 1958

Dieses Buch enthält viele geometrische Aufgaben, darunter auch solche, die sich mit Kegelschnitten befassen.

Die projektive Geometrie steht und fällt mit der Algebra, da man Existenzaussagen, sieht man von Geometrien mit wenigen Punkten ab, nur über Existenzaussagen von Körpern erhält. Daher ist die Kenntnis von möglichst vielen Körpern sehr wünschenswert, soll nicht die ganze Theorie leer bleiben. Einen guten Anfang bieten da

— H. Lüneburg, Einführung in die Algebra. Berlin, etc. 1973
— H. Lüneburg, Galoisfelder, Kreisteilungskörper und Schieberegisterfolgen. Mannheim 1979
— H. Lüneburg, Vorlesungen über Lineare Algebra. Mannheim 1993

Das zuerst genannte Buch enthält auch viele Beispiele nicht-kommutativer Körper und behandelt im übrigen auch die lineare Algebra.

Die Theorie der Körpererweiterungen findet sich in vielen Büchern der Algebra dargestellt. Stellvertretend sei genannt

— B. L. van der Waerden, Algebra I & II. 4. bzw. 3. Aufl. Berlin 1955. (Es gibt noch weitere Auflagen.)

Im zweiten Band dieses Werkes werden auch nicht-kommutative Körper untersucht. Weitere Bücher zu diesem Thema sind

— P. M. Cohn, Skew Field Constructions. Cambridge 1977
— P. M. Cohn, Skew Fields. Cambridge University Press 1995
— M. Deuring, Algebren. 2. Aufl. Berlin, etc. 1968
— I. N. Herstein, Noncommutative Rings. Ohne Ort 1968

Schließlich findet man eine Fülle an Wissenswertem über den Körper der reellen Zahlen in

— W. Felscher, Naive Mengen und abstrakte Zahlen II. Mannheim 1978
— H. Salzmann, Zahlbereiche. Zwei Bände. Ausgearbeitet von R. Löwen bzw. H. Hähl. Tübingen 1971/72

Zusatz im Jahre 1996: Das Jacksonsche Buch, aus dem das Motto des Vorworts stammt, ist in deutschen Bibliotheken nicht nachzuweisen. Ein Exemplar dieses Buches liegt in der London Library, 14 St. James's Square, London SW1Y 4LG. Die Fernleihe besorgt es.

Index

A

A^* *131*

absolute Gerade *62, 90*

absoluter Punkt *62, 89, 90, 92 98*

Achse *19, 41, 43, 142*

Achse eines Kegelschnitts *149, 166, 167*

affine Ebene *11, 15, 57, 89, 128, 149, 155 ff.*

affine Eigenschaft *149*

ähnliche Gruppen *73*

ähnliche Matrix *130*

Algebra - Geometrie *29, 57*

algebraischer Abschluss *88*

algebraische Beschreibung *149, 173*

André, J. *32, 33, 36, 37, 39*

angeordneter Körper *152, 177, 185*

Anordnung einer Ebene *178*

Anordnung eines Körpers *152*

Anordnungsphänomene *177*

Antiautomorphismus *51*

Antiisomorphismus *48*

Anzahl der Punkte eines Kegel- schnitts *102*

Anzahl der Punkte eines Ovals *108*

Anzahl der Rahmen *69, 71*

äquivalente Orthogonalitätsrelatio- nen *129, 130, 131*

archimedisch angeordnete Gruppe *193*

Astronomie *89*

Asymptoten *169, 174*

äußerer Punkt *150, 151, 155, 156*

Automorphismengruppe *57, 84, 87, 88*

axial *19*

B

Baer, R. *22, 26, 73, 78, 84, 90, 91, 125, 126, 137, 140, 142*

Bahnen von Kegelschnitten *156*

Bahnen von Punkten *150*

Berührpunkt *100*

Bewegungsgruppe *149, 163*

Brennpunkt *89, 169, 170, 171, 172, 175*

C

Charakteristik *81, 82, 98, 125, 126, 127*

Charakteristik 2 *89, 97*

Charakteristik einer Ebene *83*

D

$DV(A, B, C, D)$ *78*

darstellende Geometrie *86*

Degen, W. und Profke, L. *153*

Dembowski, P. *92*

desarguessche affine Ebene *49, 57, 125, 185*

desarguessche Ebene *22, 27, 29, 39, 43, 67*

desarguesscher Raum *72*

Diagonalpunkte *82*

desarguessches (P, g)-Postulat *26*

Dimension *4*

Distanzfunktion *164*

Doppelverhältnis *78, 86*

Drehkegel *89*

dreifach transitiv *73*

duale Aussage *5*

duale Ebene *6, 26, 27, 45, 48*

duale Inzidenzstruktur *7, 91*

dualer Satz *7*

Dualitätsprinzip *7, 10, 19, 20, 28,*
    66, 78
Dualraum eines Vektorraumes *45*
Durchmesser *156, 157, 166*
dyadische Intervallschachtelung
    189 ff.

E

E_g *22*
End(G) *36*
Eigenvektor *90*
Eigenwert *90*
Elation *20, 21, 22, 40, 68, 71, 82*
Elementargeometrie *149, 173, 177*
Ellipse *89, 149, 156, 160, 166, 171,*
    172, 173
elliptische Involution *154*
endliche desarguessche Ebene *50, 51,*
    68, 89, 152
endliche pappossche Ebene *68*
endliche projektive Ebene *2, 10, 14,*
    91
endlicher Körper *67*
Endomorphismenring *36*
euklidische Ebene *29, 31, 57, 102*
euklidischer Körper *119, 149, 150,*
    152, 153, 154, 155, 158, 177
euklidisches Parallelenpostulat *15*
Existenz projektiver Ebenen *2*
Existenz von Kegelschnitten *98*
Existenz von Translationsebenen *31*
Existenz von Zentralkollineationen
    22 ff.

F

Felscher, W. *177*
Fixgerade *18*
Fixkörper *88*
Fixpunkt *18, 61, 75*
formal reeller Körper *119, 177*
Fortsetzbarkeit eines Isomorphismus
    11
freier Vektor *32*
Funktionentheorie *88*

G

$\Gamma(P, g)$ *20*
GF(q) *50, 88*
GL(V, K) *39*
galoissche Gruppe *87*
galoissche Theorie *88*
ganze algebraische Zahl *92*
Gärtnerkonstruktion *173*
Geometrie *177*
Geometrie - Algebra *29, 57*
geometrische Bedingung *119*
Geometrieunterricht *10*
Gerade *1*
Gerade als Punktmenge *12*
Gergonne, J. D. *19*
Graphentheorie *29*
Gruppe aller projektiven Kollineatio-
    nen *77*
Gruppe der Projektivitäten *74, 81,*
    84

H

Halbieren *120*
harmonische Lage *84*
harmonisches Punktequadrupel *80,*
    83
henselsche p-adische Zahlen *87, 89*
Herstein, I. N. *87*
Herzer, A. *57, 62, 64*
Hessenberg, G. *64*
Höhen *136, 140, 142*
Höhenschnittpunktsatz *119*
Höhepunkt *29*
Homologie *20*
Homothetie *43*
Hyperbel *89, 149, 156, 166, 168,*
    169, 171, 173, 174, 175
hyperbolische Involution *154*

I

$i(P, \perp)$ *130*
innerer Automorphismus *87, 88*
innerer Punkt *150, 152, 153, 155,*
    156, 165, 170

Intervallschachtelung *177, 189*
Involution *83, 97, 98, 128, 154, 190*
Involution konjugierter Geraden *157*
involutorisch *60, 130*
Inzidenzmatrix *3, 91*
Inzidenzstruktur *1*
inzidenztreue Abbildung *10*
isomorph *10*
Isomorphie von Translationsebenen
 33, 34
Isomorphismus *10, 11*

K

κ-Abbildung *95*
Kaplansky, I. *29*
Kegelschnitt *89, 98 ff., 103, 106,
 116 ff., 119, 149, 150, 152, 155,
 166, 177*
Kegelschnitt in affiner Ebene *156 ff.*
Kepler, J. *89*
Kern einer Kongruenz *36*
Kern einer Translationsebene *36, 44,
 120*
kollinear *2, 12*
kollineare Diagonalpunkte *82*
Kollineation *10, 61, 68, 86*
Kollineationsgruppe *11, 14, 21, 51,
 116 ff.*
kommutativer Körper *57, 58, 71, 77,
 96*
kompakte Räume *89*
komplexe Zahlen *88*
Komponente *32*
konfluent *2, 126, 136, 140, 142, 143*
Kongruenz *32, 120*
Kongruenzpartition *32*
konjugierte Durchmesser *159*
konjugierte Geraden *157*
konjugierte Punkte *157, 170*
Koordinatenkörper *50, 57, 58, 119,
 142, 150, 177*
Korrelation *10, 53, 61, 62, 65, 92*
Kreis *102, 149, 158 ff., 166, 171,
 172*

künstliche Interpretation *45*

L

Laguerrepolynom *87*
Lehrer *vi*
lineare Abbildung *68*
lineare Algebra *45, 57*
Linksvektorraum *4, 45, 47, 48*
Lüneburg, H. *64, 87, 88, 122, 123,
 125, 130, 177*

M

Mathematik *89*
Metrik *149, 164*
metrische Eigenschaft *89, 149*
Minimalpolynom *130*
Mittellinien *126*
Mittelpunkt *156, 160*
Mittelpunktskegelschnitt *156, 157,
 159*
Mittelpunktsrelation *84, 124, 125,
 155, 177, 189*
Mittelsenkrechte *142*
Mittendreieck *127*

N

nicht ausgeartete Semibilinearform
 54
nicht-kommutativer Körper *4, 51*
nicht-triviale Partition *32*
Nomenklatur *4*

O

$O(\perp_D)$ *132*
Obstgart'n *68*
Ordnung der $\mathrm{PGL}(V, \mathrm{GF}(q))$ *71*
Ordnung einer endlichen Ebene *10,
 50*
orthogonal *128*
orthogonale Gruppe *132*
Orthogonalitätsrelation *89, 119, 128*
Ortsvektor *32*
Oval *108*

P

Π_g *11*
$\Pi(V, K)$ *4, 39 ff., 68*
$\pi(G)$ *32*
$+$ *5*
(P, g)-transitiv *25, 61*
PGL(V, K) *71*
pappossche affine Ebene *129, 139, 140*
pappossche Ebene *29, 57, 58, 64, 67, 75, 78. 96, 109, 149*
Parabel *89, 149, 156, 166, 167, 168, 171, 173, 175*
parallel *16, 126*
Parallelenschar *16*
Parallelitätsrelation *128*
Parallelprojektion *120*
Partition *32*
Partner *108*
Passante *100, 108, 150*
perspektiv *108*
Perspektivität *20, 21*
Perspektivität zwischen Geraden *72, 75, 120*
Perspektivitätszentrum *108, 120*
Physik *32, 89*
Pol *90, 150*
Polare *90, 150*
Polarität *89, 90 ff.*
Poncelet, J. V. *19*
Positivbereich *152, 183, 184*
Postulat von Desargues *22, 23 ff.*
Prioritätsstreit *19*
projektive Ebene *1, 6, 7*
projektive Ebene gerader Ordnung *114*
projektiver Abschluss *149, 168*
projektive Deutung *149*
projektive Ebene ungerader Ordnung *114*
projektive Eigenschaft *89*
projektive Geometrie *86*
projektive Kollineation *71, 78*

projektive Polarität *96, 194*
projektiver Raum *72, 73*
Projektivität *72, 75, 78, 95 f., 104, 105, 106, 130*
Projektivitätengruppe *74, 81, 84*
Punkt *1*
pythagoräischer Körper *119, 142, 143, 152, 177*

Q

Quadrate *87, 152*
quadratische Form *103*
quasiinnerer Punkt *150, 152, 153, 177*
Quaternionenschiefkörper *87, 88*
Qvist, B. *114*

R

Radius *164, 165*
Rahmen *69, 70, 71*
Rang *4*
Rangformel *4*
rationale Normalform *130, 150*
räumliche Geometrie *72, 89*
rechter Winkel *89*
Rechtsvektorraum *4, 39, 45, 48*
Rechtwinkelinvolution *130 ff.*
reell-abgeschlossener Körper *152*
reelle affine Ebene *119, 177 ff., 191*
reelle Zahlen *149*
Rehbock, F. *86*

S

$\Sigma(P, G)$ *43*
Salzmann, H. *87, 88*
Satz von Desargues *22*
Satz von Heine-Borel *89*
Satz von Hessenberg *57, 67, 129, 140*
Satz von Moore *51*
Satz von Pappos *119*
Satz von Pascal *89, 107*
Satz von Segre *89, 108, 115*
Satz von Skolem-Noether *87*

Satz von Steiner (s. steinersche
  Erzeugung) *130*
Satz von Thales *89, 130, 149, 160*
Satz von Wedderburn *4, 29, 38, 51*
scharf dreifach transitiv *75, 101*
scharf transitiv *30, 70*
scharf zweifach transitiv *61*
Scheitel *171, 175*
Schiebung *30*
Schiefkörper *4*
Schule *30, 130*
Schulunterricht *32*
Schur, I. *87*
score *68*
Segre, B. *115*
Sekante *100, 108, 150, 177*
selbstdual *10, 11, 51, 66*
selbstorthogonal *133*
Semibilinearform *53, 92*
semilineare Abbildung *29, 39, 44,
  51 f., 86*
Spiegelung *142, 143, 163*
steinersche Erzeugung *89, 104*
Strecke *189*
Streckung *20, 30, 35, 42, 68, 71,
  122, 123*
Streckungsgruppe *38*
Struktursätze *73*
symmetrische Bilinearform *96*
symmetrische Form *92*
symmetrische Gruppe *80*
symmetrische Semibilinearform *93*

T

T(G) *41*
Tangente *100, 106, 108*
Tecklenburg, H. *29*
Teilverhältnis *119, 120 ff., 122, 125,
  185*
thaletische Orthogonalitätsrelation
  130, 132, 137, 140, 158
Translation *30*
Translationsebene *29, 30, 35, 120,
  123, 125*

Translationsgruppe *30, 31, 35, 119*
transponierte Matrix *91*
Transvektion *41*

U

uneigentliche Gerade *30*
Unterraumverband *73*

V

van der Waerden, B. L. *152*
Vebeln-Young Axiom *73*
Vektorraum *4, 22, 29, 30, 35, 73,
  137, 138, 139*
Verbindungsgerade *5, 120*
Viereck *82*
vierter harmonischer Punkt *80, 84*
von Staudt, G. K. Ch. *84, 89*
Vorlesungen *29*

W

Winkel *143*
Winkelhalbieren *119, 142, 143, 177*
Winkelhalbierende *144*
Winkelmessung *149*

Z

Zeichenpraxis *78*
zeichnerische Aufgabe *28*
zentral *19*
Zentralkollineation *19, 22 ff., 39*
Zentrum *19, 43*
Ziel *29*
zornsches Lemma *152*
zwischen *177*
Zwischenbeziehung *177, 178 ff.,
  185 ff., 188 ff.*
zyklische Gruppe *38*

GM • Grundstudium Mathematik

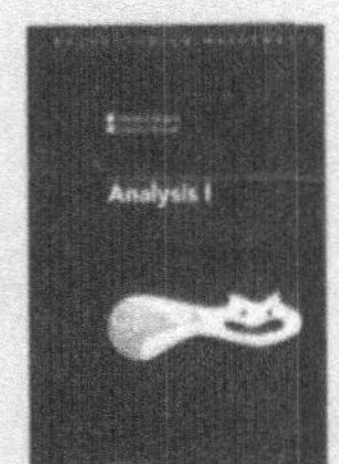

Amann, H., Universität Zürich, Schweiz / **Escher, J.**, Universität Kassel, Deutschland

Analysis I

1998. 460 Seiten. Gebunden
ISBN 3-7643-5976-5
1998. 460 Seiten. Broschur
ISBN 3-7643-5974-9

Dieses Lehrbuch ist der erste Band einer dreiteiligen Einführung in die Analysis. Es ist durch einen modernen und klaren Aufbau geprägt, der versucht den Blick auf das Wesentliche zu richten. Anders als in den üblichen Lehrbüchern wird keine künstliche Trennung zwischen der Theorie einer Variableln und derjenigen mehrerer Veränderlicher vorgenommen. Es wird viel Gewicht auf die frühzeitige Entwicklung solider topologischer Grundlagen gelegt, und die komplexe Analysis wird in ihren elementaren Teilen mitentwickelt. (Band II erscheint im Frühjahr 1999.)

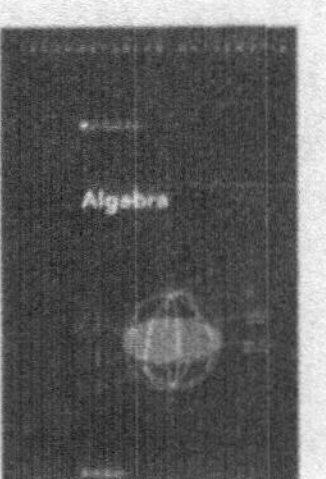

Artin, M., MIT, Cambridge, USA

Algebra
2. Auflage, Broschierte Sonderausgabe / Studienausgabe

1998. 722 Seiten. Broschur
ISBN 3-7643-5938-2

"Ganz sicher darf dieses Buch als Nachschlagewerk, Lesebuch zur Algebra und echte Orientierungshilfe für jeden angesehen werden, der den Stellenwert der Algebra und ihrer Methoden in der mathematischen Forschung und Lehre einschätzen möchte."
INTERNATIONALE MATHEMATISCHE NACHRICHTEN (1998)

Remmert, R. / Ullrich, P., Westfälische Wilhelms-Univ., Münster, Deutschland

Elementare Zahlentheorie
2. korrigierte Auflage,

1995. 276 Seiten. Broschur
ISBN 3-7643-5197-7

"Die Darstellung ist sehr ausführlich, der Text flüssig geschrieben und mehr als sonst mit historischen Bemerkungen angereichert. Mehr als Schulstoff wird an Vorkenntnissen nicht vorausgesetzt, so dass das Buch durchaus zum Selbststudium geeignet ist."
MATHEMATISCHE SEMESTERBERICHTE (1997)

"Die geschickt konzipierte moderne Einführung in die Theorie zahlentheoretischer Funktionen...hebt sich wohltuend von anderen Darstellungen ab. - Die wohl erstmalig in ein deutschsprachiges Hochschulwerk für elementare Zahlentheorie aufgenommene Anwendung des Satzes von Fermat-Euler in der Krytpographie erhöht zusatzlich zu den vielen zahlentheoretischen Leckerbissen den Reiz dieses Werkes..."
PRAXIS DER MATHEMATIK (1997) .